煤化工废水处理技术

Wastewater Treatment Technology for Coal Chemical Industry

杨 林　主编

马宝岐　秦志伟　王柱祥　等　副主编

化学工业出版社

·北京·

内容简介

本书系统阐述了煤化工废水的来源、水质特征及煤化工废水处理技术。具体包括煤气化废水处理、煤制合成氨废水处理、煤制甲醇废水处理、煤制油废水处理、煤制天然气废水处理、煤制烯烃废水处理、焦化废水处理、兰炭废水处理、煤制二甲醚废水处理、煤制乙二醇废水处理、煤化工废水"零排放"技术。每种技术均结合案例进行了介绍,具有较强的技术应用性和针对性。

本书可供煤化工行业相关企业、环保公司及工业污水处理厂工程技术人员和科研人员参考,也可供高等学校环境工程、市政工程、化学工程及相关专业师生参阅。

图书在版编目(CIP)数据

煤化工废水处理技术/杨林主编;马宝岐等副主编.—北京:
化学工业出版社,2022.6(2024.1重印)
ISBN 978-7-122-41098-6

Ⅰ.①煤… Ⅱ.①杨…②马… Ⅲ.①煤化工-废水处理
Ⅳ.①X784

中国版本图书馆 CIP 数据核字(2022)第 052136 号

责任编辑:韩霄翠　仇志刚　　　　文字编辑:姚子丽　师明远
责任校对:赵懿桐　　　　　　　　装帧设计:王晓宇

出版发行:化学工业出版社
　　　　　(北京市东城区青年湖南街 13 号　邮政编码 100011)
印　　装:北京虎彩文化传播有限公司
787mm×1092mm　1/16　印张 20¾　字数 444 千字
2024 年 1 月北京第 1 版第 2 次印刷

购书咨询:010-64518888
售后服务:010-64518899
网　　址:http://www.cip.com.cn

定　　价:188.00 元　　　　　　　　　版权所有　违者必究

序一

现任中化化工科学技术研究总院院长杨林博士约我为他主编的《煤化工废水处理技术》写个"序"，虽勉为其难，但我亦答应为之。因为中化化工科学技术研究总院的前身是化学工业部科技局（化学工业部科学技术研究总院），是我大学毕业后开启人生工作之路的起点，也是我曾于1999—2001年担任院长的单位。杨林博士又是我在中国化工集团工作期间的同事，也是当年加入集团的众多优秀毕业生中的佼佼者，那时我就注意到他：在集团规划部工作期间勤奋学习、勤于思考、成长很快；自担任总院院长以来，不仅为石化行业创新发展做了大量卓有成效的工作，也逐步成熟、并成长为一名优秀的管理者，还埋头主编了这本《煤化工废水处理技术》，努力为煤化工产业的高质量发展贡献智慧。我为我的"娘家"有这么优秀的继任者而骄傲！为石化行业有这样勤奋、执着、奉献的以杨林为代表的年轻一代而自豪！

收到样书，我一边拜读、一边思考，昨天就我读后的收获与体会以及个别内容和观点，与他们进行了交流、沟通和探讨。煤化工是世界化学工业起步的一个重要端点，第二次世界大战以后，石油化工快速发展与进步，首先在发达国家取代了煤化工的地位；但中国因"多煤缺油少气"的资源禀赋，煤化工始终是我国化学工业的重要组成部分，今天仍与石油化工互为重要补充，这是我国有别于世界石化产业的一个特例。我国不仅合成氨、甲醇以及醋酸、聚氯乙烯等以煤化工为主，而且从能源安全战略出发，"十三五"期间在西北煤炭资源富集地区规划布局了"四大现代煤化工示范基地"，以煤制油、煤制天然气、煤制烯烃、煤制乙二醇以及煤制芳烃为重点，开展了技术和经济可行性、工程化和产业化升级与示范，取得了重要的成果，积累了丰富的经验。同时，在产业化示范的过程中也发现，煤化工产业耗水量大，其废水的处理与回用是制约煤化工产业高质量发展的关键瓶颈之一，尤其是煤化工高盐废水的处理技术是当前尚未完全攻克的难点之一。

这本《煤化工废水处理技术》不仅梳理了煤气化、煤制合成氨、煤制甲醇、煤焦化等传统煤化工产品生产过程中的水处理技术，还梳理了煤制油、煤制天然气、煤制烯烃、煤制二甲醚、煤制乙二醇等现代煤化工产品在升级示范过程中已应用和正在研发的废水处理技术，更可贵的是还探讨了煤化工废水"零排放"的概念，前瞻性地提出了煤化工废水"零排放"的思路和方案，并梳理了几个典型的现代煤化工废水"零排放"的案例。这是一本资料性全、技术性强、参考价值大、实用性强的专业书籍，相信此书的出版必将为我国煤化工废水处理技术的进步与升级发挥重要的作用！必将为推动我国煤化工产业的高质量发展发挥重要的作用！

　　谨以此为序，真诚地希望从事煤化工事业的同仁们、朋友们喜欢此书、开卷有益、启发良多！真诚地祝愿我国煤化工产业实现绿色低碳和高质量发展！

2022 年 3 月 26 日于北京

序二

　　水资源和水污染是煤化工快速发展亟待破解的两大难题。煤化工是高耗水行业，所排放的废水水质复杂，含有大量的酚类、酯类、烷烃、多环芳烃以及吡啶、喹啉等杂环类物质，随着国家环境保护管控标准的日益提升，已成为制约产业健康发展的瓶颈问题。

　　煤化工废水种类多，具有高有机物浓度、高氨氮、高色度、高生物毒性等水质特征，其处理工艺主要涉及预处理、生物处理和深度处理。中化化工科学技术研究总院有限公司组织编写的《煤化工废水处理技术》一书，围绕煤化工废水处理，收集了大量的废水处理技术研究和应用的真实数据，总结了煤气化、煤制合成氨、煤制甲醇、煤制油、煤制烯烃、煤焦化、煤制兰炭、煤制二甲醚、煤制乙二醇等废水处理技术的研究进展，较详细描述了典型煤化工废水处理和"零排放"技术经济指标及工程案例，具有很好的系统性和实用性，对煤化工废水处理技术创新及应用具有重要的参考价值和指导意义。

任俊强

2022 年 4 月 6 日于南京

前言

经过多年的发展，我国现代煤化工产业取得了系列成果，多项技术和产业化进程位居世界前列，相继建成了一批工业化示范项目，其产能和产量均列世界首位，现在正在进入高质量绿色发展的新阶段。我国煤化工项目大多集中在新疆、内蒙古、宁夏、陕西、山西等西北地区，与国家黄河流域生态保护和高质量发展战略区高度重合，这些地区煤炭资源丰富而水资源缺乏，生态环境承载能力相对薄弱，国家生态保护的红线要求对煤化工项目水资源的获取和污染物排放提出了更严格的要求。现代煤化工项目高耗水量，末端排放的高盐废水处理难，费用高，这些问题是制约其发展的重要因素。

为了以实际行动贯彻落实"2030年前实现碳达峰、2060年前实现碳中和"的重大战略目标，促进我国煤化工废水处理技术与装置的发展，中化化工科学技术研究总院有限公司基于多年来煤化工废水研究、设计、施工的实际经验，并结合当下煤化工废水处理技术的最新进展，编写了本书，以期为推动我国煤化工废水处理的绿色发展贡献一份力量。

本书共分为12章，系统论述了煤化工废水处理技术。梳理了煤气化、煤制合成氨、煤制甲醇、煤制油、煤制天然气、煤制烯烃、焦化、煤制兰炭、煤制二甲醚和煤制乙二醇等10个细分领域的废水处理技术和工艺，分析和总结了典型煤化工废水处理及工程案例，最后对煤化工废水"零排放"技术进行了讨论。

杨林、马宝岐负责本书编写提纲的制定，并承担统稿、修改和定稿工作。

本书参考了国内许多研究者的相关研究成果，在此深表谢意！中国石油和化学联合会副会长傅向升，中国工程院院士、南京大学环境学院院长任洪强在百忙之中提出了有益的定稿意见并为本书作序，在此一并表示最诚挚的感谢！

由于本书内容涉及的学科广泛，编者经验不足，水平有限，书中难免存在不妥之处，敬请读者和同行不吝指正，以便以后修订。

编者
2022 年 6 月 12 日

目录

3

煤制合成氨废水处理技术　　　　　049

7
煤制烯烃废水处理技术 161

8
焦化废水处理技术 183

9

煤制兰炭废水处理技术　227

10

煤制二甲醚废水处理技术　266

11

煤制乙二醇废水处理技术　276

12

煤化工废水"零排放"技术　297

1

绪论

1.1
我国现代煤化工的发展

1.1.1 发展现状

我国煤化工产业经多年的科技攻关、示范和转型升级，已取得显著进展，基本实现了从煤炭资源向油气资源和基础化学品的转化，为发挥我国煤炭资源优势、降低油气对外依存度、拓展化工原料来源、保障国家能源安全开辟了新途径。

（1）规模产量

截至 2020 年底，我国煤化工产业的规模和产量均居世界前列（见表 1-1），已由"做大"进入"做强"的高质量发展期。

表 1-1　2020 年我国煤化工产业的规模与产量

项目	煤制合成氨	焦化		电石	煤制油	煤制天然气	煤制烯烃[①]	煤制乙二醇	煤制甲醇
		焦炭	兰炭						
产能/万吨	5020	53043	10000	3570	906	51.05 亿立方米	938	449	6779
产量/万吨	4482	46678	6200	2758	629	43.2 亿立方米	884	314	5830
产能利用率/%	89.3	88	62	77.3	69.4	84.6	94.2	70	86

① 不含甲醇制烯烃。

（2）产业集聚

我国以 14 个大型煤炭生产基地（蒙东、鲁西、两淮、河南、冀中、神东、晋北、晋中、晋东、陕北、黄陇、宁东、云贵、新疆）为依托，现已建成四个现代煤化工产业示范区（见表1-2），形成了产业集聚和园区化格局，并正以园区为平台构建产业循环、集约高效、竞争力强的产业体系。

表1-2 我国四大现代煤化工产业示范区

示范区	面积/万平方千米	工业总产值/亿元	煤炭产量/亿吨	煤炭转化率/%	探明煤炭储量/亿吨
内蒙古鄂尔多斯基地	8.68	3800	6.16	约22	2100
陕西榆林基地	4.36	4500	4.56	约20	1500
宁夏宁东基地	0.35	1300	0.8	约50	331
新疆准东基地	1.5	720	0.62	约23	2136

（3）技术装备

我国在现代煤化工产业快速发展的过程中，基本实现了生产技术工艺和装备的自主设计、制造和施工。煤化工科技创新也取得了一系列重大成果，技术水平和产业化规模已居世界前列。尤其是煤气化、煤直接液化、煤间接液化、煤制烯烃、煤制乙二醇、煤制芳烃等核心技术已有重大突破。成功开发了一批具有自主知识产权的大型传质塔器设备、反应器设备、高效换热设备、空分设备和压缩机设备以及耐高温、高压及耐磨损的特殊泵类和阀门等专用设备。由此推动了我国技术装备自主化的进程，部分技术装备国产化率已达98%。

（4）生产运行

在对现代煤化工示范工程项目升级改造和生产实践经验不断总结的基础上，通过科学、规范、智能化管理，已建成的煤化工项目达到了三个基本目标：①实现了安全、稳定、长周期、高效运行；②节能减排效果明显，综合能效有所提高；③"三废"处理系统的升级改造为实现绿色化生产奠定了良好基础。

1.1.2 制约因素

在"十三五"期间，我国现代煤化工产业尽管取得了显著成绩，但仍存在影响其进一步发展的制约因素。

（1）水资源匮乏

煤化工产业的显著特点之一是用水量大（见表1-3）。我国煤炭资源与水资源呈逆向分布，现已建成和在建的现代煤化工项目主要位于占全国煤炭保有资源总量79.5%的内蒙古、陕西、宁夏、新疆等省区，而这些省区的水资源仅占全国水资源总量的0.03%～1.72%，因此会严重制约煤化工产业的发展。

表1-3 煤化工产业的耗水量

项目	煤制甲醇	煤制烯烃	煤直接液化制油	煤间接液化制油	煤制天然气	煤制乙二醇	煤制合成氨
耗水量/[t/t(产品)]	15	16	6.5	6.5	6	10	14

（2）产业结构不尽合理

虽然我国煤化工产业具有规模化、产能大的特点，但主要产品基本以中低端为主，而"高、精、专、特"产品开发不足，因此造成我国现代煤化工产业优势不明显、总体竞争力不强。在我国"十四五"国民经济高质量发展的新形势下，我国煤化工结构性矛盾更加凸显，主要表现为：高端产品数量短缺，低端产品产能过剩。因此实现产业结构升级的主要发展方向应是：高端化、多元化、低碳化。

（3）投资大、综合效益不佳

由于现代煤化工项目技术难度大、工艺复杂、生产控制要求高，故其项目投资强度大（见表1-4）。

表1-4 煤化工项目投资强度（示例）

项目	100万吨/年煤制油	60万吨/年煤制烯烃
总投资/亿元	130～150	190
单位产能投资/[亿元/万吨（产能）]	13～15	32

将表1-4中单位产能投资与1000万吨/年石油炼油项目、100万吨/年石脑油裂解制烯烃项目相比较，其投资比依次为8.75∶1和2.46∶1。除上述因素外，国内煤价上涨和国际油价低位波动、产品生产地普遍远离产品消费市场、生产废水处理费用高等诸多因素叠加，都已对煤化工生产企业造成严重冲击，致使已投产的煤化工项目综合效益不佳，有的项目已处于亏损边缘。

（4）面临"三稳、三严"的挑战

现代煤化工产业的显著特点是高耗能、高排气（见表1-5），为了实现我国提出的"2030年碳达峰和2060年碳中和"的目标要求，我国煤化工产业将会面临"稳产量、稳增速、稳就业和资源约束严、生态约束严、安全约束严"的挑战。

表1-5 典型现代煤化工过程的单位产品煤耗和 CO_2 排放

煤转化过程	煤耗/[t/t(产品)]	工艺 CO_2 排放/[t/t(产品)]	公用工程 CO_2 排放/[t/t(产品)]	总 CO_2 排放/[t/t(产品)]
煤制天然气（标况下）	$2.3t/km^3$	$2.7t/km^3$	$2.1t/km^3$	$4.8t/km^3$
煤制甲醇	1.4	2.06	1.79	3.85
煤制二甲醚	2.5	2.8	2.2	5.0
煤直接液化	3.23	3.33	2.23	5.56
煤间接液化	3.4	5.1	1.76	6.86
煤制烯烃	4.4	6.41	4.11	10.52
煤制乙二醇	2.97	3.5	2.1	5.6

1.2

煤化工废水来源和特征

1.2.1 废水来源和分类

煤化工是以煤为原料，通过一系列化学反应，将煤转化为气体、液体、固体燃料及各种化学品的过程。

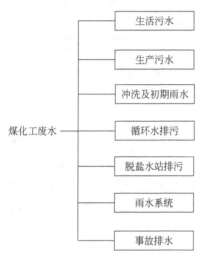

图 1-1 煤化工废水的来源

在煤化工生产过程中，虽然由于产品不同，所采用的生产方法和工艺流程不同，但其废水的来源是相同的，如图 1-1 所示。

目前虽然对煤化工废水的分类有不同观点和表述，但通常都按产业链分类。煤化工的发展主要有煤炭焦化、煤气化和煤液化 3 条产业链，煤化工废水也据此分为 3 大类，即煤焦化废水、煤气化废水、煤液化废水。

1.2.2 废水中的污染物

在煤化工生产过程中，需供应大量的新鲜水，当所供新鲜水受到污染后即为污水或废水。水体污染是指由于人为的或自然的因素造成新鲜水（或称水体）受到污染物过度侵入，使水体的水质或自然生态平衡遭到破坏的结果。造成水体污染的物质为水体污染物。排出水体污染物的场所称为水污染源。

水体污染源按污染物的来源可分为天然污染源和人为污染源两大类。

天然污染源是指自然界自行向水体释放有害物质或造成有害影响的场所。

人为污染源是指由人类活动形成的污染源，它是环境保护研究和水污染防治的主要对象。人为污染源体系很复杂，在煤化工生产过程中，按污染物的种类可分为有机污染源、无机污染源、放射性污染源、病原体污染源等；按污染物的来源方式可以分为点源和非点源。点源是指以点状形式排放而使水体造成污染的发生源。非点源又称面源，是以面形式分布和排放污染物的污染源。

废水中的污染物种类大致可分为：固体污染物、耗氧污染物、营养性污染物、酸碱污染物、有毒污染物、油类污染物、生物污染物、感官性污染物等。

1.2.2.1 固体污染物

固体污染物常用悬浮物和浊度两个指标来表示。

悬浮物是一项重要的水质指标，它的存在不但使水质浑浊，而且使管道及设备堵塞、磨损，干扰废水处理及回收设备的工作。由于大多数废水中都有悬浮物，因此去除水中的悬浮物是废水处理的一项基本任务。

浊度是对水的光传导性能的一种度量，其值可表征废水中胶体和悬浮物的含量。水体中含有的泥沙、有机质胶体、微生物以及无机物质的悬浮物和胶体物产生浑浊现象，以致降低水的透明度，而影响感官甚至影响水生生物的生活。

固体污染物在水中以三种状态存在：溶解态（直径小于 1nm）、胶体态（直径 1～100nm）和悬浮态（直径大于 100nm）。水质分析中把固体物质分为两部分：能透过滤膜（孔径约 3～10μm）的叫溶解固体（DS）；不能透过的叫悬浮固体或悬浮物（SS），两者合称为总固体（TS）。在水质监测中悬浮物（SS）是一个比较重要的指标。

1.2.2.2 耗氧污染物

大多数的耗氧污染物是有机物，无机物主要为还原态的物质，如 Fe、Fe^{2+}、S^{2-}、CN^- 等，因而在一般情况下，耗氧污染物即指需氧有机物或耗氧有机物。天然水中的有机物一般是水中生物生命活动的产物。人类排放的生活污水和大部分生产废水中含有大量的有机物质，其中主要是耗氧有机物如碳水化合物、蛋白质、脂肪等。

耗氧有机物种类繁多，组成复杂，难以分别对其进行定量、定性分析。一般情况下，不对它们进行单项定量测定，而是利用其共性，间接地反映其总量或分类含量。在工程实际中采用以下几个综合水质污染指标来描述。

(1) 化学需氧量（COD）

化学需氧量是指在酸性条件下，用强氧化剂将有机物氧化成 CO_2、H_2O 所消耗的氧量，以 mg/L 表示。COD 值越高，表示水中有机污染物的污染越严重。目前常用的氧化剂主要是重铬酸钾和高锰酸钾。重铬酸钾氧化作用很强，能够较完全地氧化水中大部分有机物和无机还原性物质（但不包括硝化所需的氧量）。采用重铬酸钾作为氧化剂时，化学需氧量用 COD_{Cr} 表示，主要适用于分析污染严重的水样，如生活污水和工业废水。如采用高锰酸钾作为氧化剂，则写作 COD_{Mn}。高锰酸钾作为氧化剂适用于测定一般地表水，如海水、湖泊水等。目前，根据国际标准化组织（ISO）规定，化学需氧量指 COD_{Cr}，而称 COD_{Mn} 为高锰酸盐指数。

COD_{Cr} 能够在较短时间内（规定为 2h）较为精确地测出废水中耗氧物质的含量，不受水质限制。缺点是不能表示可被微生物氧化的有机物量，此外废水中的还原性无机物质也能消耗部分氧，会造成一定的误差。

(2) 生化需氧量（BOD）

生化需氧量是指在有氧条件下，由于微生物的活动，降解有机物所需的氧量，以 mg/L 表示。生化需氧量越高，表示水中耗氧有机物污染越严重。

废水中有机物的分解，一般可以分为两个阶段。第一阶段，或称碳化阶段，是有机物中碳氧化为二氧化碳，有机物中的氮氧化为氨的过程，碳化阶段消耗的氧量称为碳化需氧量。第二阶段，或称为氮化阶段或硝化阶段，氨在硝化细菌作用下，被氧化为亚硝酸根或硝酸根，硝化阶段的耗氧量称为硝化需氧量。

有机物耗氧过程与温度、时间有关。在一定范围内温度越高，微生物活力越强，消耗有机物就越快，需氧量越多；时间越长，微生物降解有机物的数量和深度越大，需氧量越多。在实际测定生化需氧量时，温度规定为 20℃。此时，一般有机物需 20d 左右才能基本完成第一阶段的氧化分解过程，其需氧量用 BOD_{20} 表示，它可视为完全生化需氧量 L_a。在实际测定时，20d 时间太长，目前国内外普遍采用在 20℃ 条件下培养 5d 时生物化学过程需要氧的量为指标，称作 BOD_5，简称 BOD。BOD_5 只能相对反映出氧化有机物的数量，各种废水的水质差别很大，其 BOD_{20} 与 BOD_5 相差悬殊，但对某一种废水而言，此值相对固定，如生活污水的 BOD_5 约为 BOD_{20} 的 70% 左右。但是，它在一定程度上亦反映了有机物在一定条件下进行生物氧化的难易程度和时间进程，具有很大的使用价值。

如果废水中各种成分相对稳定，那 COD 与 BOD 之间应有一定的比例关系。一般来说，$COD > BOD_{20} > BOD_5 > COD_{Mn}$。其中 BOD_5/COD（B/C）比值可作为废水是否适宜生化法处理的一个衡量指标，比值越大，越容易被生化处理。一般认为 BOD_5/COD 大于 0.3 的废水才适宜采用生化处理。

（3）总需氧量（TOD）

有机污染物主要元素是 C、H、O、N、S 等。在高温下燃烧后，将产生 CO_2、H_2O、NO_2 和 SO_2，所消耗的氧量称为总需氧量，即 TOD。TOD 的值一般大于 COD 的值。

TOD 的测定方法是：向氧含量已知的氧气流中注入定量的水样，并将其送入以铂为催化剂的燃烧管中，在 900℃ 高温下燃烧，水样中的有机物即被氧化，消耗掉氧气流中的氧气，剩余氧量可用电极测定并自动记录。氧气流原有氧量减去剩余氧量即得总需氧量。TOD 的测定仅需要几分钟，但 TOD 的测定在水质监测中应用比较少。

（4）总有机碳（TOC）

总有机碳是近年来发展起来的一种水质快速测定方法，通过测定废水中的总有机碳量来表示有机物的含量。总有机碳的测定方法是：向氧含量已知的氧气流中注入定量的水样，并将其送入特殊的燃烧器（管）中，以铂为催化剂，在 900℃ 高温下，使水样汽化燃烧，并用红外气体分析仪测定在燃烧过程中产生的 CO_2 量，再折算出其中的含碳量，就是 TOC 值。为排除无机碳酸盐的干扰，应先将水样酸化，再通过压缩空气吹脱水中的碳酸盐。TOC 的测定时间也仅需几分钟。TOC 虽可以以总有机碳元素量来反映，但因排除了其他元素，仍不能直接反映有机物的真正浓度。

1.2.2.3　营养性污染物

废水中所含 N 和 P 是植物和微生物的主要营养物质。当废水排入受纳水体，使水中 N 和 P 的浓度分别超过 0.2mg/L 和 0.02mg/L 时，就会引起受纳水体的富营养化，提高各种水生物（主要是藻类）的活性，刺激它们的异常繁殖，并大量消耗水中的溶解氧，从而导致鱼类等窒息和死亡。除此之外，水中大量的 NO_3^-、NO_2^- 若经食物链进入人体，将危害人体健康。

1.2.2.4 酸碱污染物

酸碱污染物主要指排入水体中的酸性污染物和碱性污染物，具有较强的腐蚀性。煤化工的酸碱废水的水质标准中以 pH 值来表征。酸性废水和碱性废水可相互中和产生盐类；酸性、碱性废水也可与地表物质相互作用，生成无机盐类。所以，酸性或碱性废水造成的水体污染必然伴随着无机盐的污染。

酸性和碱性废水使水体的 pH 值发生变化，破坏了自然的缓冲能力，抑制了微生物的生长，妨碍了水体的自净，使水质恶化、土壤酸化或盐碱化。此外酸性废水也对金属和混凝土材料造成腐蚀。同时，还因其改变了水体的 pH 值，增加了水中一般无机盐类的含量和水的硬度等。

1.2.2.5 有毒污染物

废水中能引起生物毒性反应的化学物质，称有毒污染物。工业上使用的有毒化学物已经超过 12000 种，而且以每年 500 种的速度递增。

各类水质标准对主要的毒物都规定了限值。废水中的毒物可分为三大类：无机有毒物质、有机有毒物质和放射性物质。

（1）无机有毒物质

这类物质具有强烈的生物毒性，它们排入天然水体，常会影响水中生物，并可通过食物链危害人体健康，这类污染物都具有明显的累积性，影响持久。无机有毒物质包括金属和非金属两类。金属毒物主要为汞、铬、镉、铅、镍、铜、锌、钴、锰、钛、钡、钼和铋等，特别是前几种危害更大。如汞进入人体后被转化为甲基汞，甲基汞有很好的脂溶性，易进入生物组织，并有很高的蓄积作用，在脑组织内积累会破坏神经功能，无法用药物治疗，严重时能造成死亡。镉进入人体后，主要贮存在肝、肾组织中，不易排出，镉的慢性中毒主要表现为使肾脏吸收功能不全，降低机体免疫能力以及导致骨质疏松、软化，并引起全身疼痛、腰关节受损、骨节变形，有时还会引起心血管病等。

重要的非金属有毒物有砷、硒、氟、硫、氰化物、亚硝酸根等。如砷中毒时引起中枢神经紊乱、腹痛、肝痛、肝大等消化系统障碍，并常伴有皮肤癌、肝癌、肾癌、肺癌等发病率增高现象。无机氰化物的毒性表现为破坏血液，影响血液运送氧的机能而导致死亡。亚硝酸盐在人体内还能与仲胺生成硝酸铵，具有强烈的致癌作用。

（2）有机有毒物质

有机有毒物质的种类很多，这类物质大多是人工合成的，难以被生物降解，并且它们的污染影响、作用也不同。有机有毒物质大多是较强的"三致"（致癌、致突变、致畸）物质，毒性很大。主要有：酚类化合物、有机农药（有机氯、有机磷、有机汞等）、多氯联苯（PCB）、多环芳烃等。有机氯农药有很强的稳定性，在自然环境中的半衰期为十几年到几十年，且这类物质的水溶性低而脂溶性高，可以通过食物链在人体和动物体内富集，对动物和人体造成危害。

（3）放射性物质

放射性是指原子核衰变而释放射线的物质属性。放射线主要包括 X 射线、α 射线、β 射线、γ 射线及质子束等。天然的放射性同位素^{238}U、^{226}Ra、^{232}Th 等一般放射性都比较弱，对生物没有什么危害。人工的放射性同位素主要来自铀、镭等放射性金属的生产和使用过程，如核试验、核燃料再处理、原料冶炼厂等。其浓度一般较低，主要引起慢性辐射和后期效应，如诱发癌症，促成贫血、白细胞增生，对孕妇和婴儿产生损伤，引起遗传性损害等。

1.2.2.6 油类污染物

油类污染物会导致水体受到油污染。油类污染物能在水面上形成油膜，影响氧气进入水体，破坏了水体的复氧条件。它还能附着于土壤颗粒表面和动植物体表，影响养分的吸收和废物的排出。当水中含油 0.01～0.1mg/L 时，就会对鱼类和水生生物产生影响。当水中含油 0.3～0.5mg/L 时，就会产生石油气味，不适合饮用。

1.2.2.7 生物污染物

生物污染物主要指废水中的致病性微生物，它包括致病细菌、病虫卵和病毒。未污染的天然水中的细菌含量很低，煤化工废水中的生物污染物主要来自生活污水。生活污水主要通过人体排泄的粪便中含有的细菌、病菌及寄生虫类等污染水体，引起各种疾病传播。如生活污水中可能含有能引起肝炎、伤寒、霍乱、痢疾、脑炎的病毒和细菌以及蛔虫卵和钩虫卵等。生物污染物污染的特点是数量大、分布广、存活时间长、繁殖速度快，必须予以高度重视。

1.2.2.8 感官性污染物

废水中能引起异色、浑浊、泡沫、恶臭等现象的物质，虽然没有严重的危害，但也引起人们感官上的极度不适，被称为感官性污染物。如煤气化废水污染往往使水色变红或其他颜色，焦化废水污染可使水色黑褐等。为此，在水质标准中，对色度、臭味、浊度、漂浮物等指标都作了相应的规定。

1.2.3 煤化工废水特征

煤化工废水的显著特点是"四高"，即高 COD（油类、酚类）、高氨氮、高色度、高无机污染物（硫化物、氰化物、盐），如表 1-6 所示。

表 1-6 典型的煤化工废水水质

项目名称	COD/(mg/L)	pH 值	BOD/(mg/L)	氨氮/(mg/L)	挥发酚/(mg/L)	石油类/(mg/L)	色度/度
指标值	25000	9～10	2800	3000～5000	5000	1000	100000

按煤化工产业链分类的三类废水的特征如表 1-7 所示。

表 1-7　煤化工废水的主要来源及特征

项目	来源	特征
煤焦化废水	煤干馏、煤气净化和冷却、产物回收及精制过程中产生	废水排放量大，成分复杂，含酚 1000～1400mg/L，氨氮 2000mg/L 左右，COD 3500～6000mg/L，氰化物 7～70mg/L，含有难以生物降解的油类、吡啶等杂环化合物和联苯、萘等多环芳香化合物(PAHs)
煤气化废水	在制造合成气或天然气的过程中产生于气化炉，集中于净化、洗涤、冷凝和分馏工段	废水中难降解和抑制性的有毒化合物较多，其含酚类(5600～7600mg/L)、氨氮(220～430mg/L)、COD(9000～21000mg/L)、硫氰酸和氰化物等
煤液化废水	主要来源于煤液化、加氢精制、加氢裂化及硫黄回收等装置排出的废水	典型的"三高"废水，即高 COD、高氨氮、高酚，其中酚种类最多。其中 COD 4000～45000mg/L，氨氮 2000～10000mg/L，酚 2000～3000mg/L

1.3
煤化工废水处理的进展

1.3.1　煤化工废水处理技术

多年来，我国对煤化工废水处理技术进行了系统研究和生产实践，为了实现其废水的"零排放"，现已形成的常见设计方案是"废水预处理＋生化处理＋深度处理＋盐水处理及蒸发结晶"。

（1）废水预处理

煤化工废水预处理的主要技术如图 1-2 所示，其中除油、脱氨氮和脱酚属于资源化回收技术。

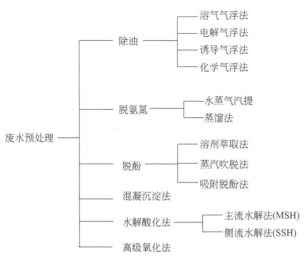

图 1-2　煤化工废水预处理主要技术

（2）生化处理

生化处理是煤化工废水处理的核心技术之一。其作用是将废水中的有机物通过微生物的新陈代谢作用转化成小分子和无毒物质，其主要处理技术如图1-3所示。

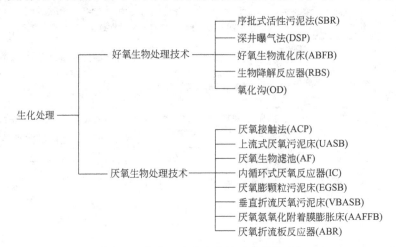

图1-3　煤化工废水生化处理主要技术

（3）深度处理

为了使生化处理后的出水能够达到回用水的标准，需进一步进行深度处理，其主要技术如图1-4所示。

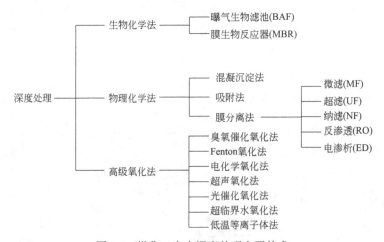

图1-4　煤化工废水深度处理主要技术

（4）盐水处理及蒸发结晶

为了使煤化工废水实现"零排放"，并回收 NaCl 和 Na_2SO_4 等工业产品，需对深度处理出水进行盐水处理及蒸发结晶，其主要技术如图1-5所示。

1.3.2　废水处理的问题分析

我国已经建成的煤化工废水"零排放"设施采用的处理技术，基本分为有机废水处

图 1-5　煤化工盐水处理及蒸发结晶主要技术

理技术和含盐废水处理技术，而含盐废水处理技术又包括低盐废水处理技术、浓盐水处理技术和高浓盐水处理技术。其中，有机废水处理基本上采用"预处理（物化处理）＋生化处理＋深度处理"的三段式处理工艺；低盐废水处理多采用"预处理＋双膜法"两段式处理工艺；浓盐水处理多采用"预处理＋膜浓缩"处理工艺；高浓盐水处理多采用蒸发结晶的处理方式。

（1）预处理技术问题分析

煤化工废水特别是碎煤气化废水，在预处理过程中，虽然经过蒸氨脱酚后可使其总酚和氨氮浓度大幅降低，但油浓度仍在 $100\sim200mg/L$，超过生化工艺进水要求（油浓度＜50mg/L）。研究表明，采用空气气浮和氮气气浮对废水中的油都能达到较好的去除效果，但氮气气浮后使得 B/C 由 0.28 提高到 0.30，而空气气浮后 B/C 仅为 0.25。由实验分析可知，氮气曝气对废水中有机物种类的变化影响不大，但是空气曝气后废水中增加了很多环戊烯酮、吡啶衍生物和芳香族衍生物，这是废水可生化处理性降低的主要原因。

（2）生化处理技术问题分析

虽然物化预处理工艺可以去除 80% 以上的有机物，但是废水中仍含有大量难降解有毒物质。大多数废水的 B/C 仍小于 0.3，其水质可生化性差，具有很强的微生物抑制性，仍是典型的高浓度难生物降解的工业废水。在其处理过程中的问题是：①采用传统或单一的生化处理工艺时，废水中 COD 的去除率一般仍低于 80%，因此需采用优化的组合工艺才能使 COD 的去除率达到 90% 以上，并能满足后续深度处理的技术要求；②在生化处理过程中由于废水中的污染物浓度较高，致使其在反应器中的停留时间（HRT）偏长（100h 以上），为了提高处理效率，应在优化工艺参数基础上缩短 HRT。

（3）深度处理技术难点分析

对于难降解的现代煤化工废水，深度处理是提高出水水质和回收率、保证系统稳定、降低处理单元检修频率的关键环节。在处理过程中出现的主要问题是：由于膜分离前废水的浊度、硬度、碱度等指标较高，造成膜分离系统污染物堵塞、结垢，由此不仅缩短了膜的寿命，同时还降低了装置的正常运行时间。

（4）资源化技术问题分析

从含盐废水中提取 NaCl 和 Na_2SO_4 等工业产品是煤化工废水资源化利用的新方向之一。目前，国内不少新建煤化工项目的废水处理，是通过膜分离和蒸发结晶的方法分离出氯化钠、硫酸钠等结晶盐，但其投资费用和运行费用高，因此保证其经济的可行性仍是煤化工浓盐水处理技术的研究方向。

1.3.3　废水处理的制约因素

煤化工废水处理的实现与主体工艺的稳定性、水处理单元工艺集成、废水回用调度等密切相关，其技术经济可靠性面临严峻考验。废水处理在生产安全、经济成本和环境保护方面存在一定问题，应引起有关部门和相关企业的高度重视。

（1）生产安全

在煤化工废水处理过程中，影响其生产运行稳定安全的主要因素：一是生产的原料煤和工艺条件，当煤质与操作温度及压力发生波动时，会使废水的组成与水量发生变化，由此给废水处理带来冲击，导致生产不稳定；二是废水处理工艺流程长而复杂，对操作、管理水平要求高，其运行过程中相互之间影响大，只要其中有一个环节出现问题，就会使排放水质不达标。

（2）经济成本

高投资、高成本、高能耗是目前煤化工废水处理技术的制约因素之一。因此建设煤化工废水处理项目不仅要技术先进可靠，重要的是还要经济合理可行。

煤化工项目要达到废水处理的目标要求，除克服技术方面的困难外，还需要投入大量资金，以某60万吨/年煤制烯烃项目为例，若以达标排放为目标，污水处理装置的投资约1亿～1.5亿元，但若实施废水"零排放"方案，污水处理及回用装置的投资约6亿～8亿元。

高运行成本也是当前制约煤化工废水处理技术工艺应用和普及的重要因素。有机废水处理的直接运行成本（不考虑设备折旧）一般超过5元/t；含盐废水直接运行成本通常是有机废水处理成本的几倍，达到30～40元/t。高运行成本在一定程度上降低了煤化工项目的竞争力。

（3）环境保护

废水处理的环境问题主要有结晶固体处理不当可能产生的次生环境污染，以及废水暂存池环境风险隐患。

在煤化工废水处理过程中，结晶固体量较大。以60万吨/年煤制烯烃项目为例，结晶固体产量高达6～8万吨/年。这部分废渣需作为危险废物进行安全填埋。结晶固体中含有高浓度的金属离子和有机物，一旦处理不当，所含的污染物就会污染地下水系统，造成二次污染。

煤化工实施废水处理方案，需配套建设大容积的废水暂存池，废水暂存池若选址不当可能会造成地下水污染，且废水暂存池还有溃堤等风险。

1.3.4　废水处理的发展建议

煤化工废水"零排放"是在煤炭资源丰富、水资源匮乏、缺乏纳污水体的特定条件下解决煤化工废水的措施。为了促进我国煤化工废水处理技术的发展，在此提出如下建议：

① 进一步加强对煤化工废水处理新工艺、新装置中的关键技术研究，其要求是高效、低碳、经济、可行。

② 为了促进煤化工产业的转型升级，必须采用先进技术工艺，强化节水减排措施，这不仅能提高企业的综合效益，重要的是可显著减少生产废水的排出量，有效地降低废水处理的投资。

③ 实现煤化工废水处理的资源化回收和利用，是今后废水处理发展的主要方向之一。对此应进一步研发新的工艺，解决难点和攻破关键技术。

④ 煤化工废水"零排放"不应是衡量所有地区煤化工企业环境问题的唯一标准，根据地域水环境容量、地质特点、水资源情况采取不同的处置方式是未来煤化工废水处理的发展趋势。

⑤ 为了实现我国"碳达峰，碳中和"发展目标，国家相关部委应制定相应的煤化工废水处理的政策、规范和标准，进一步提高煤化工废水处理技术水平，促进煤化工产业的绿色发展。

⑥ 以"创新驱动"引领煤化工废水处理的发展，加大科技投入、加强人才培养、加快科技成果转化，建立煤化工废水污染预警分析技术体系，完善煤化工废水处理管理体系，完善煤化工废水处理的评价制度。

参考文献

[1] 王海宁.中国煤炭资源分布特征及其基础性作用新思考 [J].中国煤炭地质，2018，30（7）：5-9.
[2] 刘亢，宁树正，张建强，等.我国煤炭资源"九宫"分布经济及生态特征研究 [J].中国煤炭地质，2021，33（增刊）：1-6.
[3] 彭苏萍，张博，王佟，等.煤炭资源和水资源 [M].北京：科学出版社，2014.
[4] 丁国峰，吕振福，曹进成，等.我国大型煤炭基地开发利用分析 [J].能源与环保，2020，42（11）：107-110，120.
[5] 杨芊，杨帅，张绍强.煤炭深加工产业"十四五"发展思路浅析 [J].中国煤炭，2020，46（3）：67-73.
[6] 张媛媛，王永刚，田亚峻.典型现代煤化工过程的二氧化碳排放比较 [J].化工进展，2016，35（12）：4060-4064.
[7] 胡迁林，赵明."十四五"时期现代煤化工发展思考 [J].中国煤炭，2021，47（3）：5-7.
[8] 周志英.新形势下现代煤化工发展现状及对策建议 [J].煤炭加工与综合利用，2020（3）：31-34.
[9] 王建立，温亮.现代煤化工产业竞争力分析及高质量发展路径研究 [J].中国煤炭，2021，47（3）：6-11.
[10] 杨芊，杨帅，樊金璐，等."十四五"时期现代煤化工煤炭消费总量控制研究 [J].煤炭经济研究，2020，40（2）：25-30.
[11] 张振家，张虹.环境工程学基础 [M].北京：化学工业出版社，2007.
[12] 张林生.水的深度处理与回用技术 [M].2版.北京：化学工业出版社，2009.
[13] 陈博坤.煤化工废水零液排放技术研究及高浓酚氨废水处理流程开发 [D].广州：华南理工大学，2020.
[14] 马宝岐，苗文华.煤化工废水处理技术发展报告 [R].北京：中国煤炭加工利用协会，2014.
[15] 洪磊，陆曦，梁文，等.煤制气高浓污水酚氨回收前处理工艺研究 [J].水处理技术，2016，42（1）：83-86.

[16] 郭超.煤气化废水中二元酚高效萃取剂设计和协同萃取脱酚流程开发 [D].广州：华南理工大学，2019.

[17] 成学礼，乔华，纪钦洪.利用生化＋臭氧催化氧化＋MBR 工艺处理煤制气酚氨回收后废水 [J].煤化工，2020，48（3）：57-60.

[18] 贾胜勇.两级 MBR 工艺处理煤气化废水生化出水的效能研究 [D].哈尔滨：哈尔滨工业大学，2016.

[19] 张鹏娟，武彦巍，张莹莹.预处理-A/O-絮凝沉淀-BAF 工艺处理煤制甲醇生产废水 [J].水处理技术，2013，39（1）：84-88.

[20] 方芳，韩洪军，崔立明，等.煤化工废水“近零排放”技术难点解析 [J].环境影响评价，2017，39（2）：9-13.

[21] 李建军.煤化工废水“零排放”技术与制约性问题分析 [J].世界环境，2020（1）：78-80.

[22] 方芳，吴刚，韩洪军，等.我国煤化工废水处理关键工艺解析 [J].水处理技术，2017，43（6）：37-40，52.

[23] 巩强.节能减排技术在新型煤化工中的运用 [J].化学工程与装备，2021（7）：9-11.

[24] 孙晋琳，刘红丽，杨伟，等.煤化工高盐废水处理及资源化回收进展 [J].现代盐化工，2019（4）：1-2.

2

煤气化废水处理技术

2.1
概述

2.1.1 煤气化工艺简介

煤气化过程是以煤炭、煤焦或半焦固体燃料为原料，以二氧化碳、氢气、氧气、空气、水蒸气或它们的混合气等为气化剂，在高温常压或加压条件下反应，使煤炭、煤焦或半焦固体燃料中的可燃部分发生一系列均相与非均相化学反应，转化为气体燃料和少量残渣的过程。气化时得到的可燃气体称为气化煤气，根据所用原料和气化剂种类的不同，分为空气煤气、水煤气、半水煤气等，其有效成分主要包括一氧化碳、氢气和甲烷等。

煤气化是煤化工的重要过程之一，是清洁高效综合利用煤炭资源的核心技术和重要途径，是经济建设可持续发展的重要支柱，广泛应用于煤基大宗化工合成（合成氨、甲醇、尿素、二甲醚、乙二醇、醋酸等）、煤制液体燃料油（汽油、柴油等）、工业燃气和民用煤气制备、整体煤气化联合循环发电（IGCC）、煤基多联产、还原冶金、气化制氢等工业过程，是这些行业的关键技术。

根据煤气化技术发展进程分析，煤气化技术可分为三代：第一代为常压间歇式固定床气化技术，多以块煤和小颗粒煤为原料制取合成气，在中小规模厂应用较多，装置规模、原料、能耗及环保的局限性较大，已被国家发改委列为非鼓励技术；第二代是现阶段具有代表性的加压固定床气化技术、气流床气化技术和改进型流化床气化技术，其特征之一是加压纯氧连续气化及高温液态/固态排渣，可以提升气化效率；第三代气化技术尚处于小试或中试阶段,如煤的催化气化、加氢气化、地下气化、等离子体气化、超临界气化、太阳能气化和煤的核能余热气化等。

煤炭在我国能源结构中占基础地位,我国是拥有煤气化炉数量和种类最多的国家。煤气化技术应用日益增多,国内外煤气化技术达上百种,但真正实现工业化应用的仅有30余种。目前,我国的煤气化工艺已逐渐完成了由传统的 UGI 炉块煤间歇气化向先进的固定床、气流床、流化床加压纯氧连续气化工艺的过渡,其中,国内自主创新具有自主知识产权的新型煤气化技术得到快速发展并广泛应用。据不完全统计,我国采用国内外先进大型洁净煤气化技术已投产和正在建设的气化炉达 700 余台,并且 60% 以上的气化炉已投产运行。

(1) 固定床气化技术

固定床气化技术也称移动床气化技术,工艺相对比较成熟,是世界上最早开发并应用的气化技术。固定床气化一般采用一定粒径(5~75mm)的块煤(焦煤、半焦煤、无烟煤等)或成型煤为原料。固定床气化过程为:块煤从气化炉顶部加入,气化剂(氧气、空气或水蒸气)由气化炉底部加入,两者进行逆流接触。在这个过程中,相对于气体的上升速度而言煤料下降速度很慢,甚至可视为固定不动,故称之为固定床气化。通过使用加压固定床,煤料在气化炉中的停留时间可长达数小时,可促使大颗粒煤转化完全。气化炉根据功能可分为预热区、干燥区、热解区、气化区和燃烧区,燃烧区炉内温度最高,块煤经过各区后最终变成煤渣排出,其中液态排渣固定床气化炉炉内最高温度可达 1500~1800℃,干灰排渣气化炉炉内最高温度可达 1300℃,气化组分经冷凝后从顶部排出,温度达 400~500℃。固定床煤气化过程在生产合成气的过程中还副产焦油、轻油、萘、酚、脂肪酸等物质。另外,固定床煤气化的有效成分包括氢气、一氧化碳、甲烷等,其中甲烷含量较高(10%~15%),因而常用于煤制天然气的工艺工程。该技术的典型代表是鲁奇(Lurgi)加压气化技术和 BGL(British Gas-Lurgi)碎煤熔渣气化技术。

(2) 流化床气化技术

流化床气化技术是在适当的气流速度下,从气化炉的底部经布风板送入气化剂,将0.5~10mm 的粉煤通过固体层从炉膛下部送入气化炉,使其处于悬浮状态并迅速混合热交换,并进行固相反应。在流化床工艺中,床层温度和组成均一,煤粒气化停留时间为 10~100s,为保证床层的正常流态化,避免因炉内结渣引起运行失稳,一般要求运行温度在 900~1000℃之间。

流化床煤气化技术包括鼓泡流化床气化技术〔如温克勒(Winkler)和高温温克勒(HTW)煤气化技术〕、灰熔聚流化床气化技术(如 U-GAS 气化技术、中科院山西煤炭化学研究所的 ICC 技术)、循环流化床气化技术和输运床气化技术。由于流化床所用煤的粒径较小,比表面积大,可以消除内扩散阻力,传热效能高,整个床层温度和组成一致,所产生的煤气和灰渣都在炉温下排出,因而所制得的合成气中基本不含焦油类物质。但是,流化床气化工艺存在流化床体积大、操作弹性低、固体损耗大、煤气中带出物碳含量高且较难分离、气化效率和碳转化率偏低等问题。

（3）气流床气化技术

气流床气化技术是目前世界上应用最广的气化技术，广泛用于 IGCC 和煤化工。气流床气化技术主要工艺为将粒径约为 0.1mm 的细煤粉或水煤浆与气化剂（一般采用纯氧）一起喷入气化炉，在 1200～1600℃ 高温和 2～10MPa 高压下高速并流，在气化炉中充分燃烧，生成以一氧化碳和氢气为主的合成气，灰渣以熔融液态形式排出气化炉。气流床气化技术的优点是：煤粉在气化炉中停留时间短，气化强度大，生产能力大，煤种适用性广，碳转化率可高达 99%，粗合成气中有效气（一氧化碳和氢气）含量高，甲烷含量低，且不产生焦油、萘和酚等物质，是一种环境友好型气化技术。但气流床气化炉是并流操作，存在操作温度高、炉内热效率不高、耐火材料和喷嘴易腐蚀寿命短、煤氧比操作弹性小、排渣控制较难等缺点。

气流床煤气化工艺按照进料形式不同，可分为水煤浆气化工艺和粉煤气化工艺。目前以水煤浆为原料的主要有多喷嘴对置（OMB）、GE（Texaco）、E-Gas 等，以干粉煤为原料的 Shell、东方炉（SE）、Prenflo、GSP 等是水煤浆进料方式的典型代表。以干煤粉为原料的气化炉主要有荷兰壳牌公司的 SCGP 粉煤气化技术、德国西门子公司的 GSP 粉煤气化技术、德国科林工业公司的 CCG 气化技术、航天长征化学工程公司的 HT-L 气化技术、德国 Uhde 公司的 Prenflc 煤气化技术等，其中壳牌气化炉是干煤粉进料方式的典型代表。

GE-德士古气化炉的操作温度为 1250～1450℃，操作压力为 3MPa（IGCC）或 6～8MPa（煤制化学品）。根据合成气传热方式的不同，GE 煤气化技术又分为激冷流程、全废锅流程和半废锅（又称辐射废锅）流程。激冷流程出气化炉的是含有饱和水蒸气的粗合成气，适合于生产合成氨或需要纯氢的工况，但需将合成气进行部分变换及甲烷化。废锅流程可以将粗合成气中的高位热能加以充分回收，而且粗合成气中水蒸气含量极少，适合于制取一氧化碳、工业燃料气、联合循环发电工程等工况。

壳牌气化炉采用 N_2 输送并以较高的固气比将煤粉送至多个气化炉喷嘴，气化剂氧气、水蒸气通过烧嘴环隙进入气化炉。通常，气化温度为 1400～1700℃，气化压力为 2～4MPa，煤粉、氧气、水蒸气三种物料在极短的时间内完成升温、挥发分脱除、裂解、燃烧及转化等一系列物理和化学过程。壳牌粉煤气化炉由反应段、输气段和合成气冷却器三大部分组成，气化炉内件是一台膜式水冷壁及水管型冷却器，在内件中采用强制的冷却水循环而吸收热量，产生中压水蒸气。气化炉产生的渣以液态的形式排出。壳牌气化技术具有氧耗煤耗低（比水煤浆工艺低 15%～25%）、碳转化率高（可达 99%）、粗合成气含量高（可达 85%）、技术成熟等优点，但同时存在设备投资大、气化炉及废热锅炉结构复杂、易出现飞灰等缺点。

2000 年前后，华东理工大学研究了多喷嘴对置式水煤浆气化技术，并完成中试研究。其核心设备为多喷嘴对置式水煤浆气化炉。该技术通过喷嘴对置、优化炉型结构及尺寸，强化了热质传递过程。技术工艺指标先进，与同类技术相比，碳转化率可达到 99%、有效气成分比单喷嘴气化炉高 3%，合成气中尘含量、工艺烧嘴、耐火砖寿命优于单喷嘴气化炉。该技术的单炉规模、压力等级、气化炉尺寸等装置已经系列化和标准化，操作压力可以达到 6.5MPa。中国的多喷嘴对置式水煤浆气化技术的产业化成功，打破了国外技术在气化领域的垄断地位，目前已成功推广应用至国内外 59 家企业 162 套气化炉，建成了国际上最大的水煤浆气化装置（单炉日处理煤 4000 吨级），成为世界上以煤为原料的处理总规模最大的气化技术。

2.1.2 废水来源及特征

2.1.2.1 煤气化废水的来源及水量

煤气化废水是气化炉在制造煤气过程中所产生有害物质溶解于洗涤水、贮罐排水、分离水中形成的废水，是一种高浓度、难降解、高污染的有毒有害有机工业废水，主要来源于煤气的洗涤、冷凝和分馏过程。不同气化生产工艺产生的气化废水水质不同，但来源一般有 3 种：

① 煤本身所含的水分在高温高压气化过程中蒸发，随煤气至喷淋系统冷凝下来进入废水，是煤气化废水中占比最大的一类；

② 煤气化过程中未完全参与反应的水蒸气气化剂在冷凝过程中形成并进入废水；

③ 煤气化过程中各类化学反应生成的少量水蒸气，冷凝并进入废水。

由于原料煤种类及成分、气化工艺及其操作方式等不同，煤气化过程中的粗煤气组分存在明显差异，因此废水中污染物浓度会有所不同。表 2-1 列出了不同原煤气化时产生的废水量。

表 2-1 不同原煤气化废水量比较

原煤	不循环/(m³/t)	全部循环/(m³/t)	原煤	不循环/(m³/t)	全部循环/(m³/t)
焦炭和无烟煤	16～25	0.1～0.15	褐煤	15～25	0.1～0.35
硬煤	25～30	0.1～0.25	泥煤	15～25	0.1～0.25

2.1.2.2 煤气化废水的主要特征

（1）固定床气化废水特征

石广梅分析了采用鲁奇加压气化技术的沈阳煤气化厂的废水水质，其颜色呈现深褐色，有一定黏度且多泡沫，pH 值介于 6.5～8.5，散发出强烈酚、氨气味。其废水水质状况如表 2-2 所示。

表 2-2 沈阳煤气化厂水质分析   单位：mg/L

项目	未脱酚蒸氨废水	脱酚蒸氨废水
pH 值	7.9～8.4	7.7～8.0
COD	9000～10000	2064～2800
BOD$_5$	4600～10500	560～870

项目	未脱酚蒸氨废水	脱酚蒸氨废水
挥发酚	4300～5700	45～85
固定酚	1300～1900	580～1080
挥发氨	3300～10640	40～140
固定氨	190～330	170～320
氰化物	40～60	0.05～1.0
硫化物	137～268	7.6～2.4
碱度	19000～24000	586～1025

何绪文等总结了鲁奇炉气化废水的有机物成分，其中主要污染物如表 2-3 所示。

表 2-3　鲁奇炉气化废水有机物分析

有机物	质量分数/%	COD/(mg/L)	有机物	质量分数/%	COD/(mg/L)
邻苯二甲酸酯	38.85	44.40	苯酚	26.72	1389.60
喹啉酚	0.30	15.60	二甲基吡咯	0.06	3.12
(E)-9-菲醛肟	0.13	6.76	1-苯腈	0.76	39.60
苯乙腈	1.11	57.60	二苯并呋喃	0.28	14.56
烷基吡啶	0.25	13.00	甲基酮	1.54	80.00
吲哚	1.54	80.00	2-甲基-1-异氰化萘	0.30	15.60
二甲基苯酚	3.92	200.40	喹啉酮	0.28	14.56
吡啶	1.16	60.40	C-2 烷基吡啶	0.05	80.00
甲基苯酚	10.15	528.00	苯乙烯酮	0.04	15.60
苯并喹啉	0.59	30.68	苯并咪唑	0.59	14.56
6(5H)-菲啶酮	0.45	23.40	异喹啉	5.08	2.60
苯并吡啶	0.55	28.60	异喹啉酮	1.69	2.08
1,9-二氮芴	0.15	7.80	喹啉	11.46	596.00
乙苯	5.07	253.20	硝基苯二甲酸	0.95	48.60
不明苯酚衍生物	11.30	587.60	苯甲酸	1.31	68.12
萘酚	0.13	6.76	2,4-环戊二烯-1-次甲基苯	0.39	20.40
咔唑	0.35	18.20	联苯	0.78	40.40
C-2 烷基喹啉	2.03	105.60	甲基喹啉	5.51	286.40

由表 2-3 数据可知，在以鲁奇工艺为代表的固定床气化废水中，有机污染物成分较为复杂且浓度高，主要包含酚类化合物、烷烃、稠环芳烃、吡啶和有机含氮化合物等，其中酚及其衍生物占据较大含量，占总 COD 浓度的 50% 以上，其中又以苯酚含量最高。一般而言，当废水中酚类质量浓度大于 50mg/L 时，生化处理过程中微生物的活性

受限，除酚效率严重下降，出水污染物去除不彻底。同时，废水中芳香族物质的衍生物电子云密度相对分散，难以与生物酶结合，可生化性低，废水处理效果较差。

（2）流化床气化废水特征

毕可军对国产某流化床煤气化废水进行分析，结果如表2-4所示。

表2-4　某流化床煤气化废水水质分析

指标	数值	指标	数值
COD/(mg/L)	392	硫化物/(mg/L)	5
氨氮/(mg/L)	262	pH值	8.5
挥发酚/(mg/L)	0.05	SS/(mg/L)	5744
氰化物/(mg/L)	0.81	水温/℃	63

章保对采用U-GAS粉煤流化床工艺的气化炉排放废水进行水质分析，分析结果如表2-5所示。

表2-5　U-GAS粉煤流化床产生废水水质分析

指标	COD/(mg/L)	氨氮/(mg/L)	BOD_5/(mg/L)	油类/(mg/L)	酚类/(mg/L)	SS/(mg/L)	pH值
数值	400	150	260	<120	<20	<500	6~9

由表2-4、表2-5可见，流化床气化废水偏碱性，油类、酚类、氰化物及硫化物含量低，氨氮及固体悬浮物含量较高，废水呈现出污染程度低，污染物种类少，低油、低酚、高氨氮、高煤灰的特点。这是由于流化床气化工艺高效能的传热传质，保证了炉内温度的均匀性和高温稳定性，产生的复杂大分子如焦油、苯酚等有机物在稳定的高温环境下裂解为结构相对简单的双原子和三原子气体，因此产生的废水量相对固定床较小，废水中酚类、焦油、氰化物、硫化物等污染物较少，COD较低，一般废水中的酚类含量低于20mg/L，对环境污染较轻，但废水中氨氮含量仍高于排放标准，同时由于飞灰等带出物较多导致废水中固体悬浮物含量也较高。

（3）气流床气化废水特征

杜亦然等对壳牌煤气化炉气化废水进行水质分析和总结，其结果如表2-6所示。

表2-6　壳牌气化炉废水水质　　　　　　　单位：mg/L

指标	COD	NH_3-N	氰化物	硫化物	SS
数值	600~1500	<200	30~50	10~30	140~400

陈俊武等对德士古气化工艺气化废水进行分析，气化废水水质如表2-7所示。

表2-7　德士古气化炉废水水质　　　　　　　单位：mg/L

指标	COD	NH_3-N	挥发酚	硫化物	BOD_5	SS
数值	100~462	<200	11.5	0.410	60~181	150~220

从表 2-6、表 2-7 可以看出，高温气流床气化工艺产生的废水水质相对洁净，有机物污染程度低，这是因为该工艺具有更高的气化温度和气化压力。该类废水水质具有以下特点：

① 废水基本不含苯酚和焦油，COD 较低，废水中各项污染指标均低于固定床；

② 废水中氨氮含量高，约为 400mg/L，需进行蒸氨等预处理以达到排放标准（10mg/L）；

③ 废水中固体悬浮物如煤粉等含量相对较高，需进行沉降等预处理；

④ 壳牌煤气化气流床工艺氰化物、硫化物等含量相对德士古工艺较高，需进行破氰预处理。

（4）三种煤气化废水的水质比较

表 2-8 列出了三种气化工艺的废水水质参数对比结果。可以看出，气化工艺不同，废水水质也不尽相同，流化床和气流床的废水水质参数均优于固定床，说明水质污染程度低于固定床。

表 2-8　三种气化工艺的废水水质　　　　　　　　　单位：mg/L

废水中污染物	固定床（鲁奇炉）	流化床（温克勒炉）	气流床（德士古炉）
总酚	3500～8000	20	<10
氨氮	3500～9000	9000	1300～2700
焦油	<500	10～20	无
甲酸化合物	无	无	100～1200
氰化物	1～40	5	10～30
COD	3500～23000	200～300	200～760

固定床工艺废水特点为高 COD、高酚、高氨氮、高氰化物、高油类，其中 COD 远高于流化床及气流床工艺。这是因为固定床采用低温低压气化工艺，效率低，导致废水中污染物种类多，数量大，是气化废水中成分最复杂、最难处理的废水，而流化床和气流床则因工艺性能的优越性产生的污染物较少。就苯酚而言，固定床气化工艺废水含有大量的酚类物质，而流化床及气流床工艺由于其高强度的传热传质，酚类物质在高温下裂解，所以流化床及气流床工艺废水中基本没有酚类物质。对氨氮而言，因氨合成反应为可逆放热反应，随着气化过程中温度的升高，逆向反应速率增加，氨的生成量减少，因而气化温度和强度较高的流化床及气流床工艺产生的废水中氨氮含量较低温固定床工艺要低得多。就焦油而言，含量随着气化温度的升高逐渐降低，气流床气化温度最高，工艺中已基本不含焦油类物质，而固定床气化温度最低，因此焦油含量高于流化床和气流床。就氰化物含量而言，工业废水中氰化物的国家排放标准为不超过 0.5mg/L，三种气化工艺的废水均不符合排放标准，其中固定床及气流床废水氰化物含量均约为30mg/L，明显高于流化床废水中氰化物含量（<5mg/L）。从徐明艳等的研究中可知，煤气化过程中氰化物生成的影响因素包括煤炭种类、气化温度、升温程序及煤样颗粒大小等，氰化物的含量离不开多种因素共同作用，与气化原料及操作过程密切相关。

2.2

煤气化废水处理技术研究进展

近年来，随着我国煤气化技术的不断进步，煤气化废水无害化处理已成为制约煤气化工业发展的瓶颈。煤气化废水水质复杂，处理难度大，酚类物质、氨氮是废水中的典型污染物，酚类物质和氨氮的去除是实现煤气化废水无害化处理的关键。国内外煤气化废水中酚类物质和氨氮的治理技术普遍存在出水效果不理想、系统稳定性差和处理成本高等问题。为此，国内外学者对煤气化废水处理进行了一系列研究，本节中将对近年来的研究概况作以论述。

2.2.1 实验室研究

2.2.1.1 吸附+生化处理技术

在煤气化废水深度处理中，主要采用吸附法、生化法。吸附法采用吸附剂去除水中的重金属离子，活性炭作为常用吸附剂只能吸附废水中的大分子，对有机污染物吸附能力低，而且重复使用的再生成本过高。为此，有学者在传统吸附方法的基础上，提出了以来源丰富的廉价褐煤、活性焦炭为吸附剂的吸附+生化处理方案。

曹振宁在研究中采用内蒙古锡林郭勒盟的经干燥后粒径<3mm 的褐煤作为吸附剂，处理总氮浓度达到 4900mg/L、有浓烈刺鼻气味、颜色呈深褐色的煤气化废水。研究表明：①当煤水比由 30000mg/L 变化到 400000mg/L 时，去除率由 18.87% 升高至59.69%，平衡吸附量由 15.42mg/g 变为 7.31mg/g；②当煤水比为 200000mg/L 时，平衡吸附量为 9.3mg/g，对于总氮的去除率达到 37.95%；③温度在 25～55℃时，平衡吸附量由 9.25mg/g 变为 7.93mg/g，去除率由 37.75%变为 32.39%，该吸附反应是放热反应，温度升高，不利于吸附的进行。

梁占荣实验室以内蒙古胜利（SL）褐煤和云南的昭通（ZT）褐煤为原料制备吸附剂。制备过程为：在一定温度和流速为 200mL/min 的氮气保护下，将粒度为 6mm 的褐煤加入固定床反应器中，热处理获得褐煤半焦，其工业分析数据见表 2-9。气化废水来源为徐州某煤化工企业的工业废水，pH 值为 9.6～10.4，初始 COD 约为 6900mg/L，含有酚类、酮类、吡啶、吲哚等大量有机污染物。

表 2-9 褐煤工业分析数据（质量分数） 单位:%

褐煤	M_{ar}	A_d	V_{daf}	FC_{daf}
SL	33.2	15.1	43.8	54.2
ZT	58.2	20.5	61.0	39.0

该研究发现：①在 300℃下热处理 2min，SL 褐煤与 ZT 褐煤吸附剂对废水 COD 去

除效率分别为38.0%和26.4%。②在短时间热处理后，褐煤的表面积随温度的升高而减小，而微孔体积在300℃时没有明显变化，但是温度升高至500℃和800℃时微孔体积减小。吸附效率取决于SL褐煤的去除水分和孔隙体积。③吸附剂用量为100.0g/L，pH值为2.0时，COD去除效率达到64.5%，而用量和pH值同时增加时，由于受吸附剂酸性基团中和、废水中酚类物质电离等影响，去除效率下降。

王泓皓在研究过程中，选取陕西某公司经序批式活性污泥法处理后的煤气化废水，具体水质成分如表2-10所示。实验用活性焦吸附剂以褐煤为原料，比表面积为889m²/g，其理化性质见表2-11。

表2-10　实验废水水质 单位：mg/L

项目	COD_{Cr}	NH_3-N	总酚	油
范围	562~410	8.6~0.4	0.49~0.18	0.7~0.1
均值	481	1.9	0.23	0.4

表2-11　活性焦成分

项目	空气干燥基	干燥基	干燥无灰基
分析水/%	9.66	—	—
灰分/%	17.91	20.43	—
挥发分/%	6.21	6.68	8.61
固定碳/%	64.95	71.80	92.15

采用吸附＋生化组合工艺对废水进行处理，工艺过程如图2-1所示。

其中，曝气生物滤池采用上向流曝气生物滤池反应器。

从表2-12可看出，在水焦比小于30的条件下，经过活性焦吸附处理后废水的COD_{Cr}均超过30mg/L；随水焦比的增加，经过活性焦吸附处理后废水的COD_{Cr}呈上升趋势，在水焦比为100的条件下已经超过150mg/L。由此可见，采用褐煤活性焦进行吸附处理，为使废水COD_{Cr}值较小，其最佳水焦比为30。

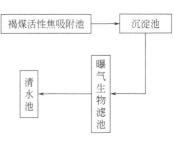

图2-1　吸附＋生化组合废水处理工艺过程

表2-12　不同活性焦投加量条件下的吸附效果

水焦比	COD_{Cr}/(mg/L)	
	吸附前	吸附后
20	481	37
30	470	29
40	504	68
50	485	85
100	497	155

曝气生物滤池适应性培养前后的水质分析见表 2-13，可以看出适应性培养后，出水 COD_{Cr} 由 160mg/L 降至 48mg/L。同时观察发现，适应性培养后，水质的稳定性好，微生物生长稳定，可满足实验要求。

表 2-13　曝气生物滤池出水水质对比　　　　　　　　　　单位：mg/L

时间	COD_{Cr}	NH_3-N
适应性培养初始	160	0.7
适应性培养结束	48	—

由表 2-14 可知，在废水处理过程中，电导率整体呈现下降趋势，而重金属离子通过生物滤池，其浓度都控制在正常范围之内，由此说明通过吸附+生化工艺进行煤气化废水深度处理，可以达到城镇污水处理排放标准与要求。

表 2-14　出水离子含量测定结果

项目	电导率/(mS/cm)	钡离子/(mg/L)	锶离子/(mg/L)
进水测定	2.348	0.216	0.097
吸附出水测定	2.378	0.369	0.166
生物滤池出水测定	1.844	0.654	0.041

2.2.1.2　冷冻浓缩处理技术

冷冻浓缩是利用溶液中的水分子在结晶过程中排斥杂质的原理，当含有污染物的废水被冷冻结冰时，废水中纯水被冻结成冰而污染物被排斥在外，形成浓缩溶液，二者分离，从而获得较为纯净的冰和浓缩溶液。

学者们普遍认为，理论上废水中的纯水会冷冻结冰，污染物杂质因无法结冰而与冰体分离。但在废水实际冻结过程中，结冰速率受很多因素影响，当结冰速率大于污染物的排出速率时，冰体内就会包裹着来不及排出的污染物杂质，冰体外表面同时也会存在污染物杂质，所以冷冻过程的净化程度并不高。这种冰体内存在污染物杂质的现象可以在微观层面上被观察到，但是目前在这些微观机理方面还缺乏系统的研究。王锐所在课题组通过宏观参数的测试，达到了工业废水中有机物和盐分的脱除效果。

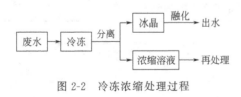

图 2-2　冷冻浓缩处理过程

冷冻脱盐过程主要分为冰晶的形成、洗涤、分离和融化，冷冻法处理废水（见图 2-2）可以分为：废水冷冻结冰、从冰体中分离浓缩溶液、纯净的冰晶融化出水与浓缩溶液再处理过程。

近年来，冷冻浓缩技术逐渐成熟，特别是在食品领域得到了广泛应用。将冷冻浓缩技术应用于煤气化废水处理，一是可以集中处理或回用浓缩液中的物质，从而减少废水处理量，减少废水排放甚至达到零排放；二是产水可以循环使用，减少用水量和污水排放量，提高经济效益，节约水资源。

李晓洋等通过实验研究了冷冻结晶工艺去除模拟高盐高浓度有机废水的影响因素，将多级冷冻工艺应用于模拟废水和实际废水处理。结果表明：在其他因素固定的条件下，结冰率越高和冷冻温度越低，有机物去除率和脱盐率就越低；有机物去除率和脱盐率随初始盐浓度或初始 COD 的增大而降低；冷冻接触面积越大，越有利于有机物去除率和脱盐率的提高。初始 COD 为 8000.0mg/L，初始盐浓度为 8000.0mg/L 的模拟废水，经 4 级冷冻后，COD 和含盐量分别降低至 240.0mg/L 和 516.9mg/L，去除率分别为 97.0% 和 93.5%。初始 COD 为 55690.0mg/L，初始盐浓度为 54648.9mg/L（以 NaCl 计）的实际化工废水，在经过 6 级冷冻处理后，COD 和含盐量分别降低至 491.3mg/L 和 983.3mg/L，有机物去除率为 99.1%，脱盐率为 98.2%，为高盐高浓度有机废水的处理提供了新的解决方案。

江苑菲等针对冷冻法分离效率低的问题，在冷冻的基础上再加水和离心处理，采用冷冻＋加水＋离心处理高盐高有机物废水。实验发现：净化冰的纯度随加水质量百分比的提高（10% 至 65%）不断提高，其中脱盐率由 69.2% 增加到 91.2%，COD 去除率由 70.41% 增加到 92.84%，在加水质量比一定的情况下，脱盐率和 COD 去除率随水温提高而提高，净水率则相反。

吴二飞等采用冷冻浓缩技术对德士古和鲁奇法气化废水进行处理，并研究了该法对煤气化废水的处理能力。实验采用的气化废水来源于 2 个煤制油示范厂，其中 A 厂气化废水为采用德士古煤气化工艺产生的废水，B 厂气化废水为采用鲁奇煤气化工艺产生的废水。各气化工艺水质分析结果见表 2-15。

表 2-15　德士古和鲁奇法气化废水分析结果

项目	A	B	项目	A	B
pH 值	7.63	9.21	TP/(mg/L)	0.65	0.26
浊度/NTU	15.6	61	总油/(mg/L)	0.05	8.82
SS/(mg/L)	8	18	总硬度/(mg/L)	996	15.6
总铁/(mg/L)	<0.03	<0.03	总碱度/(mg/L)	510	1120
电导率/(mS/cm)	6.18	3.58	TDS/(mg/L)	2370	490
COD/(mg/L)	930	916	氯化物/(mg/L)	384	256
BOD_5/(mg/L)	495	204	硫化物/(mg/L)	<0.005	0.022
氨氮/(mg/L)	344	626	菌落总数/(CFU/mL)	2.7×10^5	17

冷冻浓缩装置主要包括制冷部分、带刮板表面热交换器、再结晶器和清洗塔。制冷压缩机采用制冷剂 R507，设备整体容积约 150L，得到的纯水量（产水）约 6～10L/h。主要处理过程为：气化废水被送入表面热交换器冷却，在热交换器表面形成冰层并被刮刀刮下形成冰晶，冰晶在再结晶器熟化成纯净冰晶，最后进入清洗塔清洗后获得产水。其工艺流程如图 2-3 所示。

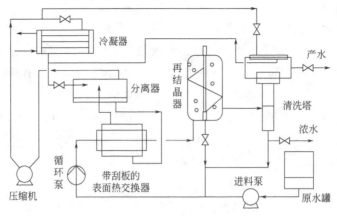

图 2-3　冷冻浓缩装置工艺流程图

该实验结果表明，冷冻浓缩技术处理煤气化废水，可将其中的有机物和无机物基本脱除，产水 COD≤10mg/L，产水 COD 和电导率符合 HG/T 3923—2007 中循环冷却水用再生水水质标准，处理过程不易受进水中钙离子含量的影响。冷冻浓缩法处理德士古气化废水和鲁奇法气化废水的产水率分别超过 90% 和 95%，对提高废水回用率和降低废水处理量效果显著。

2.2.1.3　水力空化+氧化+超声吸附技术

水力空化作为 21 世纪发展起来的一种新型前沿废水处理技术，用以降解水体中较难降解的有机污染物，有潜在的应用前景，受到国内外学者的密切关注。实验表明，水力空化技术具有能耗少、处理量大、可循环使用、反应设备简单、维护成本低、容易从实验室放大到工业生产等优点。

水力空化降解有机物的反应主要包括水相燃烧反应和自由基反应。水相燃烧反应，指空泡受压后，在压缩、溃灭和爆裂的瞬间，流体质点产生极短暂的强压力冲动，气泡周围极小空间形成高温（1900～5000K，温度变化率高达 10K/s）、高压（$5.065×10^7$Pa）的局部热点，并以每秒数万次连续作用，产生强烈的冲击波和时速达 400km/h 的高射流，引起多种反应（湍流效应、微扰效应、界面效应和聚能效应），这些极端环境完全可以将泡内气体和气液交界面的有机物加热分解。自由基反应过程主要依靠·OH 自由基的取代加成和电子转移，水分子在水力空化过程的极端环境下裂解形成强氧化性的·OH 自由基，氧化电势为 2.8V，几乎可以氧化自然界中所有有机物。同时，空化过程中的机械冲击及产生的巨大能量，让大分子化学键断裂，形成易降解的小分子有机物。更为重要的是，空化形成的极端环境，能明显提高分子反应活性，降低活化能，提高反应速率，利于反应进行。水力空化在处理废水时与其他高级氧化剂联用效果更佳，可形成更多具氧化性的自由基，从而提高降解有机物的能力。

陶跃群从理论和实验方面对水力空化处理有机废水进行了较为全面的研究，理论研究表明，空化泡溃灭瞬间泡内引发了 73 个可逆化学反应，生成了 26 种组分。其中，羟基自由基在具有强氧化性的组分中含量最高，氧化是空化降解有机污染物时的主要反应。实验研究中首次采用对冲空化射流强化有机污染物降解，并应用于罗丹明 B 的降解，最优条件下罗丹明降解率可达到 71.11%，与芬顿法结合，罗丹明 B 可完全降解。

卢贵玲等采用水力空化＋Fenton（芬顿）氧化联合降解双酚 A，结果表明，当入口压力为 0.3MPa、溶液 pH 值为 3、Fe^{2+} 的质量浓度为 1.65mg/L 及 H_2O_2 的质量浓度为 8.0mg/L 时，该方法对双酚 A 的去除率为 61.61%，降解反应属于一级动力学反应。

徐世贵等采用水力空化＋Fenton 氧化联合超声吸附法处理煤气化废水，考察了单独 Fenton 氧化及单独水力空化工艺条件，并对 Fenton 氧化、水力空化和水力空化＋Fenton 氧化工艺处理过程进行了动力学初探。实验中，膨润土取自新疆维吾尔自治区吐鲁番市托克逊县，主要化学成分（质量分数）为：SiO_2（65.24%）、Al_2O_3（12.53%）、Fe_2O_3（5.22%）、MgO（1.56%）、Na_2O（1.27%）、CaO（3.65%）、TiO_2（0.25%）。将其在一定条件下制备成活性膨润土或改性膨润土。煤气化废水取自新疆宜化化工有限公司，pH 值为 8.4，COD 为 14741.6mg/L，有机杂质主要为苯酚及邻甲酚、二甲基苯酚等，质量浓度为 3429.4mg/L。

水力空化＋Fenton 氧化装置见图 2-4。实验装置主要设定参数：煤气化废水 6L，反应温度 18℃左右，改性膨润土加入量 0.06g/mL，废水 pH 值为 4，温度 25℃、频率40kHz 超声振荡吸附 60min。

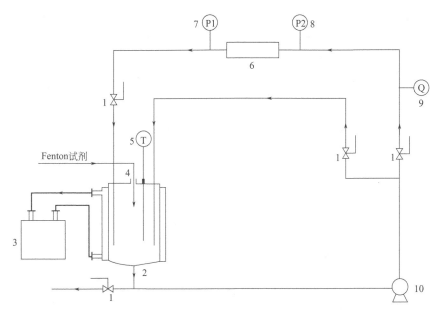

图 2-4　水力空化＋Fenton 氧化装置示意

1—阀门；2—储罐；3—冷阱；4—进料口；5—热电偶温度计；6—文丘里空化器；
7—出口压力表；8—进口压力表；9—电磁流量计；10—离心泵

研究结果表明：①在单独 Fenton 氧化和单独水力空化的适宜条件下，水力空化＋Fenton 氧化工艺处理煤气化废水，COD 和苯酚去除率分别为 93.05% 和 90.29%。较单独 Fenton 氧化法和单独水力空化法，COD 去除率分别提高 57.53% 和 37.93%，苯酚去除率分别提高 46.42％和 45.49％。②水力空化＋Fenton 氧化联合超声吸附法，最终废水的 COD 和苯酚去除率分别为 99.37％和 99.87％，达到 GB 8978—1996《污水综合排放标准》三级排放标准。③Fenton 氧化、水力空化、水力空化＋Fenton 氧化对废水 COD 降解均属一级反应。水力空化对 Fenton 氧化有明显的强化效果。

王金榜等用上述相同的改性膨润土和煤气化废水，采用水力空化＋O_3 氧化联合超声吸附处理煤气化废水，其研究结果表明：①采用水力空化＋O_3 氧化工艺处理新疆宜化煤气化废水，在优化条件下，COD 和苯酚的去除率分别达 67.3％和 57.5％。②以新疆托克逊产钙基膨润土为原料制备了 CTAB 改性膨润土，并以其为吸附剂超声吸附处理煤气化废水。在优化条件下，COD 和苯酚的去除率分别达 67.0％和71.2％。吸附过程为可自发进行的物理吸附。③采用水力空化＋O_3 氧化联合超声吸附处理煤气化废水，优化条件下 COD 和苯酚的总去除率分别达 97.9％和 96.6％，比联用前大幅提高。

2.2.1.4 电絮凝+生化组合处理技术

电絮凝技术是利用仅给反应器中金属板通入高频脉冲电流，完成氧化、还原、絮凝和气浮等反应过程，从而破坏水中悬浮、浮化或溶解状污染物的稳定状态的水处理技术，电絮凝处理后的废水物质容易被下级分离技术去除。煤气化废水在电絮凝设备中会发生以下独特的化学过程：①电荷凝聚作用。极板通电后产生的电荷吸引废水中小颗粒，通过打破稳定状态和改变颗粒极性，使小颗粒团聚成大颗粒从而发生沉淀。②阳极氧化作用。阳极有催化活性，在阳极上发生的电极反应会产生强氧化性的羟基自由基，酚类在其氧化作用下分解成小分子，易被除去。③破乳化作用。H_2O 被电解成的氢氧离子与溶解状态乳化油、油泥、染料等分子中的氢氧离子结合，形成水分子，同时将油、油泥、染料等置换出来形成非溶解状态的物质而沉淀。

袁金刚等采用电絮凝技术处理安徽昊源化工集团有限公司粉煤加压气化航天炉装置沉降槽所出灰水。灰水水质指标见表 2-16。

表 2-16 灰水水质指标

项目	pH 值	浊度/NTU	电导率/(μS/cm)	质量浓度/(mg/L)							
				悬浮物	氨氮	总碱度	总硬度	COD	BOD$_5$	总镁	总钙
数值	8.5	30.5	4832	43	446	1015	1155	829	206	23.8	396

沉降槽出来的灰水通过碳钢管经管道泵引至电絮凝一体化设备中筒顶端，在电絮凝反应池内放置电絮凝反应器。该实验条件为：电流 10A，电压 35～50V，电极距离10～30mm。实验结果表明：出水中总钙和总镁的平均值分别降至 180mg/L 和11.1mg/L，出水中 Ca^{2+} 和 Mg^{2+} 大幅减少，有效抑制了结垢的发生。

王义民采用电絮凝＋生化组合工艺来处理煤气化炉废水，并对工艺参数进行了优化。该工艺由电絮凝预处理和 EGSB＋A/O 两级生化处理组成，其工艺过程见图 2-5。

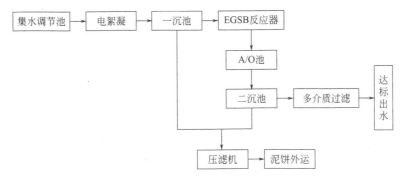

图 2-5 电絮凝＋生化组合工艺过程

实验用废水水质见表 2-17。

表 2-17 实验用废水水质

项目	数值	项目	数值
pH 值	5～7	悬浮物	3870
COD_{Cr}/(mg/L)	111830	氨氮	240
挥发酚/(mg/L)	3140	水量/(m³/d)	80

实验发现：电絮凝处理废水过程中，极板间距、进水 pH 值、反应时间、电流密度对处理的影响程度依次增强。该方法可有效去除废水中的挥发酚等有机物，降低废水中的 COD_{Cr}。挥发酚的去除率在 93.8%～96.4%，COD_{Cr} 去除率最高可达 84.8%～87.5%，同时对氨氮的去除率可达 48.6%。

通过对电絮凝工艺参数和生化处理过程中 EGSB 和 A/O 处理工艺的优化，最终该电絮凝＋生化组合工艺处理废水出水水质见表 2-18。出水水质符合 GB 8978—1996《污水综合排放标准》中一级排放标准的要求。

表 2-18 电絮凝＋生化组合工艺处理废水出水水质

项目	指标值/(mg/L)	总去除率/%
COD_{Cr}	33.5～51.8	99.56
挥发酚	0.26～0.45	99.9
氨氮	7.9～8.6	96.38
悬浮物	234.7～263.5	93.19

2.2.2 中试研究

2.2.2.1 碎煤气化废水处理中试研究

张文博等对碎煤气化废水处理进行了全流程中试研究，其装置流程见图 2-6。废水设计及实际水质见表 2-19。

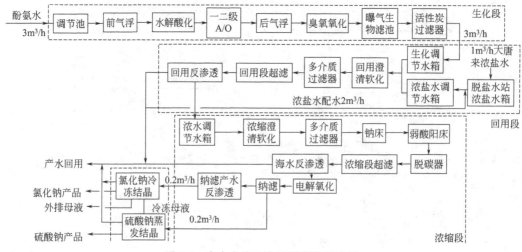

图 2-6　废水全流程中试研究装置流程

表 2-19　废水设计及实际水质

项目	设计值	实测值	
		平均值	波动范围
COD_{Cr}/(mg/L)	4500	3465	3371～3597
NH_3-N/(mg/L)	300	205	189～212
总酚/(mg/L)	500	694	659～730
BOD_5/COD_{Cr}	0.3	0.23	

中试装置由4个工艺单元组成：生化、回用水、浓盐水和分质分盐。考虑到中试情况，从工厂脱盐水站引入反渗透浓水 $1m^3/h$ 混合配水。

中试运行中主要构筑物及设计参数见表 2-20。

表 2-20　主要构筑物及设计参数

序号	构筑物名称	主要参数和能力
1	水解酸化池	设计流量 $3m^3/h$,水解酸化区 $4.8m×4.4m×5m$,沉淀区 $3.8m×1.2m×5m$,出水区 $1.2m×0.6m×5m$
2	一级 A/O 池	设计流量为 $3m^3/h$,A 池 $4.5m×6m×5m$,O 池 $8.5m×6m×5m$,沉淀池 $2m×2m×4m$
3	二级 A/O 池	设计流量 $3m^3/h$,A 池 $4m×3m×4m$,O 池 $5m×3m×4m$,沉淀池 $2m×2m×4m$,出水池 $2m×1.5m×4m$
4	臭氧催化接触塔	设计流量 $1.5～3m^3/h$,催化接触时间 1h,两塔尺寸 $1.2m×9m$
5	曝气生物滤池	设计流量为 $3m^3/h$,COD 容积负荷 $0.4kg/(m^3·d)$(以 COD 计),尺寸 $2m×5.5m$
6	回用水处理	调节池设计容量 $6m^3/h$。软化混凝沉淀池设计流量 $7m^3/h$,停留时间 120min。多介质过滤器设计流量 $7m^3/h$,超滤设计流量 $7m^3/h$,反渗透设计流量 $6m^3/h$
7	浓盐水处理	调节池设计容量 $20m^3/h$。软化混凝沉淀池设计流量 $4m^3/h$,多介质过滤器设计流量 $4m^3/h$,钠床设计流量 $4m^3/h$,弱酸阳床设计流量 $4m^3/h$,超滤设计流量 $3.5m^3/h$,海水反渗透设计流量 $3m^3/h$,纳滤单元设计流量 $1m^3/h$,纳滤产水反渗透设计流量 $1m^3/h$
8	分质分盐	氯化钠汽水机械再压缩(mechanical vapor recompression,MVR)蒸发结晶装置,设计规模 $0.5m^3/h$

生化单元有机物降解情况见表 2-21。从表中可以看出，生化出水主要监测指标 $NH_3\text{-}N$ 和总氮已经达标，但 COD_{Cr} 没有达到预期指标。主要原因是：实际进水可生化值低，水解酸化细菌培养时间短，对 BOD_5/COD_{Cr} 提升有限，酚氨偶合物、含氮杂环、酚类化合物等有毒物质的积累对细菌的抑制作用，严重影响了污泥对有机物的降解。

表 2-21　生化单元有机物降解情况　　　　单位：mg/L

项目	COD_{Cr}		$NH_3\text{-}N$		总氮		总酚	
	预期	实际	预期	实际	预期	实际	预期	实际
酚氨浓水	4500	3465	300	205	350	—	500	694
水解酸化出口	3848	3238	300	206	200	—	350	606
一级 O 池出口	308	354	15	8	50	17.5	35	56
二级 O 池出口	139	307	5	6.9	15	10.6	10	33
臭氧出口	—	126	—	—	—	—	—	9.8
曝气生物滤池出口	55	114	5	1.3	15	7.9	4	6.6

回用单元平均水回收率达到 65.5%。实现了对一价盐（氯化钠为主）和二价盐（硫酸钠为主）的有效分离。回用、浓盐水单元产水水质优于当时标准 GB 50050—2007《工业循环冷却水处理设计规范》对再生水的水质指标要求。该中试装置吨污水全流程运行费用 13.2 元。

刘彦强对某大型企业在内蒙古某煤制天然气厂建设的一套碎煤气化废水全流程处理中试装置中深度处理工艺进行了对比。中试流程包括生化、中水回用、膜浓缩、蒸发结晶四个单元，最终产出合格的氯化钠和硫酸钠产品。中试工艺流程见图 2-7。

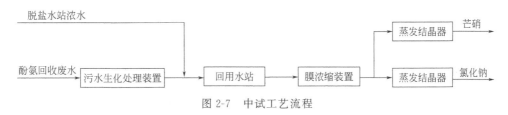

图 2-7　中试工艺流程

中试装置运行调试阶段试验了两种生化深度处理工艺，"二沉池出水＋溶气气浮＋臭氧催化氧化＋BAF 工艺"（简称 BAF 工艺）和"二沉池出水＋混凝沉淀＋臭氧催化氧化＋PMBR 工艺"（简称 PMBR 工艺），两种工艺流程见图 2-8 和图 2-9。

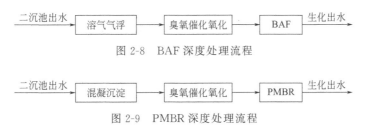

图 2-8　BAF 深度处理流程

图 2-9　PMBR 深度处理流程

两种深度处理工艺各段水质指标见表 2-22。从表中数据可见：PMBR 对 COD_{Cr} 和总酚去除率分别达到 66.6% 和 87.2%，远高于 BAF 工艺对 COD_{Cr}（9.5%）和总酚（32.7%）的去除率，说明 PMBR 工艺对难降解有机污染物的去除效果较 BAF 工艺显著。

表 2-22　BAF 和 PMBR 深度处理各段水质指标

项目		二沉池出水 /(mg/L)	溶气气浮出水 /(mg/L)	去除率 /%	臭氧塔出水 /(mg/L)	去除率 /%	总出水 /(mg/L)	去除率 /%
COD_{Cr}	BAF 工艺	307	171	44.1%	126	26.3%	114	9.5%
	PMBR 工艺	310.4	227.4	26.7%	201.7	11.3%	67.4	66.6%
NH_4-N	BAF 工艺	6.9	—	—	—	—	1.3	81.2%
	PMBR 工艺	5.17	—	—	—	—	<0.025	99.5%
总氮	BAF 工艺	10.6	—	—	—	—	7.9/	25.5%/
	PMBR 工艺	16.9	14.7	13%	14.4	2%	14.2	1.3%
总酚	BAF 工艺	33.1	—	—	9.8/	70.4%/	6.6/	32.7%/
	PMBR 工艺	41.2	—	—	32.9	20.1%	4.2	87.2%

2.2.2.2　煤基吸附剂处理煤气化废水中试研究

靳昕等提出了一种新型煤基吸附剂吸附与生化处理相结合的新型处理工艺，在小试基础上进行了中试研究。试验采用新型煤基吸附剂褐煤基活性焦作为关键功能材料，其主要参数见表 2-23。

表 2-23　活性焦主要性能参数

项目	指标值	项目	指标值
粒径/mm	≤0.074	水分	<5%
孔容/(cm³/g)	0.48～0.52	固定碳	>70%
比表面积/(m²/g)	500～600	挥发分	<5%
碘吸附值/(mg/g)	400～500	灰分	≤20%

试验用水取自河南某气化厂酚氨回收装置出水。该废水颜色棕黄（与空气接触后变成深红色），主要水质指标如表 2-24 所示。试验系统设计处理水量 200L/h，日处理水量 $5m^3/d$ 左右。

表 2-24　废水水质

项目	指标值	项目	指标值
pH 值	9.4	COD/(mg/L)	$4.34×10$
电导率/(μS/cm)	$3.14×10^3$	氨氮(以 N 计)/(mg/L)	374
氯化物/(mg/L)	61.4	总氮(以 N 计)/(mg/L)	444
石油类/(mg/L)	1.80	挥发酚类(以苯酚计)/(mg/L)	499

中试装置具体工艺流程见图 2-10。其中活性焦投放装置在二级吸附池旁，二沉池废焦粉回流至一级吸附池。

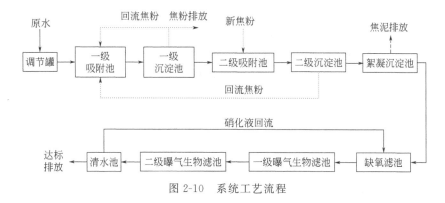

图 2-10　系统工艺流程

实验过程中发现，水焦比为 30∶1 工况下活性焦吸附容量是 15∶1 条件下的 1.5 倍，活性焦利用率更高，系统更经济。中试过程中为降低活性焦使用量，采用 40∶1 水焦比进行投放研究。

中试研究发现：①工艺对 COD 去除效果显著，总平均去除率为 98.75%，其中一级吸附、二级吸附及 BAF1 这 3 个处理单元对 COD 的去除贡献最大。②工艺对 NH_3-N 的总平均去除率为 97.91%，其中一级吸附、二级吸附及 BAF2 这 3 个处理单元对 NH_3-N 的去除贡献较大。③工艺对酚总平均去除率为 99.05%，酚主要在吸附段去除。④通过该系统连续 15 个周期的稳定运行，发现活性焦对废水中的 COD、酚具有非常强的吸附去除能力，对氨氮也有一定的去除效果，废水的可生化性提高，处理出水优于 COD≤80mg/L、氨氮≤15mg/L 的控制目标值，满足后续处理要求。

2.2.2.3　支撑液膜处理煤气化废水中试研究

孙浩等采用聚偏氟乙烯（PVDF）和聚丙烯（PP）中空纤维膜作为支撑体，TBP-煤油作为液膜相，NaOH 溶液作为反萃取相，建立了支撑液膜萃取体系。将该体系用于煤气化高质量含酚废水的萃取中试实验中，研究了液膜相中流动载体（TBP）的质量浓度、反萃取相与料液相的流速对萃取效果的影响。实验废水取自黑龙江某煤气化厂，其水质指标见表 2-25。

表 2-25　黑龙江某煤气化厂废水指标

水质指标	数值	水质指标	数值
SS/(mg/L)	580～650	pH 值	7～8
总酚/(mg/L)	1650～1850	出水水温/℃	75
COD/(mg/L)	3500～15500		

支撑液膜萃取体系所用的膜材料为疏水性 PVDF 和 PP 中空纤维膜，其具体参数见表 2-26。

表 2-26　PVDF 及 PP 中空纤维膜丝参数

项目	PVDF	PP	项目	PVDF	PP
膜丝内径/mm	0.8	0.4	接触角/(°)	89	95
膜丝壁厚/mm	0.3	0.1	曲率因子	1.2	1.4
膜丝孔径/μm	0.16	0.10	孔隙率/%	85	72
有效传质面积/m^2	2	2	装填膜丝数/根	700	1600
有效长度/cm	60	60			

中试实验装置如图 2-11 所示。

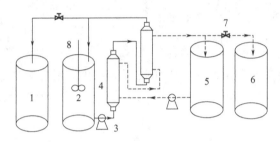

图 2-11　中试实验装置

1—出水罐；2—料液罐；3—计量泵；4—膜组件；5—碱液罐；6—酚钠盐罐；7—阀门；8—搅拌器

中试研究发现：在 30％TBP 作为液膜相时，以 PP 作为支撑体酚类物质去除率较 PVDF 高 6.37％，料液相流速为 100L/h 时的除酚率比 50L/h 时高 8.96％。中试用 PP 膜组件比用 PVDF 膜组件萃取率高 3.11％，酚类物质在液膜相与反萃取相之间的传质阻力相对于其在液膜相与料液相之间的传质阻力较小。由 20％（体积分数）TBP-煤油作为液膜相，PP 中空纤维膜组件作为液膜支撑体，料液相、反萃取相流速均为 100L/h，处理废水体积为 150L 时，该支撑液膜体系能稳定运行 24h 以上。

2.2.2.4　煤气化废水分盐结晶中试研究

任晶等对某煤制天然气项目高浓碎煤气化废水零排放处理及分盐结晶中试结果进行了分析并给出优化建议。

中试项目总占地面积为 5000m^2，总建筑面积为 1400m^2，具体建设规模和流程配置见表 2-27。

表 2-27　项目建设规模和流程配置

单元	设计规模/(m^3/h)	全流程连续运行负荷匹配关系/%	流程配置
生化单元	3	100	气浮＋水解酸化＋二级 A/O 生化池＋气浮＋臭氧氧化＋曝气生物滤池 BAF/PMBR
回用单元	6	100	混凝沉淀＋多介质过滤＋超滤＋反渗透

单元		设计规模 /(m³/h)	全流程连续运行负荷匹配关系/%	流程配置
膜浓缩单元		3	50	软化澄清池+多介质过滤+离子交换树脂+超滤+反渗透+电解氧化+纳滤分盐+纳滤产水反渗透
蒸发结晶	NaCl 结晶	0.5	40	成套设备
	Na₂SO₄ 结晶	0.5	20	成套设备(含蒸发和冷冻装置)

中试考核结果显示考核期间平均运行负荷为 $3.59m^3/h$,各工段进出水指标见表 2-28。

表 2-28　各工段进出水水质　　　　　　　　　单位:mg/L

项目	COD	NH₃-N	总氮	总酚
进水	2391	91	119.8	551
出水	67.4	<0.025	14.2	4.2

水解酸化池 COD 去除率为 14.2%。一级 A/O 池的 COD、总酚、氨氮、总氮平均去除率分别达到 80.9%、86.5%、92.1%、85.9%,污染物去除效果显著。PMBR 反应器进一步去除污水残留污染物,COD 和总酚去除率分别达到 66.6% 和 87.2%,显著降低了生化出水污染物浓度。水中一价盐(氯化钠为主)和二价盐(硫酸钠为主)在膜浓缩单元实现分离与富集,进一步降低了氯化钠蒸发结晶处理水量。蒸发结晶单元结晶盐回收率达到 89.99%,硫酸钠结晶盐(芒硝折硫酸钠)合格率为 92.86%,氯化钠结晶盐合格率为 100%。全流程吨水总运行成本为 14.53 元。其中,生化单元占全流程处理吨水运行成本的 60% 左右。

刘彦强对碎煤气化废水经生化处理、中水回用、膜浓缩后的纳滤浓水采用 MVR(机械蒸汽压缩技术)热法-冷冻结晶工艺分别进行蒸发结晶分盐中试试验,以期实现废水零排放和结晶盐资源化利用。该中试装置分四个处理段:生化处理段、回用水处理段、膜浓缩处理段和结晶分盐段。其中,结晶分盐段富含 NaCl 的高浓盐水采用 MVR 结晶系统,富含 Na₂SO₄ 的高浓盐水采用 MVR 热法和冷冻结晶系统组合工艺。

经生化、多倍浓缩处理后,进入蒸发结晶段的 NaCl 和 Na₂SO₄ 原液主要水质指标如表 2-29 所示。

表 2-29　蒸发结晶原水水质

分析项目	NaCl 原液水质		Na₂SO₄ 原液水质	
	实测值范围	平均值	实测值范围	平均值
pH 值(25℃)	2.8~3.6	3.04	2.5~3.9	2.83
TOC/(mg/L)	24.9~101.4	46.7	552~927	699.6
总硬度(CaCO₃ 计)/(mg/L)	18~98	47.6	60~320	195.5
硫酸盐/(mg/L)	375~2954	1403	7817~14750	11113

分析项目	NaCl 原液水质		Na$_2$SO$_4$ 原液水质	
	实测值范围	平均值	实测值范围	平均值
硝酸盐/(mg/L)	15.6~33.2	25.1	6.3~58.2	25.9
氯化物/(mg/L)	16600~29500	25121	10800~14000	12750
TDS/(mg/L)	35900~50200	43492	28800~35300	32557

高浓度盐水经过纳滤分盐后，NaCl 和 Na$_2$SO$_4$ 的纳滤产水分别进入对应的蒸发结晶装置，具体工艺流程见图 2-12。

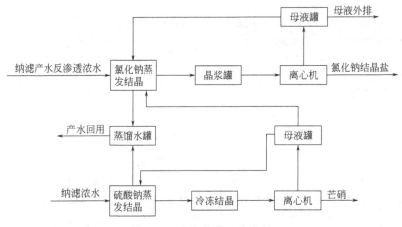

图 2-12 蒸发结晶工艺流程

在设定参数下试验装置连续稳定运行，中试发现：纳滤装置水回收率达到80.12%，实现对水中一价盐（NaCl 为主）和二价盐（Na$_2$SO$_4$ 为主）的分离与富集，有利于后续分盐结晶。产出的 Na$_2$SO$_4$ 结晶盐达到 GB/T 6009—2014《工业无水硫酸钠》的二类合格品标准，NaCl 结晶盐达到当时标准 GB/T 5462—2003《工业盐》的日晒工业盐二级标准。分析数据表明，Na$_2$SO$_4$ 结晶盐（芒硝折硫酸钠）合格率约为92.86%，NaCl 结晶盐合格率可达到 100%。经估算整个蒸发结晶单元运行成本为27.46 元/m^3，其中电费约占运行成本的 84.09%。

2.3
煤气化废水处理工程实例

2.3.1 改良 SBR 工艺

某化工有限公司煤气化工艺以褐煤为原料，采用 BGL 碎煤熔渣气化炉技术，生产中间产品液氨，最终产品是尿素，同时副产硫黄、焦油、粗酚。该项目废水处理主要包含低温甲醇洗废水、氨酚回收废水、生活化验处理及其他污水、初期雨水及其地面冲洗水、消防事故污水和过滤器反洗排水。出水经脱盐处理回用作为循环水补充水。以再生水代替新鲜水。该项目是典型的高氨氮煤气化废水处理工程实例。

项目设计水量 260m³/h，处理后满足《循环冷却水用再生水水质标准》（HG/T 3923—2007）的水质要求。设计进出水水质见表 2-30。

表 2-30 污水处理装置设计进出水水质

项目	COD_Cr	BOD_s	SS	NH₃-N	油
设计进水水质/(mg/L)	4000	1200	50	220	380
设计出水水质/(mg/L)	≤80	≤5	≤20	≤15	≤0.5

该项目采用以隔油、气浮为主的预处理，以水解酸化、改良 SBR、混凝沉淀、曝气生物滤池为主的生化处理，以及以高密度沉淀池、臭氧氧化、滤布滤池为主的深度处理组合工艺，工艺过程见图 2-13，主要构筑物见表 2-31，生产运行监测结果见表 2-32。

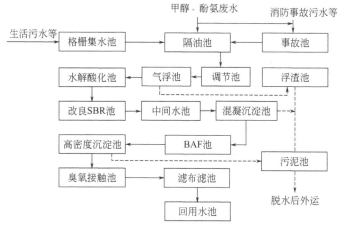

图 2-13 工艺过程

表 2-31 主要构筑物

项目		数量/座	规格/m 或能力
预处理	格栅	1	8×0.8×8
	集水池	1	6.2×3×8
	隔油池	2	20×5×2.6
	调节池	1	40×25×7
	气浮池	1	处理能力 150m³/h
	事故池	1	37.5×26.5×7
生化处理	水解酸化池	1	20×12×7
	改良 SBR 池	8	50×20×7.5
	中间水池	1	14×8×5
	混凝沉淀池	1	15×12×4.8
	曝气生物滤池（BAF 池）	4	8×6×6

项　目		数量/座	规格/m 或能力
深度处理	高密度沉淀池	1	13×12×5
	臭氧接触池	1	12×4.5×6
	滤布滤池	1	7.5×4.4×3.5
	回用水池	1	12×8.5×6

表 2-32　生产运行监测结果

项目	COD_{Cr}	BOD_5	SS	NH_3-N	油
进水/(mg/L)	3500	1200	40	220	380
出水/(mg/L)	≤60	≤5	≤5	≤10	≤0.4

2.3.2　多级 A/O+MBR 工艺

新疆某化工有限公司以煤为原料，采用德士古水煤浆气化技术生产合成氨和尿素，产能分别为 400kt/a 和 700kt/a。

设计废水处理能力为 1680m³/d（70m³/h）。装置进水为煤气化废水，设计出水水质达到 GB 13458—2013《合成氨工业水污染物排放标准》表 3 间接排放标准。设计进出水指标见表 2-33。

表 2-33　设计进出水指标

项目	进水	出水
pH 值	6～9	6～9
浊度/NTU	100	
悬浮物/(mg/L)	350	50
COD/(mg/L)	1000	80
氨氮/(mg/L)	450	25
总氮/(mg/L)	550	35
总磷/(mg/L)	10	0.5
氰化物/(mg/L)	5	0.2
挥发酚/(mg/L)		0.1
硫化物/(mg/L)	1	0.5
石油类/(mg/L)	3	3

注：气化废水的 BOD_5/COD 为 0.35～0.40。

用多级 A/O＋MBR 复合生物脱氮工艺。该工艺具有占地面积小、出水水质好、抗冲击负荷能力强等优点。废水处理工艺过程如图 2-14 所示，主要构筑物见表 2-34，运行测试结果见表 2-35。

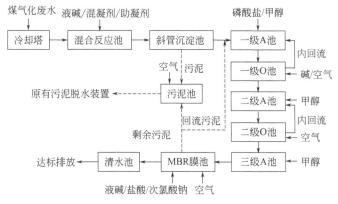

图 2-14　废水处理工艺过程

表 2-34　主要构筑物

序号	名称	尺寸和能力	数量/座
1	逆流喷雾式冷却塔	处理水量 70m³/h	1
2	混合反应池	2.15m×2.15m×3.00m，总有效容积 25m³	2
3	斜管沉淀池	7.00m×5.00m×6.30m，表面负荷为 2.56m³/(m²·h)	1
4	一级 A 池	17.90m×11.75m×6.00m，有效容积为 1180m³，停留时间 16.9h，反硝化负荷为 0.08kg[NO$_3^-$-N]/(kg[MLSS]·d)	1
5	一级 O 池	17.90m×23.55m×6.00m，有效容积为 2320m³，停留时间为 33.1h，硝化负荷为 0.04kg[NH$_3$-N]/(kg[MLSS]·d)	1
6	二级 A 池	13.50m×7.40m×6.00m，有效容积为 550m³，停留时间为 7.9h，反硝化负荷为 0.07kg[NO$_3^-$-N]/(kg[MLSS]·d)	1
7	二级 O 池	17.80m×7.60m×6.00m，有效容积为 744m³，停留时间为 10.6h，硝化负荷为 0.02kg[NH$_3$-N]/(kg[MLSS]·d)	1
8	三级 A 池	12.00m×4.80m×6.00m，有效容积为 317m³，停留时间为 4.5h，反硝化负荷为 0.02kg[NO$_3^-$-N]/(kg[MLSS]·d)	1
9	MBR 膜池	15.00m×3.00m×5.00m，有效容积为 180m³，停留时间 2.6h，总面积为 6048m²	1
10	清水池	2.60m×3.00m×6.00m，有效容积为 42m³，停留时间 0.6h	1
11	污泥池	5.60m×4.80m×6.00m，有效容积为 150m³	1

表 2-35　运行测试结果

项目	进水			出水		
	最大值	最小值	平均值	最大值	最小值	平均值
pH 值	8.11	7.08	7.57	8.05	7.62	7.79
浊度/NTU	94.3	37.2	56.3	3.43	0.38	1.06
悬浮物/(mg/L)	253.4	84.2	161.2	0	0	0

项目	进水			出水		
	最大值	最小值	平均值	最大值	最小值	平均值
COD/(mg/L)	860.9	613	678.3	27.3	3.89	13.7
氨氮/(mg/L)	234.9	177.5	210.5	1.6	0.2	0.6
总氮/(mg/L)	309	239	275.8	10.3	1.8	3.8
总磷/(mg/L)	1.9	0.35	1.09	0.38	0.04	0.15
氰化物/(mg/L)	0.72	0.32	0.52	0.02	0.003	0.007
挥发酚/(mg/L)				0.037	0	0.011
硫化物/(mg/L)	0.037	0.015	0.026	0.031	0.01	0.022
石油类/(mg/L)	1.2	0.5	0.7	1.2	0.4	0.6

生产运行结果表明，当进水 COD、氨氮和总氮平均质量浓度分别为 678.3mg/L、210.5mg/L 和 275.8mg/L 时，出水 COD、氨氮和总氮平均质量浓度分别为 13.7mg/L、0.63mg/L 和 3.8mg/L，对应的去除率分别为 98.0%、99.7% 和 98.6%。出水水质达到 GB 13458—2013《合成氨工业水污染物排放标准》表 3 间接排放标准，可达标排放或回收利用。

2.3.3 MBBR 改进型两级 A/O 工艺

某炼化企业油品质改造项目新建一套煤炼制氢装置，以煤为原料生产氢气供给炼油加氢装置，其中煤气化采用德士古水煤浆工艺，项目产生煤气化废水 C/N 值为 1.3～2.7，严重失调，废水氨氮含量高，有机物浓度低，传统的活性污泥法处理效果不佳。为此选用 MBBR 改进型两级 A/O 工艺处理煤气化废水，取得了良好的运行效果，出水水质稳定且达到设计出水指标。该装置设计进水水量 120m³/h，设计进出水水质见表 2-36。

表 2-36　设计进出水水质

项目	pH 值	COD/(mg/L)	NH₃-N/(mg/L)	TN/(mg/L)
进水	6～9	≤500	≤300	≤350
出水	6～9	≤60	≤30	≤50

在该废水处理中采用的移动床生物膜反应器（moving bed biofilm reactor，MBBR）是近年来颇受研究者重视的另一种革新型生物膜反应器，它克服了固定床反应器需要定期反冲洗，流化床反应器需要使载体流化，淹没式生物滤池堵塞需清洗滤料和更换曝气器的复杂操作的不足，又保留了传统生物膜法抗冲击负荷、污泥产量少、泥龄长的特点。MBBR 改进型两级 A/O 工艺兼具两种工艺的优点，在实现高效脱氮及降解有机污染物上具有明显的效果。

该废水的处理工艺过程见图 2-15，主要构筑物及设计参数见表 2-37。

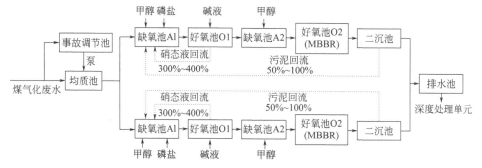

图 2-15　废水处理工艺过程

表 2-37　主要构筑物及设计参数

项目	数量/座	规格/m	设计参数
事故调节池	1	34×12×7.8	调节时间 24h
均质池	1	20×12×6.8	HRT:12h
缺氧池 A1	2	13×15.6×6.8	HRT:20h;DO≤0.3mg/L;内置潜水搅拌器 480r/min
好氧池 O1	2	30×15.6×6.8	HRT:45h;DO:2~6mg/L;内置管式曝气器
缺氧池 A2	2	7×15.6×6.8	HRT:7h;DO≤0.3mg/L;内置潜水搅拌器 720r/min
好氧池 O2	2	4×15.6×6.8	HRT:4h;DO:3~6mg/L;内置管式曝气器及载体填料
二沉池	2	Φ12×3.5	表面负荷:0.53m³/(m²·h)
排水池	1	5×3.5×5.3	

该废水处理装置自 2015 年投入运行以来，长周期运行监测结果表明，系统仅使用 3.5~5 倍的回流比便达到脱氮效果，NH_3-N 和 COD 的全年出水平均浓度分别为 1.26mg/L 和 46.2mg/L，相应去除率分别高于 99% 和 83%，出水水质达到了设计指标要求。该工艺操作简单、能耗低、抗冲击能力强，运行费用合计为 1.75 元/m^3。

2.3.4　高氨氮废水 A/O 处理工艺

某化肥厂进行原料路线改造，采用壳牌粉煤气化工艺生产粗煤气，将粗煤气处理后生产氢气和合成氨。煤气化装置配套建有污水处理装置一套，设计污水处理量为 $Q=$ 80m^3/h，进水及设计出水水质指标如表 2-38 所示。

表 2-38　主要污染物指标和出水控制指标

项目	进水指标值	出水控制指标值
氨氮/(mg/L)	142	≤40
COD/(mg/L)	400	≤100
pH 值	6~9	6~9
氰化物/(mg/L)	5~20	≤0.2
SS/(mg/L)	100~300	≤60

从表 2-38 可看出，该厂煤气化废水具有 COD、氨氮浓度高，难于生化降解等特点。采用了预处理＋厌氧＋好氧（A/O）工艺路线，分为预处理、厌氧处理、好氧处理、泥水分离和污泥脱水 5 个单元。工艺流程如图 2-16 所示。

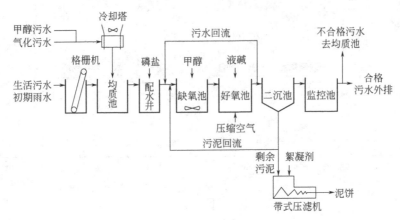

图 2-16　污水处理装置流程

对该工艺流程进行优化，提高好氧池 pH 值为 8.5～9.0，提高好氧池内的溶解氧浓度为 4～6mg/L，提高好氧池出口混合液的回流比，控制在 400%～600%，优化营养源，提高污泥浓度，延长污泥龄至 45d 以上，处理效果大大增强。出水主要污染物分析数据如表 2-39 所示。

表 2-39　A/O 装置进出水主要污染物指标

采样点	指标	最大值	最小值	平均值	标准偏差
均质池	COD/(mg/L)	1956	220	605.3	625
	pH 值	10.32	7.41	8.22	0.59
	氨氮/(mg/L)	1015	154	92.1	96.3
监控池	COD/(mg/L)	55	25	47.8	75.3
	pH 值	8.82	7.14	8.25	0.29
	氨氮/(mg/L)	13	0.88	4.85	13.50

采用 A/O 工艺处理煤气化废水，该工艺出水水质达到 GB 8978—1996《污水综合排放标准》一级标准。在上游装置负荷提升，来水氨氮指标超过设计负荷近 2 倍的情况下，经过优化工艺，出水水质仍然能够得到保证。

2.3.5　BioDopp 工艺处理鲁奇气化废水工艺

河南煤化集团义马气化厂污水处理站，对其中的一套 SBR 系统进行改造，通过工艺对比，选择 BioDopp 工艺对原有以 SBR（5 套）为主体的处理工艺进行改造，图 2-17 为其处理工艺过程。改造主要构筑物为 BioDopp 池，其主要功能区参数见表 2-40。设计进出水指标见表 2-41。

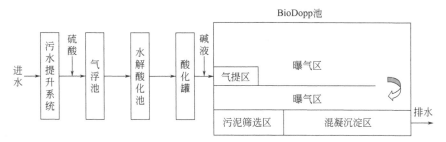

图 2-17　改造后义马气化厂污水处理流程

表 2-40　BioDopp 池主要功能区参数

功能区	尺寸/m 及功能	数量
提推区	4.5×1×6.5 气提实现推流及高回流比,并为污泥筛选提供动力	1
曝气区	55.5×11.5×6.5	1
污泥筛选区	23.5×2.5×6.5	1
混凝沉淀区	32×2.5×6.5	1

表 2-41　设计进出水指标

项目	pH 值	COD_{Cr}	氨氮	SS	总酚
进水/(mg/L)	6~9	4590	145	200	927
出水/(mg/L)	6~9	68	0.51	70	0.27
去除率/%		98.5	99.6	65	99.9

　　系统经污泥驯化,稳定运行后,监测表明:采用 BioDopp 为主体的工艺处理鲁奇气化污水,在溶解氧质量浓度小于 0.3mg/L 的条件下,实现了对 COD_{Cr} 平均 98.5% 的去除率,氨氮去除率为 99.6%,当进水总酚平均质量浓度为 927.3mg/L 时,出水总酚质量浓度小于 0.51mg/L,该工艺对色度有较好的去除能力,解决了鲁奇气化污水的脱色问题。该工艺节约了原 SBR 工艺 63% 的运行成本,减少 40% 左右的占地面积。

2.3.6　褐煤气化废水处理工艺

　　某大型煤制天然气项目(以下简称"煤制气项目")主要以褐煤为原料,其原有气化废水处理工艺分为主生化段、深度处理段和回用段 3 部分,其工艺流程如图 2-18 所示。废水主要指标见表 2-42。

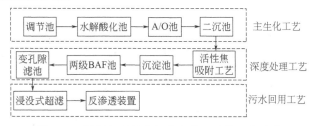

图 2-18　煤制气项目有机废水处理系统工艺路线

表 2-42　调节池废水水质

指标	pH 值	COD/(mg/L)	NH₃-N/(mg/L)	碱度/(mg/L)
平均值	8.11	2584.43	131.77	896.45
指标	总酚/(mg/L)	总磷/(mg/L)	水中油/(mg/L)	电导率/(μS/cm)
平均值	420.12	3.55	20.41	2986.37

原有系统运行中发现：以"活性焦吸附＋BAF"工艺为主的深度处理段对废水整体处理效果不佳，重点对其进行改造，取消原有的活性焦吸附工艺，改为采用臭氧催化氧化工艺，将原有的吸附池改为好氧池（O 池），新增曝气管，将原两级 BAF 池中内部填料改为粒径较大的陶粒填料，工艺优化如图 2-19 所示。

图 2-19　煤制气项目有机废水处理工艺深度处理段优化改造示意

系统改造前后主生化工艺段和深度处理工艺段出水水质的对比如表 2-43 所示。

表 2-43　系统改造前后主生化工艺段和深度处理段出水水质对比

项目		COD/(mg/L)	NH₃-N/(mg/L)
主生化工艺段出水	改造前	250～400	3～100
	改造后	170～300	<30
深度处理工艺段出水	改造前	190～300	4～85
	改造后	80～120	<20

运行结果表明，系统优化改造后，主生化二沉池出水 COD＜300mg/L，基本达到设计值；深度处理段出水 COD 基本保持在 80～120mg/L，较改造前处理效果有较大提升，同时出水 NH₃-N 也控制在 20mg/L 以下。

参考文献

[1]　程晓磊，张鑫.现代煤气化技术现状及发展趋势综述 [J].煤质技术，2021，36（1）：1-9.
[2]　张云，杨倩鹏.煤气化技术发展现状及趋势 [J].洁净煤技术，2019（S2）：7-13.
[3]　王欢，范飞，李鹏飞，等.现代煤气化技术进展及产业现状分析 [J].煤化工，2021（4）：52-56.
[4]　王辅臣.煤气化技术在中国：回顾与展望 [J].洁净煤技术，2021，27（1）：1-33.
[5]　李明珠，胡振清，郑峰，等.国内外先进煤气化工艺技术的研究 [J].化工技术与开发，2016（3）：38-43.
[6]　李耀武，刘侃.现代煤气化技术发展综述 [J].河南科技，2017（7）：150-151.
[7]　汪寿建.现代煤气化技术发展趋势及应用综述 [J].化工进展，2016，35（3）：653-664.
[8]　孟艳芳，关建锁.国内应用的几种煤化工技术的分析比较 [J].山东化工，2016（4）：88-89，92.
[9]　段淑平.煤气化工艺技术比较及产生废水水质分析 [J].化工管理，2016（36）：138.
[10]　王振西.煤气化工艺技术现状及发展趋势 [J].化工设计通讯，2019，45（10）：17，19.
[11]　陈寅.气流床煤气化技术分析 [J].化工设计通讯，2021，47（7）：36-38.

[12] 王翔.新型煤气化与常压固定床煤气化工艺探讨——生产合成氨的能耗与污染物对比分析 [J]. 氮肥技术，2019，40（6）：7-11.

[13] 乔丽丽，耿翠玉，乔瑞平，等.煤气化废水处理方法研究进展 [J].煤炭加工与综合利用，2015（2）：18-27，16.

[14] 何绪文，王春荣.新型煤化工废水零排放问题与解决思路 [J].煤炭科学技术，2015，43（1）：120-124.

[15] 石广梅.煤气化废水的水质分析特性 [J].哈尔滨建筑工程学院学报，1993，26（2）：39-76.

[16] 李得第，刘建忠，吴红丽，等.煤气化废水组分特征分析 [J].煤炭技术，2017，36（9）：289-291.

[17] 付强强.煤气化废水水质分析及深度处理工艺研究 [D].青岛：青岛科技大学，2016.

[18] 毕可军.灰融聚流化床粉煤气化装置煤气洗涤水处理改进方案探讨 [J].化肥设计，2011，49（2）：26-28，56.

[19] 章保.U-GAS粉煤流化床煤气化废水设计及运行实例 [J].工业用水与废水，2016，47（1）：51-54，58.

[20] 杜亦然，张曙澎，杨文忠.Shell煤气化废水处理及回用 [J].工业用水与废水，2014，45（5）：10-13，18.

[21] 陈俊武，张春艳，孙明斌.序批式活性污泥法处理德士古气化废水 [J].广州化工，2012，40（7）：150-152.

[22] 徐明艳，崔银萍，秦玲丽，等.含铁煤热解过程中HCN形成的主要影响因素分析 [J].燃料化学学报，2007，35（1）：5-9.

[23] 梁辉，韩竹，王馨瑶，等.煤气化废水厌氧处理技术研究进展 [J].净水技术，2019，38（11）：73-78.

[24] 纪钦洪.碎煤加压气化废水生化处理新工艺研究 [D].上海：上海交通大学，2016.

[25] 刘兴社，刘永军，刘喆，等.煤化工废水中酚类物质、氨氮的处理方法研究进展 [J].化工进展，2021，40（1）：505-514.

[26] 曹振宁.褐煤吸附法处理煤气化废水的总氮 [J].云南化工，2019，46（3）：132-133，136.

[27] Ji Q，Tabassum S，Hena S. A review on the coal gasification wastewater treatment technologies：past，present and future outlook [J]. Journal of Cleaner Production，2016，126：38-55.

[28] 何玉玲，褚春凤，张振家.高浓度煤气化废水处理技术研究进展 [J].工业水处理，2016，36（9）：16-20.

[29] 王伟，韩洪军，张静，等.煤制气废水处理技术研究进展 [J].化工进展，2013，32（3）：681-686.

[30] British Petroleum. BP statistical review of world energy（2010）[R]. London：British Petroleum，2010，32-35.

[31] 杜淑慧，赵顺雯，马弘，等.膜喷射塔盘的开发及其应用 [J].化学工程，2019，47（3）：30-34.

[32] 李晓洋，崔康平，席慕凡，等.多级冷冻工艺对高盐高浓度有机废水的处理效果及去除机理 [J].环境工程学报，2020，14（3）：652-661.

[33] 张伟，俞龙.水力空化在水处理中发展现状及前景 [J].湖南城市学院学报（自然科学版），2020，29（5）：62-67.

[34] 程效锐，张舒研，涂艺萱，等.水力空化在水处理领域的应用研究进展 [J].净水技术，2019，38（1）：31-37.

[35] 陶跃群.水力空化降解废水中有机污染物的理论与实验研究 [D].北京：中国科学院大学（中国科学院工程热物理研究所），2018.

[36] 徐世贵，刘月娥，王金榜，等.水力空化-Fenton氧化联合超声吸附处理煤气化废水 [J].化工

环保，2019，39（6）：634-640.

[37] 王金榜，刘月娥，徐世贵，等.水力空化-O_3 氧化联合超声吸附处理煤气化废水 [J].化工环保，2018，38（5）：575-580.

[38] 卢贵玲，朱孟府，邓橙，等.水力空化联合 Fenton 降解双酚 A 的性能研究 [J].水处理技术，2019，45（5）：29-33.

[39] 江苑菲，杨晖.冷冻复合法处理高盐高有机物废水的实验研究 [J].当代化工，2021，50（5）：1211-1216.

[40] 杨晖，王锐，付梦晓，等.冷冻复合法处理高盐高有机物废水 [J].环境工程学报，2021，15（2）：537-544.

[41] 吴二飞，高琳，耿春宇，等.煤气化废水的冷冻浓缩处理技术研究 [J].水处理技术，2019，45（10）：106-109.

[42] 张文博.碎煤加压气化废水处理全流程中试实例 [J].大氮肥，2021，44（2）：141-144.

[43] 李士安，褚刚，张晓丽，等.多级 AO-MBR 工艺处理煤气化废水工程实例 [J].工业用水与废水，2021，52（1）：65-68.

[44] 靳昕，滕济林，李若征，等.新型煤基吸附剂处理鲁奇炉气化废水中试研究 [J].给水排水，2016，52（3）：54-57.

[45] 姚杰，李琦，刘帅，等.支撑液膜萃取处理煤气化含酚废水中试装置 [J].哈尔滨商业大学学报（自然科学版），2017，33（1）：22-28.

[46] 王义民.电絮凝-生化组合工艺处理煤气化炉废水应用研究 [D].西安：西北大学，2017.

[47] 袁金刚，朱继双，韩勇，等.电絮凝技术处理煤气化灰水 [J].化工环保，2018，38（5）：541-545.

[48] 张滨.厌氧＋A/O 工艺处理鲁奇炉煤气化废水的影响因素与控制措施 [J].煤炭加工与综合利用，2017（4）：56-58.

[49] GAI H，FENG Y，LIN K，et al. Heat Integration of Phenols and Ammonia Recovery Process for the Treatment of Coal Gasification Wastewater [J]. Chemical Engineering Journal，2017，327：1093-1101. DOI：10. 1016/j. cej. 2017.06. 033.

[50] 吴奔腾.煤气化废水的厌氧处理及加氢强化研究 [D].合肥：合肥工业大学，2018.

[51] 王伟，赵选英，杨峰，等.负载型磷钨酸铜的制备及催化湿式氧化处理煤气化废水 [J].山东化工，2020，49（4）：250-253.

[52] 徐斌.MBBR 改进型两级 A/O 工艺处理低 C/N 煤气化废水 [J].石油石化绿色低碳，2021，6（3）：37-40，76.

[53] Zhao Q，Liu Y. State of the Art of Biological Processes for Coal Gasification Wastewater Treatment [J]. Biotechnology Advances，2016，34（5）：1064-1072.

[54] 王刚，孙丹凤，陈明翔，等.好氧-SNAD-MBBR 工艺处理煤气化废水 [J].水处理技术，2020，46（6）：122-125，140.

[55] Yang Z，Zhang Y，Zhu W，et al. Effective oxidative degradation of coal gasification wastewater by ozonation：a process study [J]. Chemosphere，2020，255：126963.

[56] 黄达，杨永哲，高壮，等.多级 A/O 及改进工艺去除煤气化废水中典型污染物 [J].水处理技术，2017，43（8）：114-118.

[57] 黄治国，朱金安，陈慧.A/O 工艺处理煤气化高氨氮废水的应用与优化 [J].化工设计通讯，2019，45（9）：12-13.

[58] 何骏杰.O/A/O EM-BAF 工艺在煤气化/合成氨废水脱氮处理中的应用 [J].化工设计通讯，2019，45（9）：1-2，80.

[59] 陈龙，陈孝亭.A/O-MBBR 工艺处理煤制乙二醇废水工程实例 [J].工业用水与废水，2021，52（3）：58-60，72.

[60] 贾胜勇.两级 MBR 工艺处理煤气化废水生化出水的效能研究 [D].哈尔滨：哈尔滨工业大学，2016.

[61] 唐安琪.吸附及臭氧氧化联用处理煤化工废水生化出水试验研究 [D].哈尔滨：哈尔滨工业大学，2014.

[62] 王泓皓.吸附-生化工艺对煤气化废水的深度处理研究 [J].工业加热，2021，50（7）：28-31.

[63] 任晶，赵婷婷，文斌，等.碎煤气化高浓废水零排放及分盐结晶中试试验思考 [J].工业水处理，2020，40（09）：127-130.

[64] 刘彦强.碎煤气化废水蒸发结晶中试试验研究 [J].当代化工，2020，49（10）：2190-2193.

[65] 梁占荣，辛学铭，董秀勇，等.褐煤廉价吸附剂制备及其对煤气化废水的吸附性能研究 [J].煤炭工程，2020，52（5）：158-162.

[66] Oller I，Malato S，Sánchez-Pérez J A. Combination of advanced oxidation processes and biological treatments for wastewater decontamination-A review [J]. Science of The Total Environment，2011，409（20）：4141-4166.

[67] Hanela S，Durán J，Jacobo S. Removal of iron-cyanide complexes from wastewaters by combined UV-ozone and modified zeolite treatment [J]. Journal of Environmental Chemical Engineering，2015，3（3）：1794-1801.

[68] Zhuang H，Han H，Hou B，et al. Heterogeneous catalytic ozonation of biologically pretreated Lurgi coal gasification wastewater using sewage sludge based activated carbon supported manganese and ferric oxides as catalysts [J]. Bioresource Technology，2014，166：178-186.

[69] 韩帮军.臭氧催化氧化除污染特性及其生产应用研究 [D].哈尔滨：哈尔滨工业大学，2007.

[70] 孙志忠.臭氧/多相催化氧化去除水中有机污染物效能与机理 [D].哈尔滨：哈尔滨工业大学，2006.

[71] Hou B，Han H，Zhuang H，et al. A novel integration of three-dimensional electro-Fenton and biological activated carbon and its application in the advanced treatment of biologically pretreated Lurgi coal gasification wastewater [J]. Bioresource Technology，2015，196：721-725.

[72] Sun H，He X，Wang Y，et al. Nitric acid-anionic surfactant modified activated carbon to enhance cadmium（Ⅱ）removal from wastewater：preparation conditions and physicochemical properties [J]. Water Science and Technology，2018，78（7）：1489-1498.

[73] 李志远.芬顿氧化混凝沉淀处理煤化工废水生化出水试验研究 [D].哈尔滨：哈尔滨工业大学，2013.

[74] Peng X，Han H，Zhuang H，et al. Advanced treatment of biologically pretreated coal gasification wastewater by a novel integration of heterogeneous Fenton oxidation and biological process [J]. Bioresource Technology，2015，182：389-392.

[75] Xu P，Han H，Hou B，et al. The feasibility of using combined TiO_2 photocatalysis oxidation and MBBR process for advanced treatment of biologically pretreated coal gasification wastewater [J]. Bioresource Technology，2015，189：417-420.

[76] 段付岗.SBR 池出水氨氮质量浓度超标的原因分析及优化措施 [J].煤炭加工与综合利用，2015（12）：46-50，8.

[77] 李伟峰.改良 SBR 工艺在煤化工废水处理工程中的应用 [J].城市建设理论研究（电子版），2017（36）：87-88.

[78] Liu Q F，Singh V P，Fu Z M，et al. An anoxic-aerobic system for simultaneous biodegradation of phenol and ammonia in a sequencing batch reactor [J]. Environmental Science and Pollution Research，2017，24（12）：11789-11799.

[79] 张楠，魏建勋.高氨氮煤气化废水处理工艺设计应用实例 [J].辽宁化工，2021，50（7）：1038-1040.

[80] 郭二民，张雷，任晓杰，等.BioDopp 工艺处理 Lurgi 气化污水的研究及应用 [J].煤炭加工与综合利用，2015（4）：49-52.

[81] 吴限，韩洪军，方芳.高酚氨煤化工废水处理创新技术分析 [J].中国给水排水，2017，33（4）：26-32.

[82] 程瀚洋，夏俊兵，王波，等.典型煤制气废水处理工艺优化改造研究 [J].工业水处理，2020，40（10）：126-128.

[83] 曹迎军.碎煤加压气化废水生物脱氮的影响因素分析及控制 [J].环保科技，2021，27（1）：9-13.

[84] Shi J, Han Y, Xu C, et al. Biological coupling process for treatment of toxic and refractory compounds in coal gasification wastewater [J]. Reviews in Environmental Science and Bio/Technology, 2018, 17 (4): 765-790.

[85] 刘月，徐旭，贾蒙蒙，等.BioDopp 工艺在乡镇污水处理厂的应用实例 [J].工业用水与废水，2021，52（3）：77-80.

[86] 权攀，陆曦，党孟辉，等.褐煤气化废水的物化预处理 [J].南京工业大学学报（自然科学版），2015，37（4）：129-133..

[87] Wang A, Wang X, Wei C. Treatment of high-concentration phenolic wastewater by pyridine-coal tar complexation extraction system [J]. Desalination and Water Treatment, 2016, 57 (51): 24417-24429.

[88] 陆曦，于杨，沈丽娜，等.臭氧耦合过氧化氢预处理褐煤气化废水的研究 [J].工业水处理，2018，38（3）：58-60.

[89] 王金龙，陆曦，于杨，等.臭氧耦合 PAM 预处理褐煤气化废水的影响因素研究 [J].南京工业大学学报（自然科学版），2019，41（1）：47-51.

3

煤制合成氨废水处理技术

3.1
概述

　　合成氨行业既是煤化工的重要组成部分，也是化肥工业的基础。2020年我国合成氨产能为6676万吨，虽然产能在削减，但仍产生了大量的合成氨废水。合成氨废水水质变化幅度大，废水中污染物成分复杂，还含有少量的有毒有害成分，经过多年来我国对合成氨废水处理工艺的研究和改进，在各种污染物的控制上已取得显著效果。

3.1.1　煤制合成氨工艺简介

　　合成氨生产工艺过程及废水排放节点见图3-1。

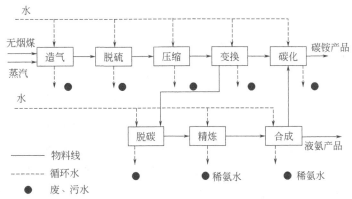

图 3-1　合成氨生产工艺过程及废水排放节点

合成氨生产是使用无烟煤或焦炭在造气工段先制得半水煤气，半水煤气经除尘和降温后进入气柜。半水煤气在脱硫工段脱除 H_2S 后经压缩工段进入变换工段，变换工段将半水煤气中的 CO 与水蒸气变换成 CO_2 和 H_2，进入碳化工段的 CO_2 用来制取碳铵产品。经过脱碳的气体与碳化后的气体混合进入精炼工段，经过脱硫塔后的气体再经压缩后送入合成工段用来制取液氨产品。

3.1.2　合成氨废水来源及特征

合成氨工业废水排放及治理情况见表 3-1。

表 3-1　合成氨工业废水排放及治理情况

生产工序	废水来源	主要污染因子	治理措施
造气工段	洗气废水	SS、氰化物、NH_3-N、COD、硫化物、酚等	循环利用
脱硫工段	洗气废水	SS、硫化物	少量排放
	废稀氨水	NH_3-N	直接排放
压缩工段	设备冷却水	较清洁	循环利用
	废水	石油类	隔油后排放
变换工段	设备冷却水	较清洁	循环利用
	废水	NH_3-N、SS	直接排放
碳化工段	设备冷却水	较清洁	循环利用
	废水	NH_3-N、SS	直接排放
精炼工段	设备冷却水	较清洁	循环利用
	废稀氨水	NH_3-N	直接排放
合成工段	设备冷却水	较清洁	循环利用
	废稀氨水	NH_3-N	直接排放
甲醇工段	设备冷却水	较清洁	循环利用
	甲醇残液	COD	部分排放

从图 3-1 和表 3-1 中可以看到，合成氨生产过程中产生的废水特征主要有以下 3 点：

（1）吨氨排水量大。在合成氨生产过程中，各个工段的设备换热都需通过大量的水来冷却降温，同时需排放大量的废水。根据合成氨生产工艺不同，据统计吨氨废水排放量在 $15 \sim 300 m^3$。

（2）污水排放点多。合成氨生产中一般分为 8 个生产工段，除造气和脱硫工段之外，其他工段均会排放大量冷却废水，每个工段排放的污水组分和量都不尽相同。

（3）水污染因子复杂。在合成氨生产过程中，造气工段和脱硫工段排放的半水煤气洗涤水是水温 $40 \sim 60℃$ 的高污染废水，除含有悬浮物、NH_3-N、COD 等之外，还含有硫化物、酚类、氰化物等有毒有害污染因子；合成工段和精炼工段产生大量的废稀氨水，其 NH_3-N 的浓度达到 $3000 \sim 30000 mg/L$。

合成氨生产过程中产生的废水，如直接排放或处理不达标排放，会对受纳水体和周边环境造成严重污染，同时也会造成水资源的严重浪费。

3.2
合成氨废水回收利用技术

3.2.1 合成氨废水回收制碳酸氢铵

在合成氨生产过程中，碳化尾气、合成弛放气（化工合成工艺生产工段没有参加合成反应，最终当作合成工艺生产工段的废弃物而被排放气体）、铜洗再生气中的 NH_3 用软水逐级吸收形成浓度为 6%~20% 氨水，在碳化副塔中利用 6%~20% 氨水吸收碳化尾气中的 CO_2，再送入清洗塔溶解结疤，清洗塔出来的清洗液送入碳化塔，吸收来自压缩机 CO_2，生成碳酸氢铵结晶，最后经离心分离制得碳酸氢铵产品，母液再循环利用。工艺过程见图 3-2。

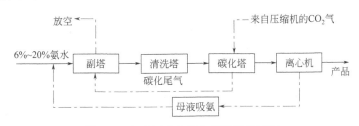

图 3-2　合成氨废水回收碳酸氢铵过程

陕西某化肥厂，使用该工艺后明显减少了对水环境的污染，经济效益明显。具体指标为：工程处理废稀氨水量 48t/d，1.44 万吨/年废氨水被利用，产生碳酸氢铵 1.2 万吨/年，该工程投资 105 万元，年创造利润 53 万元。该技术十余年前已普遍应用于国内生产碳酸氢铵的中小型合成氨厂。

3.2.2 废稀氨水回收制取碳化母液

在合成氨生产过程中，精炼铜洗工段排放浓度约为 2.5% 左右的废稀氨水，在 135~145℃，0.3MPa 条件下，解吸提浓，再通过 CO_2 控制碳化度，使其生成主要含碳酸氢铵的碳化母液供催化剂车间使用，也可直接提浓成 15% 的氨水送碳化工段回收利用。工艺过程见图 3-3。

南京某氮肥厂，首次使用该技术后取得了一定经济效益。具体指标：处理稀氨水能力 350t/d，回收氨 2360t/a，水处理成本 31.5 元/t，创造经济效益 80 万元。

上述 2 种稀氨水回收治理方法，均可应用于具有碳化工段及碳化塔生产碳酸氢铵产品的合成氨企业。

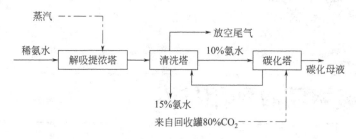

图 3-3 解吸碳化法回收稀氨水过程

3.2.3 合成氨废水回收制取硫酸铵

贵阳中化开磷化肥有限公司硫黄制硫酸年产 80 万吨，采用两转两吸工艺，SO_2 转化率大于 99.5%，SO_3 吸收率大于 99.95%，排放尾气 $58m^3/d$，尾气约含 SO_2 $600mg/m^3$，硫酸雾约 $16mg/m^3$，排放硫酸尾气损失 SO_2 约 1050t/a，折硫酸约 1600t/a。对尾气进行回收处理，可回收硫酸约 1500t/a，减少了对大气环境的污染，同时也获得了一定的经济效益。

该公司采用合成氨废水制取硫酸铵的具体工艺过程是：硫酸尾气进入脱硫吸收塔后，被 10%~15% 稀氨水逆流吸收，反应生成亚硫酸铵、亚硫酸氢铵、硫酸铵母液；母液再循环逆流吸收尾气，直至母液浓度达到 20%~30% 时，送入氧化罐内，再将母液中的 2 种亚硫酸盐全部氧化成硫酸盐，形成只含有硫酸铵的母液。其余浓度未达到 20%~30% 的母液再循环使用，经过吸收处理的 SO_2 尾气经脱硫吸收塔除沫器除沫后再达标排放。硫酸铵母液经加热浓缩、结晶、水洗、干燥处理后得到 73%~98% 硫酸铵产品，可用来制取农用肥料，也可作为农肥的养分调节剂。

该公司采用合成氨废水制取硫酸铵产品实现了以废治废目的，合成氨生产废水、硫酸生产废气实现了资源化利用，同时减轻了环境污染，在合成氨废水、废气处理中值得推广应用。

3.2.4 废稀氨水蒸馏回收制取液氨

废稀氨水蒸馏回收制取液氨的工艺流程如图 3-4 所示。秦皇岛市抚宁化肥厂采用该工艺对氨进行回收，具体工艺过程：先将合成工段放空气及加压站液氨储罐含氨约 25% 的弛放气（约 $600m^3/h$）混合后送入吸收塔，经过垂直筛板废气中的氨被逆流而下的软水充分吸收，再将含氨量降至 0.05% 的尾气送入造气-网络燃烧处理。含氨 10%~17% 的氨水先与蒸馏塔底部出来的稀氨水通过换热器进行热交换，温度升高后再送入蒸馏塔中部。经传质、换热，其中绝大部分氨已经形成氨蒸气上升至蒸馏塔塔顶，将氨蒸气再送入氨冷凝器冷凝成 99.5% 的液氨。液氨大部分送入液氨储罐，少部分回流入塔。蒸馏塔塔底出来的含氨≤2% 的稀氨水，一部分进入再沸器经蒸汽加热汽化后返回塔内，另一部分与上述的浓氨水换热升温后，再通过循环冷却水换热降温，最后返回吸收塔循环使用。

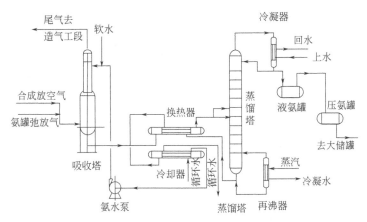

图 3-4　废稀氨水蒸馏回收制液氨工艺流程

该化肥厂使用该技术后获得了较为明显的经济效益。具体指标：处理 $10\%\sim17\%$ 废氨水 $30m^3/d$，回收液氨浓度 $\geq99.5\%$；工程总投资约 86 万元，运行总成本费用为 48 万元；回收液氨 1000t/a，节约软水 $9000m^3/a$，收入约为 155 万元。

3.2.5　合成氨废水的闭路循环利用

合成氨废水产生量大，直接排放或部分排放都会造成水资源的浪费和给环境带来污染，闭路循环水系统的技术逐渐在合成氨行业的废水处理中发展成熟，合成氨废水循环分为"浊循环"和"清循环"。合成氨企业对造气、脱硫工段排放的半水煤气洗涤废水，采用"混凝沉淀＋过滤＋冷却降温"等工艺处理后循环使用，称为"浊循环系统"。合成、压缩、碳化、变换、精炼等工段使用的循环冷却水的排污水，采用"冷却降温＋化学药剂处理＋过滤"处理后循环利用，称为"清循环系统"。"两水"闭路循环水技术已普遍应用于大、中、小型合成氨企业，取得了明显环保效果和经济效益。

（1）造气和脱硫循环水技术

造气和脱硫循环水工艺过程见图 3-5。来自造气、脱硫工段的洗气废水（水温一般为 $40\sim60℃$）通过排水沟首先自流至平流式混凝沉淀池，去除绝大部分悬浮物，澄清后的废水再由热水泵加压送至冷却塔中，经冷却降温后流入冷水池，再由冷水泵加压送回造气、脱硫工段各洗气塔循环利用。该部分废水循环利用后，可大大削减全厂废水中

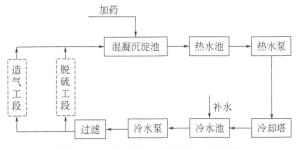

图 3-5　造气和脱硫循环水工艺过程

悬浮物、氰化物、硫化物、NH₃-N 等污染物的外排量。许多合成氨企业将冷却塔改造成填料式生物滤塔，防止废水中的氰化物、酚等有毒有害成分大量挥发而造成大气环境污染。填料式生物滤塔在实际工程中取得了明显的去除效果。

（2）合成和碳化循环水技术

目前国内常采用的合成和碳化等工段循环水系统主要工艺过程见图 3-6。

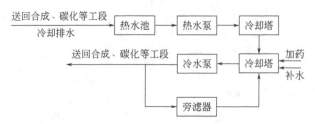

图 3-6　合成和碳化等工段循环水工艺过程

合成和碳化等工段设备的循环冷却水产生的排污水通过排水沟自流至热水池，由热水泵加压送至冷却塔，经冷却降温后流入冷水池，再由冷水泵加压通过管道送至合成、碳化等工段换热设备使用。

循环冷却水在运行的过程中很容易产生结垢、腐蚀和微生物的问题。可通过化学药剂预防系统结垢、腐蚀和微生物滋生。为了有效控制循环冷却水中浊度不超过 20NTU，工程中常采用旁流过滤装置对循环水进行处理。

3.3
合成氨废水处理方法

合成氨废水的处理方法主要有物化处理法、化学氧化法、化学沉淀法、生物处理法等。

3.3.1　物化处理法

（1）吹脱法

吹脱法是利用空气通过废水，将水中溶解的溶解性挥发物质（氨）由液相转入气相再吹脱分离的方法。工业上通常提高废水的 pH 值，经过吹脱塔将含氨的废气吹出，再利用稀硫酸或废酸洗涤吸收回收氨。该方法的优点是：设备简单，易于操作，且可以将吹脱出的氨进行有效的回收利用。该方法的缺点是：提高 pH 值时常采用石灰，容器易结垢，当温度低时，吹脱时间长、NH₃-N 去除率低导致出水 NH₃-N 浓度偏高，且吹脱产生的氨气易造成二次污染。因此吹脱法的应用受到限制。

（2）折点加氯法

折点加氯法是将氯气或次氯酸通入废水中，将废水中的 NH₃-N 氧化成氮气的方法。当通入的氯气量达到折点时，废水中的 NH₃-N 全部转化为氮气，游离氯的含量最低。该方法的优点是：去除效果稳定、不产生污泥、反应速率快、操作方便等。该方法的缺点是：运行成本高、反应过程中产生的氯胺和氯代有机物等副产物易造成二次污染。因此折点加氯法的应用受到限制。

（3）膜分离法

膜分离法是以化学位差或外界能量作为驱动力，利用膜的渗透作用选择性分离气体或液体中的某种组分的方法。该方法的优点是：效率高、工艺简单、不产生二次污染等。该方法的缺点是：耗电量高、运营成本高。常见的膜分离技术：纳滤、超滤、电渗析、反渗透等。

电渗析法是溶液中的离子在外加电场的作用下通过膜而发生迁移，从而达到去除某种组分的方法。该方法的优点是：操作方便、回收的 NH_3-N 可重复利用、无二次污染、处理 NH_3-N 废水效果好等。该方法的缺点是：处理过程设备耗电量大。唐艳等采用电渗析法处理高 NH_3-N 废水，实验控制电压为 55V，进水 NH_3-N 浓度为 534.59mg/L，进水流量为 24L/h，淡水占 81%，NH_3-N 浓度为 13mg/L，出水室浓水占 19%，NH_3-N 浓度为 2700mg/L。

（4）膜吸收法

膜吸收法是利用疏水性微孔膜和化学吸收液处理并回收废水中挥发性物质的方法。该方法的优点是：效率高、不产生二次污染、可以回收利用废水中有用的组分。王冠平等利用膜吸收法处理 2000mg/L 的 NH_3-N 废水，在温度为 30℃、吸收液为 1mol/L 硫酸溶液条件下，充分回收废水中的氨，出水 NH_3-N 浓度仅为 15mg/L。

3.3.2 化学氧化法

（1）催化湿式氧化法（CWO）

催化湿式氧化法是在高温高压、催化剂条件下，利用水中溶解氧将氨和有机物氧化成 CO_2、N_2、H_2O 等的处理方法，该方法能将水中的污染因子变成无害的气体。该方法的优点是：处理效率高、不产生二次污染、工艺简单等。该方法的缺点是：设备要求高、耗电量大、运营成本高。付迎春等用催化湿式氧化法处理高 NH_3-N 废水，在温度为 255℃、压力为 4.2MPa、pH 值为 10.8、采用自制催化剂等条件下，进水 NH_3-N 浓度为 1023mg/L，反应 2.5h 后，NH_3-N 的去除率达到 98%，经处理后的废水 NH_3-N 浓度＜50mg/L。

（2）电化学氧化法

电化学氧化法分为直接氧化法和间接氧化法，直接氧化法是污染物与电极之间直接进行电子传递的方法，间接氧化法是利用电化学反应产生的氧化剂氧化污染物的方法。该方法的优点是：不产生二次污染、操作方便、能有效处理高浓度 NH_3-N 废水。该方法的缺点是：成本较高、耗电量较大。鲁剑等利用电化学氧化法处理高 NH_3-N 废水，在电流为 9A，按摩尔比（NH_3-N：Cl^-）为 1：4 投加 NaCl 的条件下，对 NH_3-N 浓度为 2000mg/L 的废水进行处理，反应进行 1.5h 后出水 NH_3-N 降低至 247.51mg/L。

（3）光催化氧化法

光催化氧化法是利用光敏半导体作为催化剂对 NH_3-N 进行氧化的一种方法。其基本原理为：半导体价带上的电子在紫外光照射时被激发进入导带，导致价带上形成空穴，O_2、H_2O 与空穴共同作用产生的强氧化性·OH 对 NH_3-N 进行氧化。常用的半导体材料有 TiO_2、ZnO、CdS 等，其中 TiO_2 化学稳定性高、无毒、耐光腐蚀。光催化氧化技术的优点是：反应条件温和、能耗低、操作方便等。该方法的缺点是：氧化产生的 NO_2^- 和 NO_3^- 对人体有害，仍需进一步处理。乔世俊等用光催化氧化法处理 NH_3-N 废水，采用 TiO_2 复合催化剂，进水 NH_3-N 为 1460mg/L，反应 24h 后，出水 NH_3-N 下降到 72mg/L，NH_3-N 去除率超过 95%。

3.3.3 化学沉淀法

化学沉淀法是利用投加化学药剂，使溶解性污染物与 NH_3-N 反应生成沉淀，从而去除水中溶解性污染物的方法，目前处理高 NH_3-N 废水比较成熟的化学沉淀法为磷酸铵镁（MAP）法。该方法优点为：针对性强，处理效率高，去除效果好。该方法的缺点是：处理成本较高，易产生二次污染等。徐志高等采用化学沉淀法处理 NH_3-N 含量高达 3900mg/L 的废水，在 pH 值为 9.5、$n(Mg):n(P):n(N)=1.2:0.9:1$ 下反应 20min，静置 30min，NH_3-N 浓度下降到约 170mg/L，NH_3-N 的去除率超过 95%。

3.3.4 生物处理法

随着对生物脱氮技术的深入研究，近些年出现了如短程硝化反硝化、厌氧氨氧化、同步硝化反硝化等一些新型生物处理法。与传统生物法相比，新型处理法具有能耗低、经济高效、无须外加碳源等优点，更适合低碳源高 NH_3-N 的合成氨工业废水的处理。利用新型生物脱氮法，将低 C/N 的合成氨工业废水与城市污水混合后，在调节池内进行均值均量条件，同时投加碱液调节进水 pH 值，在反硝化生物脱氮前外加碳源。

（1）短程硝化反硝化法

短程硝化反硝化是在特定的条件下，使得硝化反应控制在亚硝化阶段后直接进行反硝化，亚硝酸盐在反硝化细菌的作用下直接转变成氮气，缩短了反应流程，提高了处理效率。与传统的硝化反硝化技术相比，短程硝化反硝化的优点是：好氧阶段节省 25% 的氧；缺氧阶段节省 40% 的碳源；反应速率提高了 50%～100%；降低了剩余污泥量。具体反应如式（3-1）、式（3-2）所示。

$$NH_4^+ + 1.5O_2 \longrightarrow NO_2^- + 2H^+ + H_2O \tag{3-1}$$

$$6NO_2^- + 3CH_3OH + 3CO_2 \longrightarrow 3N_2 \uparrow + 6HCO_3^- + 3H_2O \tag{3-2}$$

合成氨行业排出的废水 NH_3-N 浓度较高，另外还含有一定量的矿物油、硫化物、氰化物等，有效处理这些物质较难，而短程硝化反硝化特别适合处理高 NH_3-N、高 C/N 比的废水。李萍在曝气量为 $40m^3/h$、pH 值为 8.5 的条件下，采用短程反硝化工艺处理 C/N 约为 4 的废水，NH_3-N 几乎都被去除，COD 去除率达 82%～88%，合成氨废水出水达到行业标准排放的要求，因此，此法在合成氨行业值得推广应用。

（2）厌氧氨氧化法

厌氧氨氧化是指微生物在厌氧条件下，以 NH_4^+ 为电子供体，以硝酸根或亚硝酸根为电子受体，将 NH_3-N 转化为氮气的过程。其反应式如式（3-3）所示。

$$NH_4^+ + NO_2^- \longrightarrow N_2\uparrow + 2H_2O \tag{3-3}$$

该方法优点是不需要外加碳源，故不受碳氮比的影响；另外不需要氧气，降低了运营成本。该方法的缺点是需要的反应容器较大。Strous 等用流化床反应器研究了厌氧氨氧化反应，研究表明，在 36℃、pH 值为 8 的条件下，NH_3-N 的去除率为 88%，亚硝酸盐氮的去除率为 99%。王元月等在厌氧氨氧化处理高 NH_3-N 工业废水可行性研究中指出，合成氨工艺的废水中含有有机物、酚类等，因此原水需要经过厌氧硝化，硝化后有机物、NH_3-N 等浓度会有所降低，有利于厌氧氨氧化工艺的运行，另外厌氧氨氧化工艺基建投资小、处理效率高，因此该工艺在处理合成氨工业废水方面值得推广应用。

（3）同步硝化反硝化法

同步硝化反硝化法中溶解氧浓度控制在较低的范围内，部分生物膜中存在着缺氧区而发生反硝化反应，因此，在竖向不同浓度梯度的生物膜中会同时发生硝化和反硝化的反应。同步硝化反硝化的优点是：硝化过程中消耗了碱度，而同时反硝化过程中又产生了碱度，同步硝化反硝化工艺能有效保持 pH 值稳定，另外无须添加外碳源，可以减小缺氧池的容积甚至是省去缺氧池的建设费用。孙洪伟等采用 SBR 膜反应器处理高 NH_3-N 废水，废水中 COD 浓度由开始的 122～2385mg/L 下降到 23～929mg/L；NH_3-N 浓度由开始的 40～396.5mg/L 下降到 0～41.2mg/L。目前，已有多个国家利用同步硝化和反硝化原理建成了污水处理厂并已经投入使用。

3.3.5　其他方法

（1）超声吹脱法

超声吹脱法是在吹脱工艺中引入超声波技术，超声辐射与水体作用产生空化效应，水在空化效应下处于超临界状态，因此废水中氨气的传质速度加快从而更易从废水中吹脱去除。该方法是处理合成氨工业废水的一种新型废水处理技术。该方法的优点是：降低了超声波处理废水成本，也提高了传统吹脱技术的 NH_3-N 去除率，吹脱产生的氨气利用盐酸溶液吸收能够减少二次污染，也能对氨进行资源化回收利用。徐晓鸣等采用超声吹脱法处理高 NH_3-N 废水，实验 pH 值为 11，温度为 40℃，超声波功率为 80W，进水 NH_3-N 浓度为 1400mg/L，处理后 NH_3-N 的去除率达到 99% 以上。因此，超声吹脱法在合成氨工业废水处理中值得推广。

（2）PP（聚丙烯）中空纤维膜法

PP 中空纤维膜法是废水进入中空膜，水中的氨被稀 H_2SO_4 吸收生成 $(NH_4)_2SO_4$。该方法可以充分回收废水中的氨，且具有设备简单、易操作、不产生二次污染等优点。杨晓奕等采用 PP 中空纤维膜处理 2000～3000mg/L 的 NH_3-N 废水，脱氨率超过 90%，回收 25％硫酸铵，出水满足达标排放要求。吴丹等利用 PP 中空纤维膜法处理含氨废水，pH 值为 11，NH$_3$-N 的去除率约为 80％，COD 的去除率约为 50％。因此，PP 中空纤维膜法在合成氨工业废水处理中值得推广。

3.4
合成氨废水处理工程实例

3.4.1 分段进水多级 A/O 工艺

安徽省铜陵市某大型化工厂的污水处理厂废水主要是合成氨废水（废水量为 5000m^3/d），另有 100m^3/d 的生活污水。该污水厂二期扩建工程于 2015 年 10 月完成主体竣工验收，目前运行稳定。杨磊对该项目使用分段进水多级 A/O 工艺处理合成氨废水作了总结。

3.4.1.1 设计进出水水质

设计进出水水质主要指标见表 3-2。

表 3-2 设计进出水水质   单位：mg/L

项目	NH$_3$-N	COD	SS	总氮	总磷	石油类
进水	≤260	≤300	≤200	≤300	≤5	≤10
出水	≤15	≤50	≤30	≤25	≤0.5	≤3

3.4.1.2 废水处理工艺过程

采用调节池＋分段进水多级 A/O＋多介质过滤池工艺，工艺过程见图 3-7。

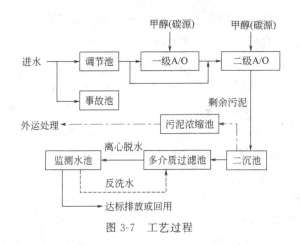

图 3-7 工艺过程

该工艺设置事故池一座来放置异常情况产生的事故废水，再缓缓地将事故废水输入工艺中进行处理。主体工艺采用二级 A/O，并采用分段进水的设计，这样可以充分利用废水中的碳源，生化系统产生的污泥排进污泥浓缩池，污泥浓缩后进入离心脱水机脱水处理得到 80%～85% 含水率的泥饼外运处理。

3.4.1.3　主要构筑物

（1）事故池

事故池采用半地下式设计，地下埋深 2m，有效容积为 4785m^3，设置 2 台水泵（1用 1 备），其主要参数为：$Q=50m^3/h$，$H=80kPa$，$N=2.2kW$。通过超声波液位计的液位联锁控制事故废水泵的启停，另外设置潜水搅拌机 4 台，$N=5.5kW$，功率为 4.6W/m^3。

（2）调节池

调节池采用半地下式设计，地下埋深 2m，有效容积为 4785m^3，设置 4 台进水泵（2 用 2 备），其主要参数为：大泵 $Q=250m^3/h$，$H=90kPa$，$N=11kW$；小泵 $Q=80m^3/h$，$H=110kPa$，$N=4.5kW$。其中大泵负责向一级 A/O 供水，小泵负责向二级 A/O 供水，通过超声波液位计的液位联锁控制调节水池水泵的启停。

（3）一级 A/O 池

一级 A/O 采用 2 个并联的设计，通过进水分配池均匀分至两列，其设计进水流量为总流量的 80%；A 段单个有效容积为 2300m^3，设置 4 台潜水搅拌器；O 段单个有效容积为 2900m^3，安装有 2600 个微孔盘式曝气器；设置有 3 台回流泵（2 用 1 备）。

（4）二级 A/O 池

二级 A/O 采用 2 个并联的设计，通过进水分配池均匀分至两列，其设计进水流量为总流量的 20%；A 段单个有效容积为 1100m^3，设置 4 台潜水搅拌器；O 段单个有效容积为 650m^3，安装有 500 个微孔盘式曝气器；设置有 3 台回流泵（2 用 1 备）。

（5）二沉池

采用一座辐流式沉淀池的设计，直径 22m，设置周边传动刮泥机 1 台，设置 2 台污泥回流泵（1 用 1 备）。

（6）多介质过滤池

采用 2 格多介质过滤池，单池尺寸为 4m×4m×6.5m，滤速为 6.5m/h，降流式过滤，海砂滤料高度为 0.5m，无烟煤滤料高度为 1m，采用滤板及长柄滤头布水布气；设置反冲洗水泵 2 台，反洗周期为 24h。

（7）污泥浓缩池

采用 2 格污泥浓缩池，单格尺寸为 5m×5m×7.5m，固体负荷为 30kg/（m^2·d），水力停留时间为 18h，浓缩后污泥含水率为 97%～98%。

（8）加药系统

配套 2 套加药系统，分别投加甲醇和液碱。甲醇投加系统包括 2 个 20m^3 的甲醇储罐和 6 台气动隔膜泵；液碱投加系统包括 2 个 10m^3 的液碱储罐和 3 台变频控制的紧凑螺杆型的加药泵。

3.4.1.4 处理效果分析

实际进出水水质指标见表3-3。

表 3-3 实际进出水水质指标

项　目	COD/(mg/L)	NH$_3$-N/ (mg/L)	TN/ (mg/L)	SS/ (mg/L)	总磷/ (mg/L)	石油类/ (mg/L)
原水	134～276	83～256	108～344	47～102	1.0～2.5	1.1～15.4
多级 A/O+二沉池	17～47	0.1～6.6	17～25	8～22	0.2～0.6	—
多介质过滤	12～45	0.1～6.3	15～23	4～10	0.2～0.5	0.1～0.4

注：均为平均值。

由表3-3可知，该设施的处理出水达到了《合成氨工业水污染物排放标准》（GB 13458—2013）的标准限值。

3.4.2 A/O+MBR复合生物脱氮工艺

某合成氨公司废水处理设计量为 2400m^3/d，废水包括生产工艺废水和厂区生活污水，生活污水水量约为 360～480m^3/d，其余为工艺废水。李士安等对采用 A/O+MBR 复合生物脱氮工艺处理合成氨废水进行了论述。

3.4.2.1 进出水水质

废水中的主要污染物为有机物、NH$_3$-N 及石油类，硫化物、氰化物及挥发酚含量均较低，不会对生物处理造成影响，系统设计出水回用作循环水补水。具体进水和出水水质指标列于表3-4。

表 3-4 进水和出水水质指标

项目	COD/(mg/L)	NH$_3$-N/ (mg/L)	BOD$_5$/ (mg/L)	SS/ (mg/L)	石油类/ (mg/L)	pH 值
进水水质	1050	120	550	300	40	8～9
出水水质	60	10	10	5NTU	—	8～9

3.4.2.2 废水处理工艺过程

该工程采用 A/O+MBR 复合强化生物脱氮工艺，工艺过程如图 3-8 所示。

该工艺设置事故池来放置异常情况产生的事故废水，再缓缓地将事故废水输入工艺中进行处理。主体工艺采用气浮＋A/O＋MBR，通过气浮去除油和 SS，通过 A/O＋MBR 去除废水中的 COD、BOD，同时完成脱氮。

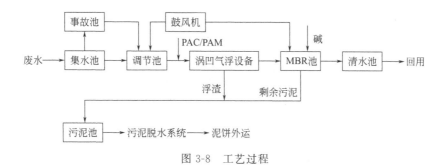

图 3-8 工艺过程

3.4.2.3 主要构筑物

主要构筑物列于表 3-5。

表 3-5 主要构筑物

序号	名称	规格	数量/座	结构
1	集水池	5m×5m×5.2m	1	钢筋混凝土
2	事故池	40m×24m×5.5m	1	钢筋混凝土
3	调节池	20m×10m×4.5m	1	钢筋混凝土
4	MBR池	20m×12.5m×4.5m	2	钢筋混凝土
5	清水池	8m×2m×4.5m	1	钢筋混凝土
6	污泥池	12m×2m×4.5m	1	钢筋混凝土
7	附属建筑物	二层,建筑面积712m^2	1	钢筋混凝土

3.4.2.4 主要工艺设备

主要工艺设备列于表 3-6。

表 3-6 主要设备

序号	名称	主要技术参数/型号	数量	备注
1	回转式格栅	$B=400, b=10\text{mm}$	1台	
2	潜污泵	$Q=220\text{m}^3/\text{h}, H=11\text{m}, N=11\text{kW}$	2台	1用1备
3	回转式格栅	$B=500, b=2\text{mm}$	1台	
4	潜污泵	$Q=120\text{m}^3/\text{h}, H=10\text{m}, N=5.5\text{kW}$	2台	1用1备
5	潜污泵	$Q=15\text{m}^3/\text{h}, H=12\text{m}, N=1.1\text{kW}$	2台	1用1备
6	涡凹气浮设备	$Q=50\text{m}^3/\text{h}$	2套	
7	潜水搅拌机	QJB3/8	2台	
8	可变微孔曝气器	D215,出气量1~3m^3/(h·个)	1200套	
9	MBR膜组件	产水量100m^3/(d·组)	40组	
10	潜污泵	$Q=250\text{m}^3/\text{h}, H=3\text{m}, N=3\text{kW}$	4台	2用2备

序号	名称	主要技术参数/型号	数量	备注
11	自吸泵	$Q=40\text{m}^3/\text{h}, H=22\text{m}, N=5.5\text{kW}$	6 台	4 用 2 备
12	罗茨鼓风机	$Q_s=10.04\text{m}^3/\text{min}, \Delta P=49\text{kPa}, N=11\text{kW}$	1 台	
13	罗茨鼓风机	$Q_s=33.15\text{m}^3/\text{min}, \Delta P=58.8\text{kPa}, N=45\text{kW}$	5 台	3 用 2 备
14	卧式离心泵	$Q=122\text{m}^3/\text{h}, H=40\text{m}, N=30\text{kW}$	2 台	1 用 1 备
15	螺杆泵	$Q=5.5\text{m}^3/\text{h}, H=40\text{m}, N=30\text{kW}$	2 台	1 用 1 备
16	污泥脱水系统	干泥产量 50～150kg/h	1 套	
17	PAC 投加装置	组合	1 套	
18	PAM 投加装置	组合	1 套	
19	碱液投加装置	组合	1 套	
20	磷酸盐投加装置	组合	1 套	
21	MBR 膜在线清洗装置	组合	1 套	
22	MBR 膜离线清洗装置	组合	1 套	

3.4.2.5 处理效果分析

该工程于 2006 年 5 月底完成，经过 50d 对污泥的培养与驯化，COD 去除率接近 95%，BOD 去除率达到 98%，NH_3-N 的去除率大于 95%，各项指标均达到设计要求。2006 年 8 月份的水质平均值列于表 3-7。

表 3-7　出水水质数据

项目	COD/(mg/L)	NH_3-N/(mg/L)	BOD_5/(mg/L)	浊度/NTU	TDS/(mg/L)	pH 值
出水水质	42.4	7.5	5.6	2	883	7.2

综上所述，废水经 A/O＋MBR 工艺处理后脱氮效果大幅提高，出水的 COD、NH_3-N、总氮等指标均达到当时标准《污水再生利用工程设计规范》（GB/T 50335—2002）中循环冷却系统补充水水质标准。

3.4.3 循环活性污泥工艺

河北某化工企业合成氨工程运行中废稀氨水全部回收利用，循环水系统及除盐水站排放的废水，直接达标排放或经深度处理后回用，造气、脱硫、压缩、变换、脱碳等车间排放的工艺废水及地面冲洗水等废水，分别收集后进入废水处理站，设计处理量为 1200m³/d。冯素敏等对循环活性污泥（CASS）工艺在合成氨废水处理工程中的应用作了讨论。

3.4.3.1 进水水质

设计进水具体指标及排放标准见表 3-8。

表 3-8　设计进水水质及排放标准

项目	pH	COD /(mg/L)	SS /(mg/L)	NH_3-N /(mg/L)	CN^- /(mg/L)	S^{2-} /(mg/L)
设计进水水质	7～8	1000	260	200	1.5	3.5
排放标准	6～9	≤150	≤100	≤70	≤0.5	≤1.0

3.4.3.2　工艺过程

废水处理工艺过程见图 3-9。

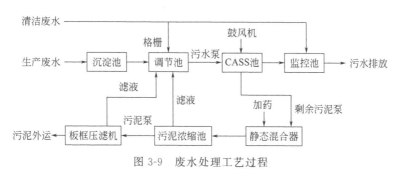

图 3-9　废水处理工艺过程

各车间的废水首先进入沉淀池，除去悬浮颗粒等杂质，然后进入调节池利用少量清洁废水对其水质、水量进行调节，再进入 CASS 反应池进行生化处理，去除有机物、NH_3-N 等。处理后的达标废水通过监控池后排放。工艺过程产生的剩余污泥通过静态混合器与药剂混合后进入污泥浓缩池浓缩，滤液再回到调节池，而污泥通过板框压滤机脱水后外运。

3.4.3.3　主要构筑物

（1）CASS 反应池

CASS 反应池设有生物选择区、缺氧区和好氧区，同时设污泥回流装置。CASS 池设 1 座，分为 2 格交替运行。

主要设计参数：有效容积 $1438m^3$，有效水深 4.7m；容积负荷为 0.83kg（COD）/（m^3·d），污泥回流比为 100%，污泥浓度约为 3750mg/L；每格工作周期为 8h，其中进水 2h，曝气 5h（进水 1h 后开始曝气），沉淀 1h，排水 1h。好氧区设有污泥回流、剩余污泥排放装置和在线 DO 监测仪等，并通过浮球阀液位计和滗水器控制液位和排水到监控池。

（2）排水装置

每格 CASS 池中设有 1 台 JN-300 型旋转式滗水器，滗水量为 $300m^3$/h，滗水深度为 1.6m。

（3）曝气系统

采用圆形膜片式微孔曝气器，半径 0.13m，工作面积 $0.5m^2$，氧利用率≥20%。

鼓风装置选用 CD20-0.6 型离心式鼓风机 2 台，每台风量为 1200m³/h，电机功率为 45kW。

（4）污泥浓缩池

采用钢筋混凝土结构污泥浓缩池 1 座，间歇运行，有效容积为 32m³。

（5）污泥脱水机

选用 BMY20/600-U 型板框压滤机 1 台，过滤截面为 20m²。

3.4.3.4 处理效果分析

2005 年 10 月至 2007 年 8 月期间，CASS 工艺系统持续平稳运行。CASS 池进出水水质的日常监测结果见表 3-9、图 3-10 和图 3-11。

表 3-9 CASS 反应池各污染物监测结果

项目	pH 值	COD	NH₃-N	SS	CN⁻	S²⁻
进水水质	7.6～8.5	800～1200mg/L	130～210mg/L	145～230mg/L	0.7～1.8mg/L	2.42～3.5mg/L
出水水质	8.0～9.0	110～150mg/L	35～67mg/L	21～38mg/L	0.08～0.23mg/L	0.31～0.86mg/L
平均去除率/%		85	70	82	87	80

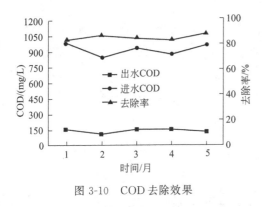

图 3-10 COD 去除效果

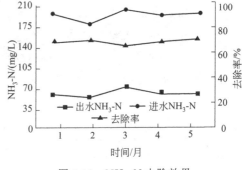

图 3-11 NH₃-N 去除效果

由图 3-10、图 3-11 可以看出，采用 CASS 工艺处理合成氨废水的稳定性较好；由表 3-9 可以看出，经过 CASS 工艺处理后的出水各指标均能够达到当时合成氨工业水污染物排放标准（GB 13458—2001）。

3.4.4 CASS+BAF 工艺

某合成氨企业废水主要来自脱硫净化、压缩、变换、合成等工段，废水量为 200m³/d，冯素敏等对 CASS＋BAF 工艺处理合成氨废水进行了论述。

3.4.4.1 设计进出水水质

合成氨废水中的主要污染因子为 COD、NH₃-N、悬浮物和硫化物等，该合成氨企业的具体进出水设计指标见表 3-10。

表 3-10　设计进出水水质

设计水质	pH 值	COD/ (mg/L)	BOD/ (mg/L)	SS/ (mg/L)	NH$_3$-N/ (mg/L)	硫化物/ (mg/L)
进水	6~9	1200	550	300	250	2.5
出水	6~9	≤100	≤10	≤10	≤8	≤0.5

3.4.4.2　废水处理工艺

废水处理工艺过程见图 3-12。

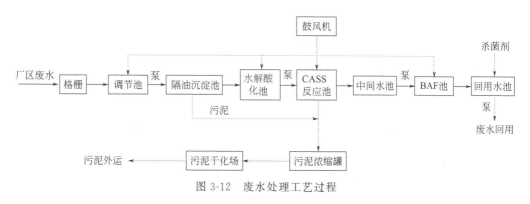

图 3-12　废水处理工艺过程

废水先通过格栅去除较大悬浮物后进入调节池，经隔油沉淀池除油处理，出水自流到水解酸化池，再由提升泵送入 CASS 反应池进行处理，上清液经中间水池进入曝气生物滤池（BAF），经杀菌处理后回用。隔油沉淀池产生的沉渣和 CASS 池产生的污泥定期泵入污泥浓缩罐，浓缩后经过干化处理后外运。

3.4.4.3　主要构筑物

（1）调节池

采用预曝气调节池，有效容积约为 100m^3，地下钢筋混凝土结构，停留时间为 12h，池内设 2 台提升泵，1 开 1 备。

（2）隔油沉淀池

采用平流式隔油沉淀池，停留时间为 1.5h，表面设计负荷 $q = 2.0\text{m}^3/(\text{m}^2 \cdot \text{h})$。

（3）水解酸化池

内置组合填料，COD 容积负荷 $N_V = 2\text{kg}/(\text{m}^3 \cdot \text{d})$，停留时间为 14.4h。

（4）CASS 反应池

CASS 反应池设有生物选择区、兼氧区和主反应区，同时设污泥回流装置。CASS 池共设 2 座，并联交替运行。

主要设计参数：COD 容积负荷为 0.5kg/(m^3 · d)，BOD$_5$ 污泥负荷为 0.15kg/(kg · d)，混合液污泥浓度为 3.5~4.0g/L，每格工作周期为 8h，其中进水 1h，曝气 5h，沉淀 1h，滗水 1h。池内最大水深 4.0m，换水深度约 1/3，设污泥回流泵 1 台（兼剩余污泥泵）。

（5）中间水池

设有 1 座中间水池，有效容积约为 $120m^3$，水力停留时间为 14.5h，内设中间水泵 2 台，1 开 1 备。

（6）BAF 池

BOD_5 容积负荷为 $1kg/(m^3 \cdot d)$；布水区高度为 1.2m；承托层采用鹅卵石，高度 0.2m；滤料采用 $\Phi 3.8mm$ 的球形陶粒，高度为 2.5m。该滤池采用比较高效的清洗方式：气-水联合反冲洗，反冲洗时间为 5min，空气反冲洗强度为 $60m^3/(m^2 \cdot h)$，水反冲洗强度为 $25m^3/(m^2 \cdot h)$。

（7）回用水池

回用水池停留时间为 14.5h，废水经化学药剂杀菌处理后回用于厂区循环水系统补水、锅炉烟气除尘、冲厕及绿化等。

主要设备及构筑物分别见表 3-11、表 3-12。

表 3-11　主要设备一览表

名称	规格	数量/台
废水提升泵	$Q=50m^3/h,H=10m,N=3kW$	2
排泥泵	$Q=6m^3/h,H=11m,N=0.75kW$	1
污泥回流泵（兼剩余污泥泵）	$Q=25m^3/h,H=10m,N=1.5kW$	1
中间水泵	$Q=25m^3/h,H=10m,N=1.5kW$	2
回用水泵	$Q=50m^3/h,H=10m,N=3kW$	2
鼓风机	$Q=9.64m^3/min,P=68.6kPa,N=18.5kW$	2
污泥浓缩罐	$\Phi \times H=2.4m \times 1.5m,V=6m^3$	1

表 3-12　主要构筑物一览表

名　称	规格($B \times L \times H$)/m	有效容积/m^3	数量/座
调节池	$10.0 \times 5.0 \times 3.5$	100	1
隔油沉淀池	$1.5 \times 6.0 \times 5.0$	27	1
水解酸化池	$5.0 \times 6.0 \times 5.0$	120	1
CASS 反应池	$14.0 \times 5.0 \times 5.0$	315	2
中间水池	$4.0 \times 8.0 \times 3.0$	80	2
曝气生物滤池（BAF）	$3.2 \times 3.2 \times 5.5$	30	1
回用水池	$6.0 \times 8.0 \times 3.0$	120	1
鼓风机房及化验室	$10.8 \times 4.5 \times 4$	48	1

3.4.4.4　处理效果分析

工程投运 1 年后，设备运行正常，出水水质基本稳定。废水处理站进出水水质的日常监测结果见表 3-13。

表 3-13 各污染物监测结果

项目	pH 值	COD/(mg/L)	NH$_3$-N/(mg/L)	SS/(mg/L)
进水水质	6～9	850～1205	198～266	258～324
出水水质	6～9	29～48	4～8	5～10
去除率/%		95	97	98

由表 3-13 中数据可以看出，CASS＋BAF 组合工艺对合成氨废水进行处理，去除率稳定在 95％以上，出水水质能稳定达标。具体指标为：出水中 COD 去除率 95％、NH$_3$-N 去除率 97％、SS 去除率 98％，经处理后的出水水质达到 GB/T 18920—2020《城市污水再生利用 城市杂用水水质》标准要求。

3.4.5 SBR+BAF 工艺

某公司将合成氨、尿素生产废水处理后作为再生水用于循环冷却水系统的补充水，设计采用序批式活性污泥法（SBR）、曝气生物滤池（BAF）、纤维球过滤的处理工艺。其中生产污水量为 518m^3/d，生活污水量为 960m^3/d。郭士元对 SBR＋BAF 处理合成氨、尿素生产废水作了论述。

3.4.5.1 设计进出水水质

合成氨废水中的主要污染因子为 COD、NH$_3$-N、悬浮物和硫化物等，该公司污水处理系统设计的进出水水质见表 3-14。

表 3-14 设计进出水水质

设计水质	pH 值	COD/(mg/L)	BOD/(mg/L)	SS/(mg/L)	NH$_3$-N/(mg/L)	硫化物/(mg/L)	油含量/(mg/L)
进水	6～9	500	250	200	150	1	5
出水	6.5～8.5	≤40	≤5	≤5	≤5	≤0.1	≤1

3.4.5.2 废水处理工艺流程

废水处理工艺过程见图 3-13。

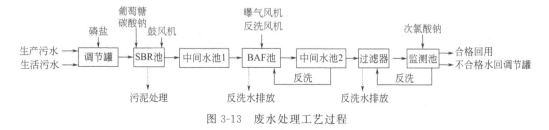

图 3-13 废水处理工艺过程

生产污水和生活污水进入调节罐进行水质水量调节后进入 SBR 池，污水在 SBR 池经过曝气、搅拌、脱气、沉降等工序后再经过中间水池 1 送至 BAF 池，最后通过中间水池 2 送入纤维球过滤器进行处理。进入监测池合格水回用于循环水补充水，如不合格再重新处理。

3.4.5.3　主要构筑物

（1）调节罐

设有 2 座调节罐，直径 12.5m，单座有效容积 1120m³，停留时间为 16h。

（2）SBR 池

设有 3 座 SBR 池，单池容积为 1080m³，设计水深 6m，单池长 18m，单池宽为 10m，充水比 0.13，污泥浓度为 3000mg/L，BOD 污泥负荷为 0.1kg/(kg·d)，NH₃-N 污泥负荷为 0.035kg/(kg·d)，周期数为 4，周期时间为 6h，污泥龄为 10d，剩余污泥量为 972kg/d。

（3）BAF 池

设有 4 座 BAF 池，单池处理能力为 17.5m³/h，单池面积 6.25m²，滤池高 6.4m，填料高 3m，空床停留 65min，滤池表面水力负荷 2.8m³/(m²·h)，滤头和曝气头布置密度分别为 36 个/m² 和 44 个/m²。反冲洗采用高效的清洗方式：气水联合冲洗，水和空气的冲洗强度分别为 5L/(m²·s) 和 15L/(m²·s)，气洗 5min，气水联合洗 5min，清水洗 10min。

（4）纤维球过滤器

配备 1 套纤维球过滤器，滤速为 30m/h，采用二级串联的组合方式，反洗强度为 0.5m³/(min·m²)，反洗时间为 20～30min。

3.4.5.4　处理效果分析

SBR 池进水 COD、NH₃-N 浓度波动大，COD 为 500～2300mg/L，SBR 池对 COD 的去除率维持在 80% 以上，NH₃-N 浓度为 100～280mg/L，NH₃-N 去除率维持在 90% 以上，具体效果见图 3-14 与图 3-15。

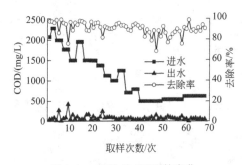

图 3-14　SBR 池 COD 的变化

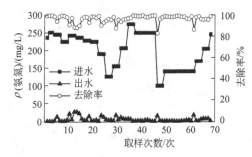

图 3-15　SBR 池 NH₃-N 质量浓度的变化

SBR 的出水进入 BAF 池作进一步处理，COD 的去除率维持在 50% 以上，NH₃-N 的去除率维持在 60% 以上，具体处理效果见图 3-16、图 3-17。

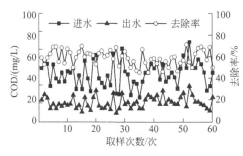

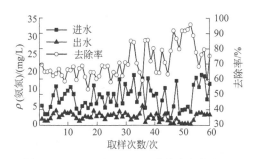

图 3-16　BAF 池 COD 的变化　　　　图 3-17　BAF 池 NH₃-N 质量浓度的变化

该厂合成氨尿素生产废水经过 SBR＋BAF 工艺处理后，水中的有机物、NH₃-N 得到有效去除，出水水质满足《炼油化工企业污水回用管理导则》中初级再生水用于循环冷却水补充水的要求。

3.4.6　MAP+A/O 工艺

河南某合成氨企业进入废水处理站的废水有造气循环外排水、压缩机排油废水、软水处理系统所产生的浓水、合成循环外排水、联合厂房内冲洗水、脱硫外排水、焦炭过滤器外排冷凝水。刘伟等对采用 MAP＋A/O 工艺处理合成氨企业混合废水作了讨论。

3.4.6.1　废水水质

混合废水水量为 1200m³/d，废水水质见表 3-15。

表 3-15　设计进水水质

设计水质	pH 值	COD/(mg/L)	SS/(mg/L)	NH₃-N/(mg/L)
进水	8～9.5	340	180	510

3.4.6.2　废水处理工艺过程

工程采用 MAP＋A/O 工艺处理生产废水，废水处理的工艺过程如图 3-18 所示。

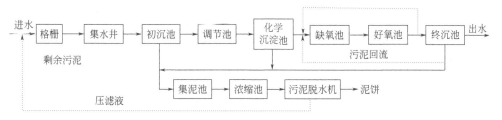

图 3-18　废水处理工艺过程

化学沉淀池包括机械反应池，平流式沉淀池

3.4.6.3 主要构筑物及设备参数

（1）初沉池

设有钢筋混凝土结构的竖流式初沉池，分为 2 座，设计总有效容积为 300m³，单池尺寸为 7.8m×7.8m×4.5m，有效高度为 2.5m，单池停留时间为 3h，产生污泥量为 65kg/d。

（2）调节池

设有 1 座钢混凝结构的调节池，尺寸 15.2m×10.8m×6.6m，有效容积 600m³，水力停留时间 12h。配备 2 台（1 用 1 备）80QW50-10-3 型潜污泵。

（3）机械反应池

工程设有 1 座钢混结构垂直轴式机械反应池，反应时间 50min，反应池分为 3 格，单格尺寸 2.8m×2.8m×4.0m，每格放置一台搅拌机，机械反应池是利用桨板驱动水流，加速离子间的碰撞频率，提高反应效率。絮凝药剂采用 95% 轻烧 MgO 和 85% H_3PO_4，按摩尔比（Mg：N：P）＝1.2：1：0.8 投加。

（4）平流式沉淀池

工程设有 1 座平流式沉淀池，钢筋混凝土结构。尺寸 23.3m×7.6m×4.5m，有效容积 708m³，内设行车式刮泥机 1 套，刮泥机型号 SBP-7.6（轨距中心 7.2m）。97% 的污泥量为 200t/d，污泥主要成分为磷酸铵镁。

（5）曝气池

工程设有 1 座曝气池，钢筋混凝土结构。污泥浓度 3000mg/L，总氮负荷 0.04kg/(kg·d)，尺寸 25.0m×20.0m×6.5m，有效容积 2000m³。曝气器采用 HA65-5.5 可变微孔曝气软管，软管周径表面都有曝气气孔，曝气软管均匀布置在池子底部，间距 500mm，软管距池底为 400mm，用支架固定；曝气系统采用 2 台 SSR-125 型罗茨风机（1 用 1 备），循环回流比为 250%。采用 3 台（2 用 1 备）100QW70-7-3 型循环泵（流量 70m³/h，扬程 7m，功率 3kW）。

（6）缺氧池与好氧池

缺氧池有效容积为 700m³，尺寸为 20.0m×8.0m×6.5m，好氧池有效容积为 2100m³，缺氧池与好氧池合建，尺寸为 33.0m×20.0m×6.5m，有效高度为 6m。缺氧池与好氧池设计停留时间之比为 1：3，缺氧池内设潜水搅拌机。

（7）终沉池

工程采用竖流式沉淀池，该池的沉淀效率较高，有效容积为 300m³，水力停留时间为 6h。产生含水率为 99% 的污泥量为 20t/d。终沉池设污泥回流泵，污泥回流量按进水量 100% 设计。

3.4.6.4 运行效果分析

（1）化学沉淀池处理效果

工程稳定运行化学沉淀池的进水和出水 NH_3-N 浓度曲线及 NH_3-N 去除率变化如图 3-19 所示。

由图 3-19 可以看出，化学沉淀对 NH_3-N 的去除效果平稳，进水 NH_3-N 质量浓度为 498.5mg/L 时，出水 NH_3-N 浓度约 184.8mg/L，平均 NH_3-N 去除率为 62.9%。

（2）A/O 池处理效果

A/O 系统试运行 20d 后，系统出水水质达到设计指标。试运行效果如图 3-20 所示。

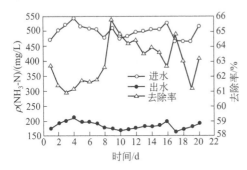

图 3-19　化学沉淀池进出水 NH_3-N 浓度及 NH_3-N 去除率变化

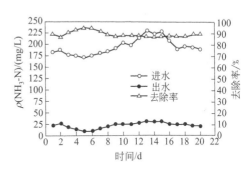

图 3-20　A/O 池进出水 NH_3-N 浓度及 NH_3-N 去除率变化

（3）系统处理效果

该废水处理工程自正常运行以来，水处理效果稳定，监测结果见表 3-16。

表 3-16　出水监测数据

项目	COD/（mg/L）	NH_3-N/（mg/L）	SS/（mg/L）	pH 值
进水	340	510	180	8.8~9.5
初沉池出水	323	510	144	8.8~9.5
化学沉淀池出水	307	179	100	6~8
A/O 出水	61	36	50	6~9
排放标准	100	40	60	6~9

从表 3-16 可以看出，该设施的处理出水达到了《合成氨工业水污染物排放标准》（GB 13458—2013）的现有企业直接排放标准。

3.4.7　IMC 生化工艺

中盐安徽红四方股份有限公司配套污水处理工程，处理合成氨废水、初雨、生活污水，水质合格后，纳入园区污水处理厂，污水处理量为 4800m³/d。王晓华对 IMC 生化工艺处理合成氨废水作了综述。

3.4.7.1　设计进出水水质

设计进出水水质指标见表 3-17。废水总氮去除率达到 90％以上，废水进水 B/C 数值接近 0.42。

表 3-17　设计进出水水质

设计水质	pH 值	COD/ (mg/L)	BOD/ (mg/L)	SS/ (mg/L)	NH_3-N/ (mg/L)	TN/ (mg/L)
进水	6～9	320～450	170～250	100	240～300	—
出水	6～9	≤100	≤20	≤70	—	≤30

3.4.7.2　IMC 生化工艺过程

IMC 工艺过程见图 3-21。

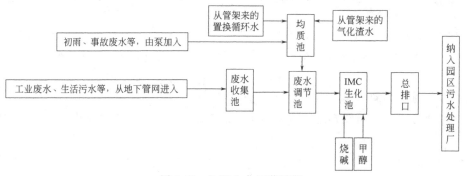

图 3-21　IMC 生化工艺过程

3.4.7.3　运行效果分析

IMC 工艺通过在单个池内多次重复进行的曝气、搅拌、沉淀、排放（排水、排泥）操作，创造好氧、缺氧、厌氧环境，通过微生物生化作用分解有机物和去除 NH_3-N，确保废水达标排放或回用。

3.4.8　CASS+MBBR 工艺

某合成氨公司污水来自全厂综合排水，包括各生产车间跑、冒、滴、漏产生的废水及地面冲洗水，污水量为 2880m^3/d，主要成分是有机物、NH_3-N、石油类和悬浮物。林莞侦等对采用循环活性污泥＋移动生物膜反应器（CASS＋MBBR）工艺处理合成氨废水的效果作了总结。

3.4.8.1　设计进出水水质

进出水水质及排放标准如表 3-18 所示。

表 3-18　进出水水质及排放标准

项目	COD/(mg/L)	BOD/(mg/L)	pH 值	SS/(mg/L)	总磷/(mg/L)	NH₃-N/(mg/L)	CN⁻/(mg/L)	石油类/(mg/L)	硫化物/(mg/L)
进水	500~600	250~300	6.5~9.0	150~300	2~4	500	5.0~8.0	200	2~4
出水	60	10	6.5~9.0	5	1	10	—	—	—
排放标准	100	20	6.5~9.0	60	—	40	0.2	5	0.5

3.4.8.2　废水处理工艺过程

该合成氨公司废水处理工艺过程如下：

污水先经格栅后进入调节池，保证污水混合均匀，水质相对稳定。调节池出水自流进入隔油池去除油类等杂质，再自流进入一级中间水池，经提升泵加压后污水在管道混合器中与 PAC 和 PAM 混合，在混凝反应池中进行混凝反应，再自流进入组合式气浮装置进一步去除石油类和悬浮物等，其出水经预反应池进入 CASS 池进行生化处理，处理后上清液排入二级中间水池，供 MBBR 生物接触池处理，然后经 BSK-100D 的一体化净水器处理，达标后回用或排放。

气浮池产生的污泥和浮渣、CASS 池产生的污泥和 BSK-100D 的一体化净水器产生的污泥排放至污泥池。由污泥泵提升进入带式压滤机处理，滤液回流调节池，干泥外运。

3.4.8.3　主要构筑物

① 格栅槽 1 座，钢筋混凝土结构，外形尺寸为 6m×1.15m×3.5m。

② 地下式调节池 1 座，钢筋混凝土结构，外形尺寸为 15m×12m×6.5m，有效容积为 720m³，水力停留时间为 6h。调节池设有在线 COD、NH₃-N 仪表，当 COD、NH₃-N 浓度超过设定值时，将废水送至专用事故池，浓度平稳后再送回调节池。

③ 隔油池 1 座，地下式钢筋混凝土结构，外形尺寸为 15m×5.5m×3.5m，有效容积为 240m³，HRT 为 2h，表面负荷为 1.45m³/(m²·h)，附属设备为撇油管 2 套。

④ 混凝反应池 1 座，钢结构防腐处理，外形尺寸为 3.8m×3.0m×3.5m，有效容积为 30m³，HRT 为 0.25h。

⑤ 组合气浮 1 套，碳钢防腐，型号 GF-120，处理水量为 120m³/h，外形尺寸为 9.0m×3.8m×2.2m，装机功率 17.0kW，回流比 30%。

⑥ 废油收集池 1 座，地下式钢筋混凝土结构，外形尺寸为 4m×2m×6.5m，有效容积为 28m³。

⑦ CASS 生化反应系统 2 座，并联运行，半地上式钢筋混凝土结构。单池外形尺寸 28m×10m×7.3m，其中预反应池 5.5m×10m×7.3m，主预反应池 22.5m×10m×7.3m，有效高度 6.5m，单台有效容积 1820m³，充水容积 360m³，总容积 2044m³。反

应池按进水曝气、沉淀、排水、闲置时序运行。设定：进水曝气 3h，沉淀 1.5h，排水 1h，闲置 0.5h，操作周期 6h。CASS 系统分为 2 个序列，每个序列周期处理水量为 360m³，每个周期的进水流量为 120m³/h，排水流量为 360m³/h。

⑧ 曝气系统设计采用 3 台（2 用 1 备）罗茨鼓风机，其参数为：$Q = 86.51m³/min$，出口压力 $P = 80kPa$，电机 $N = 180kW$，转速 $n = 1250r/min$。曝气设施由 ABS 空气布气管和微孔膜片式曝气头组成，共计 900 个，每台反应器 450 个。MBBR 曝气采用 1 台罗茨鼓风机，不单独设置备用风机，与 CASS 风机共用。

⑨ 1 座中间水池 I，地下式钢筋混凝土结构，有效容积为 360m³，尺寸为 15m×6m×4.5m，有效高度为 4m。

⑩ 生物接触池（MBBR）1 座，地上式钢筋混凝土结构，尺寸为 10.0m×7.5m×7.3m，有效容积为 480m³，配套填料数量为 288m³，比表面积为 800m²/m³，供氧效率为 8.5g/(m³·d)，硝化效率为 400g（NH₃-N）/(m³·d)，COD 氧化效率为 5～10kg/(m³·d)（15℃），去除率大于 80%。

⑪ 中间水池 II 1 座，地下式钢筋混凝土结构，外形尺寸为 9m×4m×4.5m，有效容积为 144m³。

⑫ BSK-100D 型一体化净水器 1 台，碳钢防腐，设备处理能力 120m³/h，外形尺寸 Φ7.6m×6.8m，反应时间 8min，清水区上升流速 2mm/s，过滤周期 12h，石英砂粒度 0.8～1.1mm，冲洗时间 5min，滤料反洗强度 10L/(s·m²)。

⑬ 污泥浓缩池 1 座，地下式钢筋混凝土结构。有效容积为 54m³，外形尺寸为 6m×3m×3.5m，有效高度为 3m。

⑭ 回用水池 1 座，地下式钢筋混凝土结构，有效容积为 360m³，外形尺寸为 10m×9m×4.5m，有效高度为 4m。

⑮ 二氧化氯发生器 1 台，型号 QL-1000，有效氯产量 1000g/h，功率 1.5kW。

3.4.8.4 效果分析

经 CASS＋MBBR 系统处理后的污水，COD_{Cr} 为 60mg/L，NH₃-N 浓度小于 10mg/L，浊度小于 5NTU，满足排放或回用的指标要求。

3.4.9 改良 SBR 工艺

河南某煤化工合成氨项目污水处理工程，废水来源包括：煤气化废水、合成氨低温甲醇洗废水、主装置循环排污水、生活及化验污水、地面及设备的冲洗废水等。废水量为 4800m³/d，废水主要污染物为 NH₃-N、TN 和有机污染物。李伟峰对该厂采用改良 SBR 工艺处理合成氨废水作了论述。

3.4.9.1 设计进出水水质

该项目合成氨废水的主要控制指标为 COD_{Cr}、NH₃-N 和 TN。

① 气化废水主要含甲酸化合物，该类污染物分子量较小，$BOD_5/COD_{Cr} \approx 0.5$，废水可生化性较好。

② $COD_{Cr}/TN \approx 2.0$，废水脱氮碳源不足。

③ 需投加碳源、磷，增加碱度。

3.4.9.2　污水处理工艺过程

该厂合成氨废水先进入综合调节池，其他废水进入集水井，2 股水在综合调节池调节水质和水量后进入 SBR 池进行生化处理，废水经排放池监测后达标排放。污水处理的主要工艺过程见图 3-22。

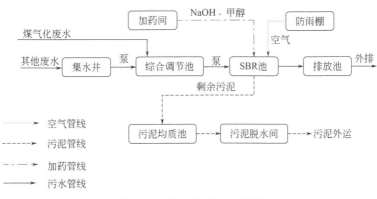

图 3-22　污水处理工艺过程

3.4.9.3　效果分析

系统稳定运行后，水质监测平均结果如表 3-19 所示。

表 3-19　水处理效果表

序号	COD_{Cr}			BOD			NH_3-N			TN		
	进水/(mg/L)	出水/(mg/L)	去除率/%	进水/(mg/L)	出水/(mg/L)	去除率/%	进水/(mg/L)	出水/(mg/L)	去除率/%	进水/(mg/L)	出水/(mg/L)	去除率/%
1	432	25	94.21	193	15	92.93	278	5	98.2	342	14	95.91
2	453	23	94.92	210	12	94.29	256	6	97.66	287	12	95.82
3	431	32	92.58	203	16	92.12	247	4	98.38	260	11	95.77
4	304	35	88.49	149	12	91.95	165	2	98.79	224	8	96.43
5	386	31	91.97	185	14	92.43	198	3	98.48	241	10	95.85
6	462	41	91.13	217	23	89.40	246	6	97.56	246	13	94.72
7	560	43	92.50	263	16	93.92	232	4	98.28	280	9	96.79

从表 3-19 可以看出，经过改良的 SBR 工艺处理的合成氨废水能稳定达标排放。进水 NH_3-N 浓度从最高的 278mg/L 降至 5mg/L，NH_3-N 去除率超过 97%；进水 TN 浓

度从最高 342mg/L 降至 14mg/L，TN 去除率超过 94％，其他水质指标均满足《污水综合排放标准》（GB 8978—1996）中的一级排放要求。

3.4.10 A/O 回用水工艺

法国液化空气集团福建工程建成的合成氨和氢气工厂，废水由气化废水、CO 变换气体废水、合成氨废水及初期雨水等组成，经过生化处理后能达标作为补充水回用于循环水系统。张艳对该厂 A/O 回用工艺处理混合废水作了讨论。

3.4.10.1 设计进出水水质

该厂的废水总排放量约为 4560m³/d，设计废水回用率为 65％，35％排污送至开发区综合污水厂处理。废水进水主要指标见表 3-20。

表 3-20　设计进水水质指标

项目	COD/(mg/L)	NH₃-N/(mg/L)	BOD/(mg/L)	SS/(mg/L)	硬度/(mg/L)	碱度/(mg/L)	水温/℃	pH 值
进水	800	200	300	100	1500	600	40	6~9

3.4.10.2 废水处理工艺过程

根据对废水来源与进水水质的分析可以看出，废水的可生化性较好，且 COD 合适。项目采用 A/O 法作为处理工艺的主体，初期雨水和废水经泵送入缓冲池或事故池，再送至平流沉淀池加药沉淀后，池底的污泥进入污泥浓缩池，上清液自流至调节池后进入二级 A/O 进行生化处理，最后进入二沉池进行泥水分离处理，上清液进一步深度处理，污泥一部分回流，一部分排入污泥浓缩池。处理工艺流程如下所示。

污水处理工艺：缓冲池→平流沉淀池→调节池→A/O →二沉池→回用水处理。

污泥处理工艺：污泥浓缩池→污泥储池→隔膜式板框压滤机→外运。

3.4.10.3 主要构筑物

① 缓冲池：12m×7m×5m，内设刮渣机。
② 事故池：有效容积 91000m³，停留时间 48h。
③ 沉淀池：24m×4m×4.5m，设有混合搅拌机和行式吸泥机。
④ 二沉池：Φ21×5.7m，设有全桥式周边传动刮泥机。

3.4.10.4 效果分析

合成氨行业的废水排放点多，水质各异，先采取分质分流处理，可以减少投资运营成本。该工程于 2017 年 8 月完成验收，出水的水质达到《合成氨工业水污染物排放标准》（GB 13458—2013）间接排放的限值，另外工程的石灰污泥采用隔膜式板框压滤机脱水，脱水后污泥含水率为 55%～60%。

3.4.11 物化预处理+A/O 组合工艺

某中型煤化工企业，主要生产合成氨、尿素和甲醇，废水由气化废水、精馏废水、压缩含油废水和厂区生活污水组成。该厂合成氨生产废水高 NH_3-N、低 C/N、气化废水含有氰化物等有毒物。王传琦等对该厂采用物化＋A/O 组合工艺处理合成氨废水进行了讨论。

3.4.11.1 设计进出水水质

该煤化工企业的废水总排放量约为 $1200m^3/d$，其中气化废水为 $900m^3/d$，COD 为 $250～300mg/L$，NH_3-N 为 $150～200mg/L$，CN^- 为 $5～30mg/L$；精馏废水为 $160m^3/d$，COD 为 $1000～1500mg/L$；含油废水为 $140m^3/d$，COD 为 $2000～3000mg/L$，NH_3-N 浓度为 $1000～1500mg/L$。出水水质标准见表 3-21。

表 3-21　出水水质标准

项目	COD/ (mg/L)	NH_3-N/ (mg/L)	CN^-/ (mg/L)	SS/ (mg/L)	石油类/ (mg/L)	挥发酚/ (mg/L)	硫化物/ (mg/L)	pH 值
排放标准	≤150	≤70	≤1.0	≤100	≤5	≤0.1	≤0.5	6～9

3.4.11.2 废水处理工艺过程

该企业的废水处理工艺过程见图 3-23。

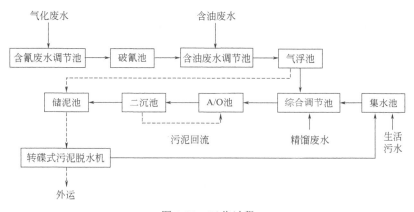

图 3-23　工艺过程

如图 3-23 所示，气化废水先进入含氰废水调节池，由泵提升至破氰池，破氰后的出水与含油废水混合进入含油废水调节池，经气浮池与生活污水一起进入综合调节池，经过 A/O 池生化处理后再流入二沉池，出水达标排放，剩余污泥部分回流至 A/O 池（回流比为 100%），其他排入储泥池，并经转碟式污泥脱水机脱水后泥饼外运。

3.4.11.3 主要构筑物

① 含氰废水调节池 1 座，尺寸 5.4m×4m×6.5m，有效容积 120m³，HRT 11h。内设 ISW50-100 型提升泵 2 台（1 用 1 备），$N=1.1kW$。QJB-1.5/6-260/980 型潜水搅拌机 1 台，$N=1.5kW$。

② 破氰池 2 座，单池尺寸 3m×2.6m×4.5m，有效容积 30m³，内设 CS+LR 材质搅拌器 2 台，$N=3kW$。

③ 含油废水调节池 1 座，尺寸 6.8m×4m×6.5m，有效容积 150m³，HRT 5h。内设 ISW65-100 型提升泵 2 台（1 用 1 备），QJB-1.5/6-260/980 型潜水搅拌机 1 台，$N=1.5kW$。

④ 气浮池 1 座，尺寸 6.8m×3m×4.5m，设计表面负荷 2.5m³/(m²·h)，配有 HJ-Ⅱ 型溶气罐 1 套，TC-10 型溶气释放器 2 套，ISW65-200 型气浮排泥泵 2 台（1 用 1 备）。

⑤ 集水池 1 座，尺寸 5m×2m×3.5m，配有 FC-600 型格栅机 1 台，50ZW10-20 型自吸泵 2 台（1 用 1 备）。

⑥ 综合调节池 1 座，尺寸 12.4m×5.4m×6.5m，有效容积 360m³，设 ISW80-125A 型提升泵 2 台（1 用 1 备），$Q=60m³/h$，$N=4kW$。QJB-1.5/6-260/980 型潜水搅拌机 2 台（1 用 1 备），$N=1.5kW$。

⑦ A/O 池 1 座，A 池尺寸 6m×3.5m×6.5m，有效容积 120m³，HRT 4h。内设 QJB-1.5/6-260/980 型潜水搅拌机 2 台（1 用 1 备），$N=1.5kW$，O 池尺寸 18m×3.5m×6.5m，有效容积 600m³，HRT 20h。内设 HJET（Ⅱ）-25 型射流曝气器 20 套，$Q=30m³/h$。设 ISW200-250（Ⅰ）B 型射流循环泵 4 台（3 用 1 备），$Q=322m³/h$，$H=13m$，$N=18.5kW$。

⑧ 二沉池 2 座，尺寸 6.5m×6m×6.5m，表面负荷 0.8m³/(m²·h)，沉淀时间 4h。

3.4.11.4 效果分析

2012 年 1～3 月破氰池平均进出水 CN^- 和 A/O 池平均进出水 COD、NH_3-N 监测结果见表 3-22 和表 3-23。

表 3-22　破氰池监测结果

项　目	1 月	2 月	3 月
进水/(mg/L)	14.6	10.1	9.8
出水/(mg/L)	0.2	0.1	0.2
去除率/%	99	99	98

表 3-23　A/O 池监测结果

项　目	1 月		2 月		3 月	
	NH₃-N	COD	NH₃-N	COD	NH₃-N	COD
进水/(mg/L)	783	145	804	188	740	184
出水/(mg/L)	76	22	68	18	55	14
去除率/%	90	85	92	90	93	92

由表 3-22 和表 3-23 可以看出，采用物化＋A/O 组合工艺处理合成氨废水，处理效果稳定，各污染物的去除率较高，出水水质达到当时标准《合成氨工业水污染物排放标准》（GB 13458—2001）一级标准。

3.4.12　EM+BAF 工艺

中石化巴陵分公司采用壳牌煤气化工艺生产化肥、合成氨和尿素，废水主要包括：合成氨装置工艺冷凝液、中压汽提塔排放的化学污水、油水分离器排放的含油污水、CO_2 脱除单元排放的脱碳废液、尿素装置液滴分离器排出的 CO_2 分离水、解吸塔排出的解吸废水等。该废水水质波动较大，NH_3-N 浓度较高，可生化性较差，主要污染物为 NH_3-N（大于 300mg/L），COD 低于 100mg/L。谢四清对采用 EM＋BAF（工程菌＋曝气生物滤池）技术处理化肥废水效果作了论述。

3.4.12.1　设计进出水指标

该厂废水处理装置的设计量为 4320m³/d。设计进出水指标见表 3-24。

表 3-24　设计进出水指标

项目	COD/(mg/L)	NH₃-N/(mg/L)	SS/(mg/L)	石油类/(mg/L)	pH 值
进水	500	500	200	10	8～10
出水	60	15	70	5	6～9

3.4.12.2　废水处理工艺过程

化肥废水处理采用 EM 与 BAF 处理相结合的组合工艺，具体工艺过程见图 3-24。

3.4.12.3　效果分析

2010 年 8～10 月和 2011 年 1～2 月的进水、出水 NH₃-N 浓度分别见图 3-25 和图 3-26。

从表 3-25 可以看出：2010 年 8～10 月期间，进水 NH₃-N 在 100～400mg/L 波动，出水 NH₃-N 均值为 6.23mg/L，该废水工艺在高负荷条件下运行时，NH₃-N 去除率为 97.1%。2011 年 1～2 月进水污染物浓度较低，进水 NH₃-N 均值为 83.5mg/L，出水 NH₃-N 均值为 3.4mg/L，装置在低负荷条件运行时，NH₃-N 去除率为 95.9%。该废水处理装置在高、低负荷条件下运行时，对废水均有良好的处理效果。

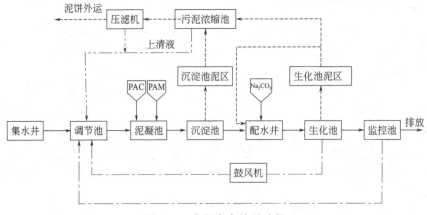

图 3-24　化肥废水处理过程

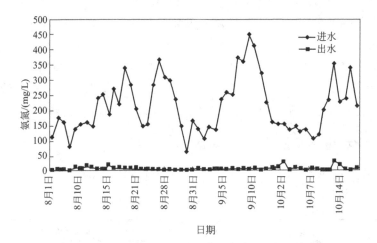

图 3-25　2010 年 8～10 月进水、出水 NH₃-N 浓度

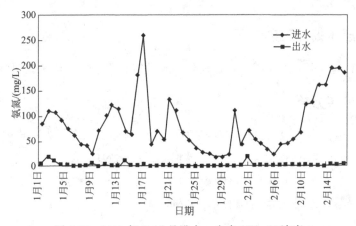

图 3-26　2011 年 1～2 月进水、出水 NH₃-N 浓度

表 3-25　不同负荷下装置处理效果

时间	项目	NH₃-N		COD	
		进水	出水	进水	出水
2010 年 8～10 月	最大值/(mg/L)	451	20	311	79
	最小值/(mg/L)	70	0.22	14	2
	均值/(mg/L)	217.2	6.23	113	32.0
	去除率/%	97.1		71.7	
2011 年 1～2 月	最大值/(mg/L)	260	12	181	60
	最小值/(mg/L)	19	0.22	5	2
	均值/(mg/L)	83.5	3.4	47.6	20.7
	去除率/%	95.9		56.5	

　　该厂采用 EM＋BAF 工艺处理含 NH₃-N 较高、C/N 失调的化肥废水，出水 NH₃-N 低于 10mg/L，去除率高于 95%，处理效果稳定，废水排放满足《污水综合排放标准》（GB 8978—1996）的一级标准要求。

参考文献

[1]　"十三五"石油和化工行业发展报告（摘编）[J].煤化工，2020（12）：71.
[2]　冯素敏.合成氨工业水污染治理技术研究 [D].南京：南京理工大学，2005.
[3]　赵承民.两水闭路循环水装置的设计与应用 [J].化工设计通讯，1995，21（3）：25-27.
[4]　孙富康.稀氨水逐级提浓回收利用技术的设计和应用 [J].化肥设计，2000，3（5）：53-54.
[5]　南京化学工业公司.含氮稀氨水回收技术 [J].今日科技，1997，1（13）：55-57.
[6]　王晓宇，应清界.稀氨水回收制碳铵技术总结 [J].中氮肥，2001（1）：17-18.
[7]　陈龙.稀氨水中氨氮实现达标排放 [J].小氮肥设计技术，1999，20（2）：25-27.
[8]　梁家骏.小氮肥厂含氨废水治理装置运行小结 [J].化学工业与工程技术，2000，21（3）：38.
[9]　冯素敏，赵志林，吴志纯，等.小氮肥厂废稀氨水的成功治理 [J].化工设计，1999，9（5）：57-58.
[10]　范晋峰.两水闭路循环技术应用综述 [J].小氮肥设计技术，1999，20（4）：47-51.
[11]　汪德锦.利用稀氨水处理硫酸尾气技术探讨 [J].山东化工，2014，43（1）：150，152.
[12]　钱晓迪，任立，杨哲.合成氨工业废水资源化处理研究进展 [J].山东化工，2017，46（7）：101-104.
[13]　王冠平，方喜玲，施汉昌，等.膜吸收法处理高氨氮废水的研究 [J].环境污染治理技术与设备，2002，3（7）：56-60.
[14]　唐艳，凌云.氨氮废水的电渗析处理研究 [J].中国综合资源利用，2008，26（3）：27-29
[15]　郝卓莉，王爱军，朱振中，等.膜吸收法处理焦化厂剩余氨水中氨氮及苯酚 [J].水处理技术，2006，32（6）：16-20.
[16]　付迎春，钱仁渊，金鸣林.催化湿式氧化法处理氨氮废水的研究 [J].煤炭转化，2004，27（2）：72-75.
[17]　Cámara O R，De Pauli C P，Giordano M C.Potentiodynamic behavior of mechanically polished titanium electrodes [J].Electrochim Acta，1984，29（8）：1111-1117.
[18]　鲁剑，张勇，吴盟盟，等.电化学氧化法处理高氨氮废水的试验研究 [J].安全与环境工程，2010，17（2）：51-53.

[19] 方世杰，徐明霞，张玉珍.二氧化钛光催化降解作用的研究综述 [J].材料导报，2001，15 (12)：32-34.

[20] 乔世俊，赵爱平，徐小莲，等.二氧化钛光催化降解氨氮废水 [J].环境科学研究，2005，18 (3)：43-45.

[21] 徐志高，黄倩，张建东，等.化学沉淀法处理高浓度氨氮废水的工艺研究 [J].工业水处理，2010，30 (6)：31-34.

[22] Fdz-Polanco F，Villaverde S，García P A. Temperature effect on nitrifying bacteria activity in biofilters：activation and free ammonia inhibition [J]. Water Science and Technology，1994，30 (11)：121-130.

[23] Hellinga C，Schellen A A J C，Mulder J W，et al. The sharon process：An innovative method for nitrogen removal from ammonium—rich waste water [J]. Water Science and Technology，1995，37 (9)：135-142.

[24] Hellinga C，Loosdrecht M C M，Heijnen J J. Model based design of a novel process for ammonia removal from concentrated flows [J]. Taylor & Francis Online，1997，5 (4)：351-371.

[25] 李桂荣，潘文琛，宋同鹤，等.硝化反硝化/生物接触氧化工艺处理合成氨废水 [J].中国给水排水，2010，26 (24)：77-80.

[26] 李妍，李泽兵，马家轩，等.合成氨废水短程反硝化特性研究 [J].环境科学，2012，33 (6)：1902-1906.

[27] 李萍.短程硝化反硝化处理合成氨工业废水的试验研究 [J].山西化工，2018，176 (4)：198-200.

[28] Strous M，E Van Gerven，Zheng P，et al. Ammonium removal from concentrated waste streams with the anaerobic ammonium oxidation process in different reactor configurations [J]. Water Resource，1997，31 (8)：1955-1962.

[29] 王元月，魏源送，张树军.厌氧氨氧化技术处理高浓度氨氮工业废水的可行性分析 [J].环境科学学报，2013，33 (9)：2359-2368.

[30] 孙洪伟，王淑莹，时晓宁，等.序批式膜反应器处理高氨氮渗滤液同步硝化反硝化特性 [J].环境化学，2010，29 (2)：271-276.

[31] 祝丽思，完颜华，周国华.同时硝化反硝化（SND）脱氮技术 [J].云南环境科学，2006，25 (4)：31-33.

[32] Jiang Y，Pétrier C，Waite T D. Kinetics and mechanisms of ultrasonic degradation of volatile chlorinated aromatics in aqueous solutions [J]. Ultrasonics Sonochemistry，2002，9 (6)：317-323.

[33] 徐晓鸣，王有乐，李焱.超声吹脱处理氨氮废水工艺条件的试验研究 [J].兰州理工大学学报，2006，32 (3)：67-69.

[34] 彭人勇，陈康康，李艳琳.超声吹脱去除氨氮的机理和动力学研究 [J].环境工程学报，2010，4 (12)：2811-2814.

[35] 杨晓奕，蒋展鹏，潘成峰.膜法处理高浓度氨氮废水的研究 [J].水处理技术，2003，29 (2)：85-88.

[36] 吴丹，孙微微，栾浩.聚丙烯中空纤维膜法处理含氰含氨废水的研究 [J].辽宁化工，2013，42 (6)：738-740.

[37] 刘国跃，王昶昊，施云海，等.化学沉淀法处理高浓度氨氮废水的实验研究 [J].石油化工技术与经济，2013，29 (6)：31-35.

[38] 兰天翔，吴先威，王燕，等.甲醇与合成氨工业废水的处理工程实践 [J].中国给水排水，2019，35 (22)：108-112.

[39] 王晓伟，姜春东，党康飞，等.A/O＋BAF工艺在煤化工综合废水处理中的应用 [J].工业水处

理，2020，40（8）：109-111.

［40］　吕鸿雁.A/O法在合成氨工业终端废水处理中应用实例［J］.黑龙江环境通报，2011，35（3）：56-58.

［41］　杨磊.分段进水多级 A/O 工艺用于处理合成氨废水［J］.中国给水排水，2017，33（12）：105-107.

［42］　李士安，吕峰，王知强.A/O-MBR复合生物脱氮工艺在合成氨废水处理中的应用［J］.工业水处理，2009，29（5）：79-81.

［43］　冯素敏，曹树余，秦晓玲.CASS+BAF工艺在合成氨废水处理中的应用［J］.河北科技大学学报，2013，34（3）：247-252.

［44］　郭士元.SBR-BAF组合工艺处理合成氨尿素生产废水［J］.工业用水与废水，2018，49（5）：67-70.

［45］　刘伟，李小利，高秀丽.MAP-A/O工艺处理合成氨废水的工程实践［J］.水处理技术，2012，38（7）：133-135.

［46］　王晓华.IMC生化工艺在合成氨废水处理中的应用［J］.安徽化工，2014，40（2）：69-70.

［47］　林莞侦，田伟.合成氨废水处理工艺设计［J］.贵州化工，2010，35（2）：52-54.

［48］　黄天寅，刘峰，王传琦，等.SBR工艺处理合成氨废水的中试研究［J］.排灌机械工程学报，2014，32（6）：517-522.

［49］　李伟峰.改良SBR工艺在煤化工废水处理工程中的应用［J］.2017（36）：87-88.

［50］　张艳.合成氨废水处理工程实例［J］.广东化工，2018，45（11）：215-216.

［51］　王传琦，黄天寅，盛国平.物化-A/O组合工艺处理合成氨生产废水工程实例［J］.给水排水，2012，38（7）：52-54.

［52］　谢四清.EM-BAF技术在化肥废水处理中的应用［J］.低碳世界，2014（3）：3-5.

4

煤制甲醇废水处理技术

4.1

概述

甲醇是结构简单的饱和一元醇有机化合物。结构简式为 CH_3OH，分子量为 32.04。成品由氢气和一氧化碳反应制成。

甲醇广泛应用于精细化工、塑料等领域，用来制造甲醛、醋酸、氯甲烷、甲胺、硫酸二甲酯等多种有机产品，也是农药、医药的重要原料之一。

甲醇还是一种比乙醇更好的溶剂，可以溶解许多无机盐；可掺入汽油替代燃料使用。甲醇不仅是重要的化工原料，而且还是性能优良的能源和车用燃料。甲醇与异丁烯反应得到甲基叔丁基醚，可用作溶剂，也是高辛烷值无铅汽油的添加剂。除此之外，还可制烯烃和丙烯，解决资源短缺问题。随着能源结构的改变，甲醇的需求量越来越大，有望成为未来主要燃料之一。

甲醇是无色透明有酒精气味容易挥发的可燃有毒有害液体。熔点 $-97.8℃$、沸点 $64.7℃$、密度 $0.792g/cm^3$（20℃）、能溶于水和许多有机溶剂。甲醇易燃，其蒸气与空气能形成爆炸混合物，甲醇完全燃烧生成二氧化碳和水蒸气，属于甲类可燃液体。当条件达到 $370\sim420℃$ 时，甲醇可以发生氨化反应。

截至 2020 年底，中国甲醇总产能大约为 9500 万吨，与 2019 年相比产能增加了约 6.7%；截至 2021 年 11 月份，我国的甲醇产能为 9690 万吨。

4.1.1 煤制甲醇工艺简介

经过煤气化、脱硫、变换、脱碳、合成精馏等工序制得甲醇。粗甲醇的净化过程包括精馏和化学处理。化学处理主要用碱破坏在精馏过程中难以分离的杂质，并调节酸碱度；精馏主要是脱除易挥发组分二甲醚，以及难挥发组分乙醇、高碳醇等。煤制甲醇生产工艺过程如图 4-1 所示。

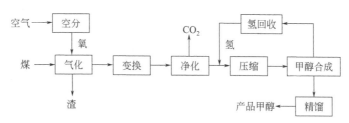

图 4-1　煤制甲醇生产工艺过程

4.1.2　甲醇废水的来源和特点

4.1.2.1　甲醇废水的来源

煤制甲醇生产过程中的废水主要来源于：煤气化废水、低温甲醇洗废水、甲醇废水等。

废水特点：氰化物、氨氮质量浓度均很高。在处理这类废水时应考虑分质收集和分类预处理。预处理装置放在生产车间一级排放口是比较经济和可控性较好的做法，完成一级预处理以后，废水再汇集送往废水处理站集中处理。甲醇生产废水的水质基本情况如表 4-1 所示。

表 4-1　甲醇生产废水水质

序号	排放源	水质/(mg/L)					
		CN^-	BOD_5	SS	COD_{Cr}	$NH_3\text{-}N$	磷酸盐
1	煤气化废水	35	200	50	300	200	—
2	低温甲醇洗	100	600	—	1000	50	—
3	甲醇污水	—	—	—	450mg/L	—	—
4	生活污水	—	200	150	400	30	3

4.1.2.2　甲醇废水的特点和处理难点

随着煤制甲醇生产工业的快速发展，甲醇生产废水的处理显得日益重要。其特点如下：

① 水质水量变化大。由于生产事故和开停车等原因，大量高浊度、高浓度的洗煤废水也排放到了废水处理系统。甲醇精馏残液呈强碱性，在进入废水处理站时应考虑酸碱废水对冲或调整好 pH 值，避免生化处理系统受到碱性废水的冲击。

② 粉煤灰含量高。气化废水含有较高浓度的粉煤灰，通常 SS 在 250mg/L 左右，当水质不稳定时可高达 500mg/L 以上。

③ 氨氮含量高。废水的氨氮平均浓度约 160mg/L。

④ 碳氮比失调。废水的 COD_{Cr} 平均浓度约 320mg/L，废水的碳氮比约 2：1，极限比值可以达到 1：1，碳氮比严重失调。

从上述甲醇生产废水的特点了解到，此类废水的处理存在以下难点：

① 粉煤灰对处理此类废水的影响。水煤浆气化过程中，产生的大量高浊度、高浓度洗煤废水间断地排入废水处理系统。必须在此设置加药、沉淀装置通过液固分离工艺去除粉煤灰。如果不在此进行强力的干预而让大量的煤泥带入系统，将严重影响整个废水处理系统的正常运行。

② 氨氮含量高，碳氮比值失调。煤气化废水的氨氮平均浓度约 160mg/L，COD_{Cr} 平均浓度约 320mg/L，碳氮比值约 2：1，极限比值可以达到 1：1，而利用微生物降解废水中污染物所需要的最佳比值是 BOD_5：N：P＝100：5：1（质量比），废水处理工程经验数据通常选择碳：氮约等于 4：1。

③ 处理成本较高。高氨氮、碳氮比失调的废水性质，决定了反硝化阶段必须外加有机碳以保证生物脱氮的顺利进行。通常在甲醇废水处理设计时，选用本厂粗甲醇为外加有机碳源。由工程实践可知，处理甲醇废水的主要费用除了动力消耗，在硝化反硝化段的调碱和补充碳源费用占用了很大一部分运行成本。

4.2
煤制甲醇废水处理工艺简介

在我国已建成投运的甲醇废水处理系统占主导地位的是生物法、化学法处理甲醇废水，其次是物理法处理甲醇废水。最常用的甲醇废水处理方法有：物理法、化学法、生物法等。

4.2.1 物理法

甲醇废水常见的物理处理方法有汽提法、萃取法、吸附法、汽化法、焚烧法、膜过滤技术等，下文简要介绍一下汽提法、焚烧法和吸附法。

（1）汽提法

汽提法是利用甲醇不与水形成恒沸混合物这一特点，故可以用分馏方法将甲醇从废水中抽提出来回用。

汽提法是利用醇类与水的沸点差异特点，向汽化废水中提供热源将低沸点有机物分离出来输入造气炉，达到了化废为宝而且还能为造气炉提供热能的目的。国内有几家企业采用汽提法处理甲醇废水，都收到了良好的经济与环保效益。

汽提法的有价值目标是中、高浓度或者有回收价值的甲醇废水。汽提法工艺过程如图 4-2 所示。

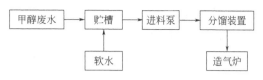

图 4-2　汽提法工艺过程

（2）焚烧法

焚烧法具有污染小、不产生二次污染的优点。杨仕承等将从甲醇生产主精馏塔和侧精馏塔排出的残液（含 3% 甲醇）送入造气炉燃烧，在造气炉外排风口进行了多次采样检测分析，测得的甲醇浓度为 <7mg/L，对大气环境没有造成二次污染。

焚烧法是消除甲醇废水对水体环境影响最彻底的方法，但是它与分馏以后的燃烧法比较，处理成本较高。处理小水量还是可以考虑的，水量大的话就要充分考虑处理成本，一般不建议采用焚烧法。

（3）吸附法

吸附法是利用铝酸盐、硅酸盐和碱土金属盐溶液混合，得到质量比（M_1O：M_2O_2：Al_2O_3）为(0.5～10)：(0～1)：1 的物质（其中 M_1 和 M_2 表示金属离子），该物质可作为甲醇的吸附剂，其吸附性能优于活性炭。

4.2.2　化学法

湿式氧化法、空气催化氧化法、化学氧化法和电解氧化法都对甲醇废水有很好的处理效果。

以湿式氧化法为例，当甲醇废水 COD_{Cr} 浓度在 6000mg/L 左右时，采用湿式氧化法处理，甲醇废水的 COD_{Cr} 去除率约为 77%。如果采用高级氧化加催化剂方法，COD_{Cr} 去除率可达到 80% 以上。

4.2.3　生物法

以有机物为主要污染物的废水，只要毒性没达到严重抑制微生物生命活动的程度，通常都可以采用生物法处理。选择生物法的一个重要原因是生物降解有机物的能力非常强，而且性价比优良，在废水处理的各个领域都有成功应用实例，已经积累了丰富的运行管理经验。目前，国内外对甲醇废水的生物处理方法主要有活性污泥法、UASB 工艺、A/O 工艺、氧化沟工艺、生物流化床、生物活性炭（PACT）、固定化细胞床等技术。

4.2.3.1　好氧生物处理法

好氧生物处理法主要包括 SBR 法、氧化沟法、生物流化床工艺等。

（1）SBR 法

该法是以时间分割运行方式替代空间分割运行方式，运行工况为序批操作。SBR

池的各个操作步骤由自动控制来实现，可以灵活地进行进水、厌氧、亏氧、好氧、静沉、滗水各步骤的自由组合，人为控制的调控弹性优于其他水处理系统。

SBR 是在同一个反应器内通过控制溶氧来实现硝化与反硝化，在成熟的 SBR 系统内 NH_3-N 去除率可以达到 97% 以上，COD_{Cr} 去除率也能达到 90% 以上。从国内现有正常投运的废水处理系统的运行效果和系统稳定性两项指标考量，SBR 工艺处理煤制甲醇废水有很好的实用性和推广价值。SBR 工艺处理煤制甲醇废水工艺过程如图 4-3 所示。

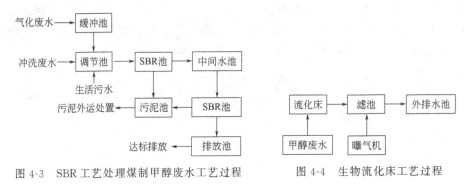

图 4-3　SBR 工艺处理煤制甲醇废水工艺过程　　　图 4-4　生物流化床工艺过程

（2）氧化沟法

氧化沟工艺是一种廊道式改良型活性污泥法，该工艺多数具有延时曝气特点，活性污泥的生命周期可以控制在半衰退期。具有污染物分解彻底、剩余污泥产量少和处理系统的出水指标达标率较高的优点。

缺点是处理系统造价高、占地面积大和动力消耗较大。一般水力停留时间在 24～40h，泥龄＞10d，有机负荷较低。

（3）生物流化床工艺

生物流化床工艺选用一种新型材料作为生物载体，使之在床内与液体和空气形成三相流化，工艺过程如图 4-4 所示。它与其他的生物好氧工艺比较：处理负荷高，去除效率高。

某化肥厂采用好氧生物流化床处理甲醇废水，进水 COD_{Cr} 为 7000～8000mg/L，处理后 COD_{Cr} 在 700mg/L 左右，COD_{Cr} 去除率达到 90% 以上。

4.2.3.2　厌氧生物处理法

厌氧生物处理法主要包括 UASB、EGSB、IC 和两相厌氧工艺等几种处理工艺。

（1）UASB 工艺

运用厌氧生物法处理甲醇废水最大的特点是能处理甲醇生产过程中产生的高浓度废水（如事故泄漏废水、检修废水等），这也是该工艺的最大优势，但缺点是因处理废水中的污染物浓度较高，处理后出水往往需用其他方法再作进一步的深度处理，才能达到排放要求，而对于较低浓度、易生化处理、小水量的废水（如生活污水），厌氧生物处理工艺就不适合。目前较为典型的工艺为使用升流式厌氧反应器，其工艺过程如图 4-5 所示。

UASB 反应器具有进水分布均匀、生物污泥和废水混合充分、容积负荷高、处理能

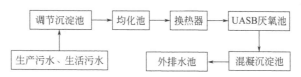

图 4-5　UASB 处理甲醇废水的工艺过程

力大、单元设备构造简单、污染物去除效率高等优点。缺点是受厌氧发酵中甲烷化过程特性的制约，通常都达不到排放标准。即使 COD_{Cr} 去除率高达 98%，出水 COD_{Cr} 也很难达到 100mg/L 左右。所以在厌氧处理装置的出口处还应设置服务于排放水标准的处理设施，以保证出水达标。

孟卓等的研究结果表明，在容积负荷 18kg COD_{Cr}/(m^3·d)、污泥负荷 1.098kg COD_{Cr}/(kg VSS·d) 的条件下，UASB 的 COD_{Cr} 去除率在 90% 以上。而且在运行过程中还证实了甲醇是以直接还原成甲烷为主要降解途径，先转化为乙酸再转化为甲烷并不是它的主要降解途径。

另外也有研究不做任何预处理，采用 UASB 直接处理甲醇废水。具体的工艺条件为：运行废水的温度 36℃±1℃、废水 pH 8.5、进水 COD_{Cr} 10000～53000mg/L、水力停留时间 13～47h。当容积负荷为 8～24kg COD_{Cr}/(m^3·d) 时，去除率维持在约 98%。但当容积负荷升高到 28kg COD_{Cr}/(m^3·d) 后，去除率下降并伴有大量泡沫，导致实验无法继续进行。

事后重新把实验装置恢复运行，把容积负荷控制在 22kg COD_{Cr}/(m^3·d) 以下，COD_{Cr} 去除率可稳定维持在 80% 以上。

（2）两相厌氧工艺

周雪飞等将一体化两相 UASB 反应器用于某化工厂高浓度甲醇有机废水处理，容积负荷达到 6.0～11.0kg COD_{Cr}/(m^3·d)，进水 COD_{Cr} 为 6000mg/L。在试运行过程中进水负荷波幅较大，系统出水的 COD_{Cr} 仍能维持在 400mg/L 以下，COD_{Cr} 去除率达到 93.3%。运行效果证实该装置具有去除效率高、抗冲击负荷能力强、占地小、运行稳定等优点。

4.2.3.3　厌氧+好氧组合处理工艺

厌氧与好氧联合生物处理法是深度处理高浓度有机废水的生化处理工艺，其典型的工艺过程如图 4-6 所示。

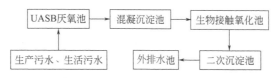

图 4-6　厌氧＋好氧组合工艺处理甲醇废水工艺过程

厌氧＋好氧组合工艺处理甲醇废水的优点主要表现在：该组合工艺既发挥了厌氧生化能处理高浓度有机废水的优点，又避免了生物接触氧化法抗冲击负荷能力较弱的缺点。

毕玉燕采用厌氧＋好氧组合工艺处理 COD_{Cr} 10000mg/L 的高浓度甲醇废水，BOD_5/COD_{Cr} 为 0.6。试验结果为厌氧池负荷：15.4kg COD_{Cr}/(m^3/d) 时，出水 COD_{Cr} 稳定在 <140mg/L。

某甲醇厂采用厌氧＋缺氧＋好氧＋深度处理曝气池＋活性炭滤池工艺处理甲醇废水，进水 COD_{Cr} 200～450mg/L，处理水量 150t/d，处理后出水 COD_{Cr} <20mg/L，BOD_5 10mg/L。邱艳华采用 UASB＋SBR 工艺处理某化工厂的甲醇、甲胺废水，进水 COD_{Cr} 700～2000mg/L、BOD_5/COD_{Cr} 0.64、处理水量 3.5t/d、UASB 水力停留时间 24h，SBR 运行周期为 12h 一个批次，处理后出水 COD_{Cr} <100mg/L。

4.2.4 处理方法优缺点比较

物理法处理甲醇废水的优缺点比较见表 4-2；化学法处理甲醇废水的优缺点比较见表 4-3；生物法处理甲醇废水的优缺点比较见表 4-4。

表 4-2　物理法优缺点比较

物理法	COD_{Cr} 去除率/%	优点	缺点
汽提法	70～80	既能处理废水又能回收原料	1. 对碳钢设备有很强的腐蚀性； 2. 多组分甲醇废水气化条件不同影响造气质量； 3. 存在二次污染风险
焚烧法	99	不产生二次污染	1. 处理成本很高； 2. 处理小水量是可行的，由于处理成本很高，不适用大水量

表 4-3　化学法优缺点比较

化学法	COD_{Cr} 去除率/%	优点	缺点
湿式氧化法	77	高效、节能、无二次污染	投资、运行费用较高
化学氧化法	85	能够氧化分解有毒有害物质和二级生化出水中的残余难降解物质	成本高昂，应用范围受到限制

表 4-4　生物法优缺点比较

生物法	COD_{Cr} 去除率/%	优点	缺点
SBR	90	在同一个反应器内实现硝化反硝化，NH_3-N 去除率可以达到 97%	1. 自控要求高； 2. 在相同容积的条件下，处理能力较低
UASB	80～90	1. 容积负荷约 10kg COD/(m^3/d)，处理效率高； 2. 无须搅拌设备，沼气的上升运动带动污泥处于悬浮状态，对下部的污泥床也有搅动作用	1. 对反应温度要求苛刻，增加能耗； 2. 含硫化合物影响系统正常运行

由表 4-2～表 4-4 可以看出，物理法存在设备腐蚀、二次污染风险，不适用于处理大水量。化学法处理效果良好，但是费用很高，能耗大，需要投入大量的运行费用。生物法处理效果好，操作、维护简单，运行费用较低。

4.3
煤制甲醇废水处理工程实例

4.3.1 SBR 工艺

4.3.1.1 均质调节+高效澄清+SBR 工艺

尹翠霞等对采用"均质调节＋高效澄清＋SBR"组合工艺处理煤制甲醇及系列深加工生产废水的实际运行效果作了总结。

（1）甲醇废水的组成和特点

该项目以矿区井田煤为原料，水煤浆加压气化制备粗合成气，经过煤气化、脱硫、变换、脱碳、合成精馏等工序制得甲醇。然后再通过化工反应装置生成乙烯、丙烯，再经过聚合工艺生成聚乙烯、聚丙烯产品。

整套甲醇生产装置在生产过程的各个环节都有废水排出，另外还有生产场地冲洗水和生活污水，这三大类是甲醇生产制造过程的主要废水来源。

废水的主要污染物是氨氮和 COD_{Cr}，它们的浓度均值分别达到 300mg/L 和 1300mg/L 左右。水质特点是以无机氨、悬浮物为主，含甲酸居多，可生化性好。

现有废水处理站设计处理能力 $Q = 15600m^3/d$，由于企业排产受各种因素的影响不是很稳定，导致水质变化较大，设计采用的进水水质指标为各股废水排入废水调节池均质后的水质水量。废水站进水、出水水质见表 4-5。

表 4-5 废水进水、出水水质

序号	水质指标名称/(mg/L)	进水水质	排水水质
1	COD_{Cr}	1300	≤60
2	BOD_5	600	≤10
3	NH_3-N	300	≤10
4	SS	100	≤70
5	pH 值	6～9	6～9

（2）废水处理工艺过程

各股废水主要以甲酸、醇类、酸类、醚类、酚类等有机物组成，B/C 值约 0.45，废水可生化性较好，但是氨氮浓度很高。根据废水特点和同类项目的工程经验，采用以下工艺处理混合废水，排放水水质达到《污水综合排放标准》（GB 8978—1996）之中的一级标准。处理工艺过程见图 4-7。

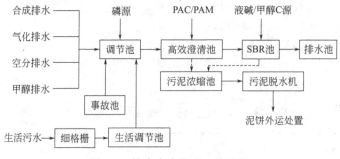

图 4-7　综合废水处理工艺过程

（3）废水处理系统主要构筑物和设备配置

① 预处理部分。

构筑物名称	有效容积/m³	HRT/h	表面负荷/[m³/(m²/h)]	说明
生产废水调节池	15600	—	—	1 座
生活污水调节池	240	8	—	1 座
高效澄清池	993（单座）	1.5	2.0	2 座

② 生化处理部分。

构筑物名称	有效容积/m³	HRT/h	说明
SBR 反应池	7463（单座）	—	1. 8 座； 2. 滗水高度为 0.7m； 3. MLSS：4000mg/L； 4. 污泥负荷：0.045kgBOD₅/（kg MLSS/d）、0.022kg NH₃-N/（kg MLSS/d）
中间水池	500（单座）	0.75	2 座

③ 污泥处理部分。

构筑物名称	有效容积/m³	处理能力/(m³/h)	说明
污泥浓缩池	450	—	1 座
离心脱水机	—	25 单台	2 台

（4）实际启动及运行情况

① SBR 反应池启动。启动初期污泥取自相邻同类型煤化工废水处理厂生化沉淀池污泥。SBR 运行一个周期为 12h。进水 1.5h＋搅拌、曝气 3h＋搅拌 1.5h＋曝气 2h＋搅拌 2h＋沉淀滗水 2h。当污泥浓度达到 4000mg/L 时，逐步增加进入 SBR 池的工业废水量，对 SBR 池内的微生物进行定向驯化。系统稳定以后单套 SBR 的运行周期调整为8h，其中进水为 1h，同时用循环水泵搅拌。SBR 采用三级缺/好氧交替运行，一个序批

次的运行步骤：进水、搅拌 1h＋曝气 2h＋搅拌 1.5h＋曝气 1.5h＋搅拌 30min＋曝气 30min，最后沉淀滗水 1h。

② 运行参数。生产装置排出的所有废水在调节池内混合均质，然后用泵打入 SBR 池，逐步提升工业废水处理量，直至处理 100％工业废水试运行一周后开始正式运行。

在 SBR 池生物氧化供氧时间段 DO 控制在 4mg/L，MLSS 控制在 4500～5500mg/L，pH 值为 6.8～8.2。由于煤制甲醇生产工艺很难做到均值均量排放废水，导致 SBR 池在运行初期的 130d 中，进水 COD_{Cr} 在 780～2300mg/L 之间波动，平均 COD_{Cr} 值为 1600mg/L，来水平均 COD_{Cr} 高于设计取值。原废水 COD_{Cr} 高的原因是产线正处于调试运行阶段，工况不稳定导致排水污染物浓度较高。此阶段 SBR 出水 COD_{Cr} 浓度为 30～70mg/L，平均浓度为 50mg/L，低于排放标准。COD_{Cr} 去除率平均值达到 96.88％。

SBR 初期运行过程中由于来水波动较大，SBR 进出水 COD_{Cr} 波动也较大，而去除率都能达到 90％以上，说明 SBR 具有较强的耐冲击能力。

废水中的氨氮主要来自气化装置出水，氨氮的极限浓度约 820mg/L。SBR 采取多级缺、好氧交替运行方式，好氧阶段发生硝化反应，缺氧阶段发生反硝化反应，氮由液相逸出以氮气的形式去除。

运行中影响 SBR 反应池去除氨氮效果的有进水 COD_{Cr} 和氨氮负荷、HRT、SRT、DO 等因素。SBR 曝气阶段控制 DO 在 4mg/L，MLSS 在 5000mg/L，pH 值在 7～8。为了在反硝化段提供电子供体以及微生物合成细胞需要的碳源，运行时向系统投加含量 98％的甲醇 $500g/(m^3 \cdot d)$，提高活性污泥的反硝化效率。

好氧阶段向 SBR 投加 30％液碱调整碱度，维持 pH 值在 7～8 之间。实际进水氨氮为 40.0～240mg/L，平均值为 170.0mg/L。

在初期运行的 40d 中出水氨氮波动较大，最高值 30mg/L，最低值 1mg/L。在后续运行的 250d 中，出水氨氮为 0.2～10.0mg/L，平均值为 2.0mg/L，达到了设计标准（10mg/L）。氨氮去除率为 80％～99.5％，平均去除率为 98％。

（5）运行效果

① 一年多的运行实践说明，采用预处理＋SBR 生物反应处理工艺能有效去除高氨氮煤制甲醇及深加工废水中的各种污染物，处理工艺是合理、可行的。

② 经过预处理＋SBR 生物反应系统处理以后的排放水 COD_{Cr} 平均浓度约为 50mg/L，氨氮平均浓度约 2.0mg/L，去除率分别达到了 97％和 98％，排放水的 COD_{Cr}、氨氮浓度均已达到了设计标准。

4.3.1.2 物化+SBR 工艺

某煤化工企业依托相邻的优质煤矿资源，生产高纯度甲醇。该企业针对废水特点，选择物化＋SBR 组合工艺处理甲醇废水。建成后的投运效果良好，排放水各项指标均达到《污水综合排放标准》（GB 8978—1996）二级排放标准，并通过了"三同时"验收。

（1）原废水的水质水量

该企业在水煤浆气化过程中生产大量工艺废水，少量精馏残液是在甲醇三塔精馏过程中产生的。废水的 BOD_5/COD_{Cr} 约 0.4，可生化性较好。但是煤制甲醇废水有个共同的特点就是高氨氮低碳源，并且 Ca^{2+}、SS 浓度高，水质水量变化幅度较大。另外还有小流量低浓度的地面、设备冲洗水和生活污水。这股低浓度废水经过格栅井隔离杂物以后进入废水处理系统。原废水水质和排放标准见表 4-6，废水处理系统的处理规模为 1250m^3/d，生产废水 45m^3/h，低浓度污水 7m^3/h。

表 4-6 原废水水质和排放标准

项目	COD_{Cr}/(mg/L)	BOD_5/(mg/L)	NH_3-N/(mg/L)	SS/(mg/L)	Ca^{2+}/(mg/L)	pH 值
进水水质	460	180	200	300	235	8.0
排放标准	150	30	25	150	200	6~9

（2）废水处理工艺过程

废水处理工艺过程见图 4-8。

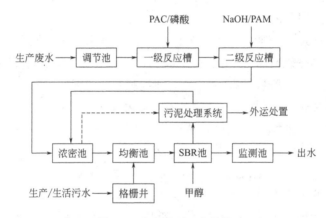

图 4-8 废水处理工艺过程

（3）废水处理系统的主要构筑物和设备配置

① 调节池。

构筑物名称	尺寸/m	有效容积/m^3	HRT/h	说明
调节池	12×8×4.7	420	9.0	1.半地下钢混结构； 2.穿孔管池底曝气搅拌

② 格栅井。

构筑物名称	尺寸/m	说明
格栅井	Φ3×2	1.地下钢混结构； 2.2台提升泵（1用1备）

③ 物化反应池。

构筑物名称	尺寸/m	有效容积/m³	HRT/h	说明
物化反应池	1.5×1.5×3.5(2座)	6.0	7.5	1.半地下钢混结构； 2.2台搅拌机

④ 浓密池。

构筑物名称	尺寸/m	有效容积/m³	HRT/h	说明
浓密池	Φ9×4	130	3	1.半地下钢混结构； 2.1台高效浓密机； 3.2台排泥泵(1用1备)

⑤ SBR池。

构筑物名称	尺寸/m	有效容积/m³	HRT/h	说明
SBR池	32×9×5.5 (2座)	1400	8 (1批次)	1.半地下钢混结构； 2.8台射流曝气器(每座1台备用)； 3.2台滗水器； 4.2台罗茨鼓风机(1用1备)； 5.2台潜水排泥泵

⑥ 监测池。

构筑物名称	尺寸/m	有效容积/m³	HRT/h	说明
监测池	6×3×4	55	—	半地下钢混结构

⑦ 污泥处理系统。

构筑物名称	尺寸/m	有效容积/m³	HRT/h	说明
污泥浓缩池	6×3×4	55	72	1.半地下钢混结构； 2.1台带式压滤机

（4）运行效果

① 物化处理。原废水的 SS 浓度在 250mg/L 左右，极端浓度可高达 500mg/L。投加 PAC 200mg/L，SS 可降到 100mg/L 以下；同时投加 PAM（阴）4mg/L，絮体逐渐增大，液固分离效果更好。处理后的出水 SS 在 80mg/L 以下。

原废水的钙浓度在 235mg/L 左右，投加磷酸 330mg/L，处理后出水 Ca^{2+} 小于 50mg/L，以保障后续生化处理不受钙离子的影响。投加磷酸带入了大量 H^+，pH 值降至 1 左右。为保证 SBR 池进水的 pH 值在 8～9，投加 NaOH 中和过量酸，投加量为 400mg/L 左右。

② 生化处理。接种菌种取自相邻生活污水处理厂含固率为 20% 的脱水泥饼，首先在菌种接种池内加入 2/5 池清水，再根据原废水的 BOD_5 浓度投配氮、磷，满足微生物生命活动所需的基本营养组分（BOD_5：N：P＝100：5：1）。采用曝气闷曝洗白、激活

菌胶团，24h后取样镜检观察，污泥呈褐色菌胶团状出现，此时开始投加混合废水，并不断提高进水负荷。

运行7d后镜检观察，褐色菌胶团结构疏密有致、外缘规整、折射性好。见附着型钟虫、少量轮虫等指标生物出现，氨氮去除率达60%左右。继续提高负荷运行14d后镜检观察，累枝虫、楯纤虫出现，氨氮去除率达75%。运行21d后镜检观察，指示生物的种类和数量已稳定，以附着型原生动物为主，氨氮去除率达到95%左右。

硝化菌以CO_2为碳源实现氨氮到硝酸氮的转化；反硝化菌以有机物为碳源实现硝态氮到气态氮的转化。

该废水为高氮低碳、碳氮比失调水质，因此在SBR工艺运行的反硝化期，投加粗甲醇补充碳源。在调试运行过程中，控制$COD_{Cr}/NH_3\text{-}N>4$时，可以把COD_{Cr}降到85mg/L左右，氨氮降到<10mg/L。

硝化反应是把氨氮大部分转换成中间产物硝酸盐和亚硝酸盐，这是一个使pH值呈左移趋势的过程。当pH<6或pH>9.6时，硝化反应将停止进行。反硝化在反应过程中会产生碱度使pH值略微上升。当pH<6.5或pH>9时，反应速率会很快下降。

硝化反应在好氧条件下进行，当DO<1mg/L时，硝化菌的生物代谢受到抑制；反硝化在缺氧条件下进行，DO上升反硝化菌的生物代谢受到抑制。硝化反应的DO浓度应控制在3mg/L左右，反硝化反应的DO浓度应控制在0.2~0.5mg/L之间。

（5）运行效果

废水处理站调试完毕投运后，各项出水指标均达到《污水综合排放标准》（GB 8978—1996）二级排放标准。各项指标见表4-7。

表 4-7　水质检测均值

项目	COD_{Cr}	BOD_5	$NH_3\text{-}N$	SS	pH值
进水/(mg/L)	500	180	130	250	8.3
出水/(mg/L)	40.0	5.4	5.5	32	7.5
去除率/%	92.0	97.0	96.0	87.2	—

4.3.1.3　预处理+SBR工艺

陕北某能化公司以当地优质煤炭为原料生产高纯度甲醇产品，该公司本着经济建设与环境保护共同和谐长效发展的原则，在建厂总体规划时同步配套建设了废水处理工程，确保生产项目投产后的生产、生活污水能够达标排放，使企业在经济效益与环境效益同步增长的同时实现可持续性发展。韩晓刚等对预处理+SBR工艺处理甲醇废水进行了系统总结。

（1）生产废水水质及排放限值

气化废水、初期雨水、其他生产废水和生活污水是甲醇生产企业废水的主要来源，$NH_3\text{-}N$、COD_{Cr}、BOD_5等是主要的污染因子。采样检测混合废水的BOD_5/COD_{Cr}值>0.4、$BOD_5/NH_3\text{-}N$值仅有1.1，虽然可生化性较好，但是缺乏足够的碳源。低温甲醇洗生产废水、硫回收装置排出的废水中氰化物、硫化氢水量不大但是浓度较高，所以这股废水需要分质收集、分类预处理以后才能进入 SBR 反应器。废水经过全流程处理以后达到污水综合排放（GB 8978—1996）中的一级标准再排入相邻的自然水体。废水处理系统的原废水进水水质和排放标准如表 4-8 所示。

表 4-8　生产废水进水水质及排放标准

项目	COD$_{Cr}$/(mg/L)	BOD$_5$/(mg/L)	pH 值	氨氮/(mg/L)	硫化氢/(mg/L)	氰化物/(mg/L)
进水水质	720	348	7~9	306	48	7.2
排放标准	100	30	6~9	15	1.0	0.5

（2）甲醇废水处理工艺过程

依据前期对企业开展的水污染点源、水质检测和排放规律相关的污染源本底调查报告，并与企业工程师进行了多次技术交流和澄清后，决定采用物化预处理＋SBR 工艺处理该企业的生产废水和生活污水。含硫废水和含氰废水分别采用空气氧化和次氯酸钠破氰预处理工艺，把这两股废水的毒性降低以后再与其他生产、生活污水汇集，在调节池 2 进行均值均量后送入 SBR 池进行生化处理，废水处理工艺全过程见图 4-9。

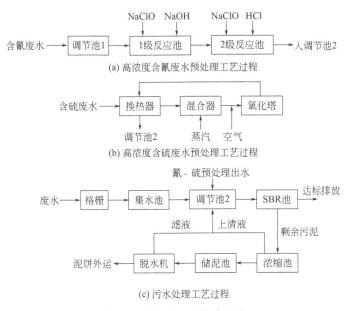

(a) 高浓度含氰废水预处理工艺过程

(b) 高浓度含硫废水预处理工艺过程

(c) 污水处理工艺过程

图 4-9　废水处理工艺全过程

采用二级破氰工艺处理含氰废水：在碱性条件下（pH≥10）加入次氯酸钠，先把废水中的氰化物氧化为氰酸盐，之后把 pH 值调整到 7.5~9.0，并且维持在化学氧化的条件下把氰酸盐进一步氧化，改变了废水特性和降低了毒性。

采用空气氧化工艺处理含硫废水：空气氧化是利用空气中的氧气对含硫废水中的硫化物进行氧化形成硫酸盐，硫酸盐呈溶解状态，可以通过后续的处理工艺去除，而生成硫酸盐以后的废水毒性也降低了。

处理全过程简述：生产、生活废水首先经过格栅去除块状杂物，然后自流进入废水收集池，用提升泵把集水池废水打到调节池2，进入调节池2以后先由前置的初沉池去除无机杂质，在此还设置跌水和空气搅拌物理降低水温。在调节池2废水得到混合均质，然后根据需要均量送入SBR池。SBR池按照设定好的"进水、曝气、搅拌、沉淀、滗水"工作周期自动运行，通过微生物的生命活动降解废水中的各种污染物。

SBR池由滗水器周期性排出达标废水，由设置好的管路排入天然水体。

调节池中的无机污泥和SBR池的剩余污泥定期打入污泥处理系统进行浓缩脱水减量化处理，压滤液和污泥浓缩池上清液回流至调节池2进行下一个批次的再处理。

（3）废水处理系统的主要构筑物和设备配置

① 预处理调节池。

构筑物名称	尺寸/m	有效容积/m³	HRT/h	说明
含硫废水调节池	1.4×1.5×4.0	7.3	3.6	全地上钢混结构
含氰废水调节池	1.4×7.5×4.0	36.7	3.6	内衬玻璃钢防腐

② 集水池。

构筑物名称	尺寸/m	有效容积/m³	HRT/h	说明
集水池	3.6×11×8.5	120	1	全地下钢混结构

③ 调节池2。

构筑物名称	尺寸/m	有效容积/m³	HRT/h	说明
调节池2	36×11×4.0	1200	8	1.全地下钢混结构； 2.前端设置沉砂区； 3.池底曝气搅拌

④ SBR池。

构筑物名称	筑物尺寸/m	有效容积/m³	HRT/h	说明
SBR池	40×18×6.0 （单座）	3600	6	1.半地上钢混结构； 2.三座SBR交替运行； 3.每池有射流曝气器8台； 4.每池安装循环泵8台； 5.每池安装滗水器1台,剩余污泥泵1台； 6.设置离心鼓风机1台

⑤ 生化段加药装置。

加药系统名称	数量/个	配药罐规格/m	说明
甲醇加药装置	1	Φ2.0×2.4	1.加药桶材质为PE； 2.加药泵2台(1用1备)
氢氧化钠加药装置	1	Φ2.0×2.4	1.加药桶材质为碳钢； 2.加药泵2台(1用1备)

⑥ 污泥处理系统。

构筑物名称	尺寸/m	有效容积/m³	HRT/h	说明
污泥浓缩池	5.5×5.5×4.0	110	—	1. 半地上钢混结构； 2. 底部污泥排入储泥池，上清液回流到调节池2
储泥池	3.5×2.5×4.0	23	—	1. 半地上钢混结构； 2. 底部穿孔管空气搅拌； 3. 污泥泵2台(1用1备)
带式脱水机	—	—	—	1. 带式脱水机1台； 2. 污泥输送机1台； 3. 污泥调质罐1套

（4）工艺调试

联动调试：即确认水泵、风机、曝气器等设备技术参数是否符合质保书说明和工艺操作维护保养需要，包括自控和手动控制等。

设施调试：包括管道、阀门渗漏水、漏气情况、开闭性。

系统调试：包括各种水路管阀件、压缩空气或其他气路管阀件、强弱电和自控、污泥处理系统运行控制是否达到设计要求。

生化调试：SBR是一种改良型的活性污泥法工艺，它集好氧、亏氧、静沉、滗水于一体，可以根据原废水的水质和产水量自由调整、组合进水、曝气，亏氧静沉、滗水和剩余污泥排出交替运行，具有自动化程度高、设备简单维护简单、运行步骤灵活多样、耐受冲击负荷能力强、氨氮和COD_{Cr}去除率高等特点。

采用接种邻近市政污水厂SBR生化池的脱水泥饼来加速培养驯化微生物，由于废水BOD_5/NH_3-N约为1:1并且还缺乏磷源，所以在添加N、P源时应尽量考虑C:N:P=100:5:1。该企业添加的碳源取自生产工艺排出的废甲醇，取得了很好的环保效益和经济效益。

在调试初期控制COD_{Cr}和氨氮质量浓度为4:1，保证BOD_5:N:P=100:5:1，当MLSS增长到2000mg/L时，逐步增加碳氮磷负荷。在整个调试过程中，要循序渐进地提升负荷，随着菌胶团的形成壮大和指示生物种类、数量的增加，系统运行趋于稳定。增加负荷的主要考量指标是出水COD_{Cr}，从调试初期的小流量直至达到设计满负荷。

工艺调试效果：产线采用德士古气化生产工艺，该工艺产生的废水COD_{Cr}较低，污染因子主要有COD_{Cr}和氨氮，特别是原废水氨氮浓度相对较高，排放标准要求高，是调试运行过程中的难点。调试过程中系统对COD_{Cr}和氨氮的去除效果如图4-10和图4-11所示。

从图4-10和图4-11中可以看出，系统对COD_{Cr}和氨氮的去除率比较稳定，平均去除率都达到了90%，出水最大值分别为98mg/L和13mg/L，符合《污水综合排放标准》（GB 8978—1996）中一级标准的要求。此外，经过预处理以后其他主要污染指标也达到了《污水综合排放标准》（GB 8978—1996）中一级标准的要求。

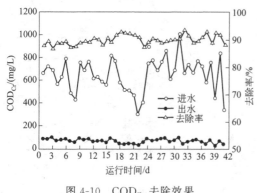

图 4-10 CODCr 去除效果

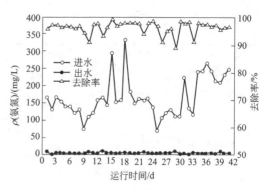

图 4-11 氨氮去除效果

（5）运行效果

① 预处理＋SBR 工艺对甲醇废水具有较高的去除效率，COD_{Cr}、氨氮平均去除率均已达到 90%，符合《污水综合排放标准》（GB 8978—1996）中一级标准的要求，是一种操作简单、工艺科学合理的甲醇废水处理工艺。

② 废水中含有氰化物、硫化氢等，设置预处理单元有针对性地处理有毒有害物质，降低或减少毒性对后续生化单元的影响。

③ 在工艺调试初级阶段，要严格控制有机负荷，当出水 COD_{Cr}、氨氮浓度稳定以后，可以逐步提高进水负荷，提升负荷的节奏控制受制于排放水的达标率。针对甲醇废水 $BOD_5/NH_3\text{-}N$ 比值较低的特点，补充碳源是必需的保障措施。由于该项目正好有残品甲醇作为补充碳源，既解决了碳源不足的问题，又可使生产废料得到充分利用，降低了运行费用，并取得了较好的环境效益。

4.3.1.4 预处理+SBR+BAF+过滤工艺

某煤化工企业主要经营煤制甲醇及下游产品开发、生产与销售，现有年产 30 万吨煤制甲醇和甲醇深加工能力，主要生产甲醇、二甲醚、脲醛树脂等产品。

生产废水主要来自造气工段、变换工段、硫回收、生产冲洗、分析化验、生活污水等。张刚等对采用预处理＋SBR＋BAF＋过滤工艺处理甲醇废水进行了技术总结。

（1）废水水质及回用水标准

废水产生量约 $100m^3/h$，废水处理系统能力按 1.2 系数考虑，则废水处理站能力为 $120m^3/h$。经过废水站处理以后的出水不排放全部作为回用水在企业内循环使用。水质要达到《城镇污水处理厂污染物排放标准》（GB 18918—2002）的一级 A 标准。废水处理系统的进出水水质指标见表 4-9。

表 4-9　生产废水进出水水质指标

项目名称	pH 值	COD_{Cr}/(mg/L)	BOD_5/(mg/L)	$NH_3\text{-}N$/(mg/L)	SS/(mg/L)
进水水质	6～9	≤1000	≤350	≤300	≤200
出水水质	6～9	≤50	≤10	≤5	≤10

（2）废水处理工艺过程

该项目的含氰、含硫废水在车间内部分质收集，分别进行预处理后再送入废水处理站，与其他污水、废水混合以后进行生化处理。废水处理装置采用预处理＋SBR＋BAF＋滤池＋消毒杀菌组合工艺，废水处理工艺过程见图4-12。

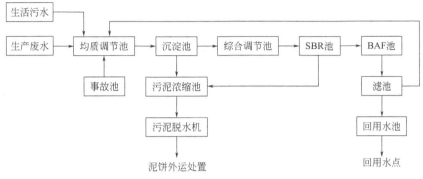

图 4-12　废水处理工艺过程

① 预处理。生产废水送入均质调节池。在发生事故或产线调试初期煤气化废水直接进入事故池，事故池内的废水要根据废水处理系统的负荷能力分批回流到均质调节池进行再处理。生活污水汇集后在格栅井拦截杂物以后自流到均质调节池，废水在均质调节池均质、均量，再用泵提升到沉淀池，沉降掉废水中的颗粒物和可沉降悬浮物，液固分离后废水自流至综合废水调节池。均质、均量后补充磷源，目的是调整废水的 C∶N∶P 比值。

② 生化处理。生化处理单元采用耐冲击、运行管理方便的 SBR 工艺。SBR 反应池进水由综合调节池提升泵送入。SBR 运行采用传统的进水、曝气、亏氧、沉淀、滗水等工序，经过多次硝化与反硝化反应，确保氨氮去除效率。在供氧硝化阶段，投加液碱补充损耗的碱度；在亏氧反硝化阶段，补充碳源提高反硝化的效率。

③ 深度处理。SBR 池出水打入 BAF 生物滤池进一步降解有机污染物，然后送入过滤单元后再投加二氧化氯消毒，整个处理过程结束以后，通过压力输送把合格的水送到各个回用水点。

④ 污泥处理。中和沉淀池和生化系统的剩余污泥用污泥泵打入污泥浓缩池，经过初步减量化以后的浓缩污泥压入污泥脱水机进行脱水处理，泥饼外运处置。污泥浓缩池上清液和滤液回流到废水处理系统前端进行再处理。

（3）废水处理系统的主要建、构筑物和设备配置

① 生活污水部分。

构筑物名称	构筑物尺寸/m	有效容积/m³	说明
格栅井和收集池	2.5×0.7×3.5	5	1. 地下钢混结构； 2. 格栅 $B=600\text{mm}$、$b=10\text{mm}$、$H=3.5\text{mm}$
生活污水集水池	1.4×7.5×4.0	18	1. 地下钢混结构； 2. 3台潜污泵（2用1备）

② 均质调节池。

构筑物名称	有效容积/m³	说明
均质调节池	1200	1.半地下钢混结构; 2.2台提升泵(1用1备); 3.2台潜水搅拌机

③ 事故池。

构筑物名称	有效容积/m³	说明
事故池	1200	1.半地下钢混结构; 2.2台提升泵(1用1备); 3.2台潜水搅拌机

④ 沉淀池。

构筑物名称	构筑物尺寸/m	有效容积/m³	说明
辐流式沉淀池	Φ12×5.5	565	1.半地下钢混结构; 2.1台周边传动刮泥机

⑤ 综合调节池。

构筑物名称	有效容积/m³	说明
综合调节池	1000	1.半地下钢混结构; 2.2台提升泵(1用1备); 3.2台潜水搅拌机

⑥ SBR池。

构筑物名称	有效容积/m³	HRT/h	说明
SBR池	2250	80	1.半地下钢混结构; 2.有机负荷为 0.075kg COD_{Cr}/(kg MLSS/d),氨氮负荷为 0.03kg/(kg MLSS/d); 3.4台鼓风机(3用1备); 4.16台潜水搅拌机; 5.4台滗水器; 6.1个C源投加槽,配4台计量泵; 7.1个液碱投加槽,配4台计量泵

⑦ BAF池+过滤器。

构筑物名称	构筑物尺寸/m	有效容积/m³	说明
BAF池+过滤器	6×4×6.5	144	1.半地下钢混结构; 2.滤速:2.5m/h; 3.氨氮负荷:0.6kg/(m^3/d); 4.2台罗茨鼓风机; 5.2台无阀过滤器; 6.1台反冲洗风机

⑧ 回用水池。

构筑物名称	有效容积/m³	说明
回用水池	480	1.半地下钢混结构； 2.2台回用水泵(1用1备)； 3.1台二氧化氯消毒器

⑨ 污泥处理系统。

构筑物名称	有效容积/m³	说明
污泥浓缩池	110	1.半地下钢混结构； 2.2台污泥泵(1用1备)
污泥脱水机	—	1.1台空压机； 2.1套加药装置

（4）工艺调试

试压捉漏、点动结束以后对各工艺段进行清水联动试车。在完成生化段启动前期工作以后就进入带负荷连续运行阶段，逐步提升负荷。项目调试的重点是 SBR 和 BAF 两个单元。

① SBR 调试。在调试初期，首先在 SBR 池内充满 3/5 有效容积清水，然后再打入 80m³ 工艺废水，由于废水中缺乏磷源，因此在进 SBR 池前投加适量的磷酸盐。然后向池内投加取至相邻污水处理厂的脱水污泥（含水率为 80%）。SBR 池内 MLSS 约 2500mg/L。曝气 8h 后每隔 2h 取样分析，连续曝气 12h 后 COD_{Cr} 降至 38mg/L，氨氮降至 8.0mg/L，使排放水达到了设计标准。然后停止曝气、静沉和滗水，排出约 100m³ 废水。再重复进水开展下一批次的硝化、反硝化运行，约 20d 后系统中的生态基本稳定，MLSS 增至 3350mg/L，同时供氧时间调整到 8h 左右。此后的操作是逐步提高进水负荷，按照 60m³/h、90m³/h、120m³/h 分阶段提升进水负荷，逐步达到设计满负荷。

SBR 池出水的 COD_{Cr} 达到 55mg/L 左右，氨氮达到 15mg/L 以下，SBR 池内污泥浓度控制在 3000~4000mg/L 之间，采样镜检发现活性污泥中附着型钟虫、线虫为优势微型原生动物，这些指示生物出现说明生化系统工艺调试完成。

② BAF 调试。BAF 进水来自 SBR 池出水，由于废水中残留的营养成分太少，采取向 BAF 池内投入少量活性污泥接种菌种，并引入生活污水，与 SBR 池出水混合后再泵入 BAF。混合以后的废水 COD_{Cr} 约 70mg/L，氨氮约 12mg/L。首次进水后进行闷曝 72h，COD_{Cr} 降至 45mg/L，氨氮降至 7mg/L。定期进行反冲洗，将池内的老化污泥和脱落的生物膜排出池外，反冲洗出水进入均质调节池进行后续处理。

此后以 30m³/h 的处理量连续进水，反冲洗周期为 1 次 2~3d，连续运行半个月后，COD_{Cr} 稳定在 50mg/L 以下，氨氮稳定在 6mg/L 以下。接下来停止生活污水供给，取而代之的是全部接入 SBR 的排放水。并按照 60m³/h、90m³/h、120m³/h 分阶段提升进水负荷，经过约 60d 调试，BAF 出水稳定达到设计标准。

随着 SRB 和 BAF 两个主要单元的工艺调试结束，全系统也实现了连续进出水。合格的排水再经过滤和消毒后回用。

③ 污泥处理系统。处理系统的物化污泥和生化剩余污泥在污泥浓缩池内静压浓缩减量后再压入污泥脱水机，脱水泥饼暂存在废水处理系统邻近堆场定期委外处理。

（5）运行效果

① 预处理＋SBR＋BAF＋深度处理组合工艺处理煤制甲醇废水是可行的，出水水质可达到《城镇污水处理厂污染物排放标准》（GB 18918—2002）的一级 A 标准，经过废水处理站处理以后的排放水全部满足回用水标准。

② 经过项目的运行实践，生化系统有机负荷应控制在 $<0.1\text{kg COD}_{Cr}/(\text{kg MLSS/d})$，氨氮负荷应控制在 $<0.025\text{kg}/(\text{kg MLSS/d})$。生化系统工艺调试的适宜水温应控制在 $>10℃$ 且 $<40℃$。

③ SBR 池的调试初期控制负荷总量尤为重要，在低负荷条件下启动，逐步提高污泥负荷，调试完成后 SBR 池内的污泥浓度可稳定维持在 3000～4000mg/L 范围内。

④ 虽然 BAF 去除总量不大，但是这个单元起到了水质达标的决定性作用，所以在运行控制时应给予高度重视。

4.3.2　水解酸化+二级串联厌氧组合处理工艺

哈尔滨某煤化工企业由于原煤质量较差和精馏装置老化等因素，使得甲醇生产排出的工艺废水比同行业排出的废水各污染物浓度都高。该项目采用在好氧生物处理段前先采用水解酸化＋二级串联厌氧工艺对甲醇废水进行预处理，目的是通过预处理使出水符合好氧生物处理段的进水要求，以此来保障处理系统的排放水长期、稳定、达标。马文成等对该项目的工艺处理技术进行了论述。

（1）处理水量和水质

废水处理站的处理能力为 $240\text{m}^3/\text{d}$，有机污染物浓度高且变化幅度大；$\text{BOD}_5/\text{COD}_{Cr}$ 可生化性比值约 0.42；虽然废水的可生化性较好但是缺少微量元素 N、P 等；由于甲醇车间的一级调节池较小，导致 pH 值、水温波动非常大。废水水质如表 4-10 所示。废水主要污染物质是甲醇、乙醇、正丙醇等。

表 4-10　废水水质

项目	水温/℃	pH 值	$\text{COD}_{Cr}/(\text{mg/L})$	SS/(mg/L)
数值	28.0	5.7～8.2	3800～20100	320

（2）废水预处理工艺过程

根据高浓度甲醇废水的特点和同类废水处理的工程实践经验，确定采用水解酸化＋二级厌氧工艺为主要过程的预处理系统，预处理过程如图 4-13 所示。

（3）废水处理系统主要建、构筑物和设备配置

废水首先进入水解酸化反应池，大分子有机物被转化为小分子酸（如乙酸）、醇等；

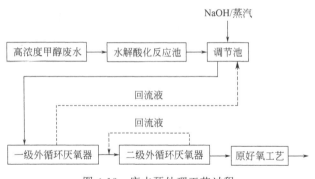

图 4-13　废水预处理工艺过程

在缓冲混合器（调节池）中投加碱性药剂和用蒸汽加热使废水在进入一级厌氧反应器时pH 值和反应温度符合厌氧反应要求。在一、二级串联式厌氧反应器里最终由甲烷菌将废水中甲醇、乙酸等物质转化成 CH_4 和 CO_2 等。

① 水解酸化反应池。

构筑物名称	构筑物尺寸/m	有效容积/m³	HRT/h	说明
水解酸化反应池	Φ5×10	180	18	1.碳钢结构； 2.2台潜水搅拌器； 3.1台 pH 在线仪； 4.1台水温在线仪

② 缓冲混合器。

构筑物名称	构筑物尺寸/m	有效容积/m³	说明
缓冲混合器	Φ1.2×3.5	3.8	1.碳钢结构； 2.1台 pH 在线仪； 3.1台水温在线仪

③ 二级串联式厌氧反应器。该反应器采用了快速成型颗粒污泥的内、外循环相结合运行方式，而且还为反应器配水系统选择了能更好提供生物、水力条件的旋流式进水布水器。采用小间距多层三相分离器，提高泥、水、气的分离效果。一级厌氧反应器容积负荷取值较高，COD_{Cr} 的去除效率也较高，用大回流量的缓冲能力提高厌氧器的抗冲击耐受力；二级厌氧反应器的处理负荷与一级相比要小很多，但是在这里能进一步降解剩余的有机物质，同时截流随一级反应器出水带出的轻质污泥，通过运行实践证明二级串联式厌氧反应器处理效果稳定，出水水质好。

（4）工艺调试

水解酸化反应池：水解酸化反应池接种相邻工厂的浓缩厌氧污泥，共 30m³，沉降比在 75%～80%。初始阶段的培菌废水由少量甲醇废水和工艺净水混合配制而成，COD_{Cr} 控制在 2000mg/L 左右，加入适量 NH_4Cl、磷酸和 NaOH；水温控制在 25～35℃；pH 值控制在 5.5～6.5。反应器间歇进水，连续运行。

培菌和菌种驯化阶段的进水量为 $2m^3/h$，每天根据水质分析报告、镜检报告和控制参数调整进水负荷。水解酸化池运行了 20d 以后，水中悬浮物减少，出水逐渐变得清澈；BOD_5/COD_{Cr} 值由 0.42 提高至 0.59，废水可生化性明显提高；出水中 VFA 值由 1.2mmol/L 提高至 8.6mmol/L；COD_{Cr} 去除率维持在 20% 左右。

试运行 20 天以后，把 COD_{Cr} 容积负荷由 $2.2kg/(m^3 \cdot d)$ 逐渐增加到 $6.0kg/(m^3 \cdot d)$，水解酸化池的 COD_{Cr} 去除率由原先的 20% 提高到 28.0%，随后继续提高 COD_{Cr} 容积负荷到 $15.0kg/(m^3 \cdot d)$，直至水解酸化池 COD_{Cr} 的降解能力趋于稳定，出水 VFA 浓度高于进水浓度，去除率不再随容积负荷的增加而剧烈波动。

二级串联厌氧系统：二级串联厌氧反应器中的厌氧污泥取自相邻企业厌氧反应器的颗粒污泥，在一、二级厌氧反应器分别加入 $48m^3$ 和 $24m^3$ 颗粒污泥，污泥沉降比为 85% 左右，MLVSS/MLSS＝0.58。一级厌氧反应器初始阶段的培菌液取自高浓度甲醇废水收集池。

一级厌氧反应器按照中温性微生物的生长条件控制水温在 35℃±1℃，pH 值控制在 7.6±0.1，回流比控制在 1:2；二级厌氧反应器的水温和容积负荷承接一级厌氧器出水传质，回流比控制在 1:1。反应器初始启动阶段不间断小流量进水，连续回流运行。进水量控制在 $2m^3/h$ 进行培养驯化菌种。

每天根据水质分析报告、镜检报告和控制参数调整进水负荷。

二级串联厌氧反应器启动初期，反应器出水带出许多细碎的悬浮状黑色絮体污泥，只有少部分仍能保持颗粒状存于反应器底部，但是与接种时的体积相比已不及 2/10。分析下来有两方面原因：一方面是在冬季运输时途中没有做好保温措施，导致颗粒污泥外层的微生物死亡；另一方面，接种初期颗粒污泥对新的废水环境不适应，这样也导致污泥性状改变漂浮到液面后和出水混在一起带出厌氧反应器。

一级厌氧反应器试运行 30d 后，COD_{Cr} 去除率从 58% 上升到 88%，pH 值在 7.5 左右，在底部污泥层已经形成径粒约 1mm 呈黑褐色的颗粒污泥，重力沉降速度较快；污泥层中不断有细小气泡逸出水面。

二级厌氧反应器的 COD_{Cr} 去除率也由最早的 28% 上升到 52%，pH 值在 7.2 左右；厌氧反应器初始启动的时候已进入冬季，试运行期间采用的是不间断小流量进水，这样的气候条件和运行方式导致反应区很快失温，厌氧器内反应温度只能维持在 28℃ 左右；在底部污泥层取样发现，厌氧污泥主要以细碎的絮状体形态存在，重力沉降速度较慢，絮体呈黑褐色，沉降比约 30%，泥水界面模糊；有细小气泡逸出水面，但产气量明显低于一级厌氧反应器。

运行 40d 后，一级厌氧反应器由于厌氧泥迅速增长，大量污泥沉积在反应器底部堵住了旋流配水器的出水口，经过调整回流比到 1:3 后基本解决了出水口堵塞的问题。运行 60d 后把厌氧器的上升流速调整到 0.8m/h，混合液回流比继续加大到 1:4，这时大量轻质絮状污泥从系统中被洗出，随着出水带入二级厌氧反应器。而此时一级厌氧器底部污泥层 2mm 左右的黑褐色椭圆形颗粒污泥占据了绝大多数，颗粒污泥的沉降速度也上升到 53m/h。

运行 80d 后，系统达到满负荷，一、二级厌氧反应器 COD_{Cr} 容积负荷分别达到 6.6kg/（m³·d）和 1.0kg/（m³·d），COD_{Cr} 去除率分别达到 85% 和 50%；二级串联厌氧系统的 COD_{Cr} 去除率之和可以达到 93.30% 左右。当进水 COD_{Cr} 在 9000mg/L 时，出水 COD_{Cr} 可控制在 600mg/L 以下。二级串联式厌氧系统工艺调试完成。

（5）运行情况

二级串联式厌氧器按照设计时的负荷总量连续运行了 80d，处理效果均值见表 4-11。

表 4-11　工艺各单元对甲醇废水的处理效果均值

指标	COD_{Cr}/（mg/L）	pH 值	水温/℃	COD 去除率/%
原废水	9240	6.9	28	—
水解酸化反应器出水	6958	6.3	29	28
一级外循环厌氧反应器出水	1044	7.23	35±1	85
二级外循环厌氧反应器出水	522	7.1	26.8	50

（6）运行效果

① 水解酸化+二级厌氧预处理工艺处理高浓度甲醇废水的去除率可以达到 95%，为后续好氧生物处理单元创造了相对较轻的有机负荷。

② 接种颗粒污泥为二级厌氧系统的菌种来源，初始阶段采用不间断小流量进水，连续运行的启动方式，启动条件容易控制，污泥容易形成颗粒。

③ 二级串联厌氧系统进水 COD_{Cr} 在 9000mg/L 时，系统出水 COD_{Cr} 浓度可降低到 600mg/L 以下，水解酸化反应器的去除率在 28% 左右，二级串联厌氧系统的去除率可达到 93% 左右。另外在水质波动的情况下，水解酸化+两级厌氧系统仍能正常运行，表现出较强的抗冲击能力。

4.3.3　回用水利用工艺

新疆某能源化工有限责任公司 1,4-丁二醇精细化工甲醇项目废水处理工程自 2014 年第一季度启动建设，至 2016 年第三季度初建成投产。甲醇生产规模为 50 万吨/年，甲醇合成 1,4-丁二醇 20 万吨/年，生产混合芳烃 10 万吨/年。

该企业建成的废水处理站对煤气化废水、低温甲醇洗装置废水、甲醇精馏废水、1,4-丁二醇生产废水、芳烃废水、生活污水、初期雨水、事故废水等进行处理后循环利用。施伟红等对该项目废水处理技术工艺作了论述。

4.3.3.1　工程设计

废水处理站的处理规模设计为 600m³/h（14400m³/d）。废水站出水水质达到当时标准《污水再生利用工程设计规范》（GB 50335—2002）中规定的再生水用作循环水补充用水及城镇杂用水的水质标准。

废水站出水回用作为 1,4-丁二醇循环水站、甲醇循环水站补充水以及用于浇洒道路、备煤排渣等。

该项目结合惰性气体预处理除油技术、IMC 间歇多循环专利生化处理技术、高级氧化结合生化的深度处理技术，使鲁奇炉气化废水成功达标，出水 COD_{Cr}、氨氮、总酚、石油类、色度等指标达到回用水要求。

(1) 废水水质

设计气化废水进出水指标如表 4-12 所示。

表 4-12　设计进出水水质

项目	pH 值	COD_{Cr}/(mg/L)	NH_3-N/(mg/L)	总酚/(mg/L)	石油类/(mg/L)
原废水	8～10	2000～4000	200～400	300～500	50～200
处理后出水	6.5～7.5	40～60	0～3	0～3	0～1
GB 50335—2002 中标准	6.5～8.5	50	5	5	1

废水处理站采用分质收集分类预处理，预处理完成后混合进入生化系统及后续的深度处理系统，废水处理站出水作回用水使用，其工艺过程如图 4-14 所示。

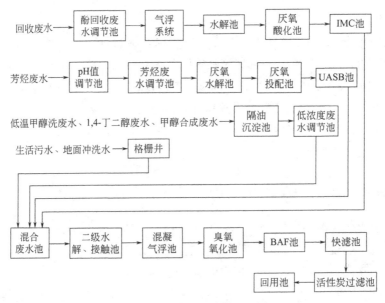

图 4-14　废水处理工艺过程图

(2) 处理过程

① 预处理。煤气化炉的粗煤气以 CO、H_2、CH_4、H_2O 和 CO_2 为主要组分，还包括其他微量气体。煤气冷却工段有两条煤气水管线：

来自气化炉的含尘、焦油煤气水：是一种混合物，其包括从粗煤气分离器排出的过量煤气水以及预冷器的冷凝液，其主要成分为水、尘和焦油。

来自变换、冷却工段的含油煤气水：也是一种混合物，其包括来自煤气水分离装置的高压喷射煤气水、中间冷却器冷凝液和最终冷却器的冷凝液，其主要成分为水、油和氨、酚。

这两股水经煤气水分离工段时，为防止或减少乳化现象的发生，采用含油煤气水与含尘、焦油煤气水分开进入油和初焦油分离器，并设置了两种不同介质的过滤器，确保煤气水在接入酚回收装置前清除掉粉尘。

随后废水经酚氨回收工段回收粗酚及氨后，排入废水处理站的气化水仍然含有较高的焦油。如果直接进入生化系统会造成大量泡沫、污泥膨胀等，影响生化系统的正常运行，因此预处理工艺主要是降低气化废水中乳化油等物质，采用的是隔油及气浮除油工艺。

a. 调节池。为避免气化废水中多元酚类物质在污水系统中进一步被氧化生成难降解物质或不可生化降解物质，调节池曝气系统气源采用氮气曝气。

b. 隔油沉淀池。在隔油池前端通过投加破乳剂和浓硫酸，把污水 pH 值调节到 5～6，同时投加适量破乳剂，可实现气化污水破乳。隔油池采用平流式表面刮油去除油污工艺，同时将沉淀到池底的重油及悬浮物聚集到集油坑中，采用静压方式将油泥外排。通过破乳除油，在此单元石油类物质的去除率为 15% 左右。

c. 两级气浮池。隔油池后置两级加压溶气回流气浮池，为避免传统空气源气浮对多元酚类物质的氧化，生成难降解物质而加大处理难度，特将氮气作为气浮系统气源。在气浮池前端进一步破乳，并投加絮凝剂，使水中乳化油有效析出，减轻了后续生化处理的难度。

② 生化处理。生化处理段作为废水处理工艺的核心部分，降解了绝大部分的 COD_{Cr}、BOD_5、氨氮、总酚、石油类等污染物质。

a. 酚回收水解厌氧池及沉淀池。经过物化预处理后的煤气化废水，还含有微量的有毒有害抑制微生物生命活动的杂质。为了保障出水达标，必须提高废水好氧生物降解性能。为此，在气化水进入好氧工艺之前，设置了复合式水解反应器，用以降低废水毒性和提高废水的可生化性。

经过预处理阶段破乳除油的气化水进入酚回收废水水解池，有效提高了废水的可生化性。气化水经酚回收废水水解厌氧池后，pH 值由 9 降至 7～8，同时 B/C 可提高 50%～70%。其中水解池与厌氧池停留时间之比为 1:2。后置气化废水水解沉淀池，将出水带出的水解池污泥经过静沉浓缩后用回流泵送回前段水解池中。

由于进水所含酚类、醌类浓度较高，这些物质有一定杀菌作用，因此初期自然挂膜较为缓慢，经过一段时间的生物驯化培养，污泥生长状况良好。运行指标如表 4-13 所示。

表 4-13　运行指标

指标	pH	COD_{Cr}/(mg/L)	BOD/(mg/L)	B/C
酚回收污水水解厌氧池进水	8.97	2428	557	0.23
酚回收污水水解厌氧池 A 出水	7.08	2463	967	0.39
酚回收污水水解厌氧池 B 出水	6.84	2274	896	0.39

b. IMC 池。由于普通活性污泥工艺难以承受如此高浓度的难降解物质，即使能在短时间内取得较高的 COD_{Cr} 去除率，但出水中难降解有机物含量仍然很高，脱氮效率很低。A/O 工艺能够较好地去除氨氮，但出水 COD_{Cr} 浓度仍难以满足排放标准。SBR 工艺在处理煤气化废水领域由于灵活的操控性和耐冲击能力较强特点，已有很多投运效果良好的工程实例，但是微生物抵抗酚中毒的耐受性较差，容易引起生物解絮导致污泥大量流失。鉴于传统好氧生物处理工艺对煤气化废水处理的局限性，还考虑到鲁奇炉煤气化废水高浓度氨氮、高浓度酚类等有毒难降解物质的特性，采用 IMC-间歇多循环工艺，取得了良好的处理效果。

气化废水经水解池后进入鲁奇炉气化废水的核心单元 IMC 池。在该单元中 COD_{Cr}、BOD_5、氨氮、总酚、石油类等污染物质的去除率都可达到 90% 以上。

鉴于鲁奇炉气化工艺生产排水的特点，更为了保证活性污泥正常的生理活动并高效发挥硝化和反硝化菌等不同微生物菌群的生物脱氮作用，废水处理站设置了营养盐和碱液投配系统，用以补充有机物降解和硝化反硝化所需营养、碱度的需求。

废水处理站还设置了稳定可靠的空气供氧系统，为活性污泥降解有机污染物提供氧气。根据水质特点和工程实践经验，采用离心鼓风机，通过射流曝气器为活性污泥提供溶解氧，同时进入射流曝气器的还有 IMC 池内的污泥混合液。射流曝气器出口产生的高压气水射流进入 IMC，同时起到供氧和搅拌混合作用。

经过 IMC 处理后的废水通过滗水器以间歇方式重力排入混合废水调节池与其他经过预处理的废水混合。IMC 运行指标如表 4-14 所示。

表 4-14　IMC 运行指标

指标	IMC 进水 /(mg/L)	IMC 出水							
		IMC-A /(mg/L)	去除率 1 /%	IMC-B /(mg/L)	去除率 2 /%	IMC-C /(mg/L)	去除率 3 /%	IMC-D /(mg/L)	去除率 4 /%
pH 值	8.57	6.95	—	7.12	—	7.16	—	7.94	—
COD_{Cr}	2211	169.2	92.35	273.7	87.62	267.6	87.90	186.5	91.56
BOD_5	—	42.63		68.43		66.9		46.63	
NH_3-N	289.4	2.58	99.11	3.44	98.81	8.52	97.06	90.41	68.76
总酚	261	18.99	92.72	19.26	92.62	28.95	88.91	65.99	74.72
总油	120	0.87	99.28	1	99.17	0.98	99.18	1.02	99.15
SV_{30}	—	22	—	21	—	15	—	7	—
MLSS	—	5000		4400		1960		1740	
NO_2-N	—	0.04		0.22		0.22		0.17	
NO_3^--N	—	2.52		2.4		2.63		1.1	
磷酸盐	—	0.32	—	1.32	—	1.32	—	0.63	—

c. 二级水解池。气化废水经 IMC 生化处理后仍存在大量长链烃和杂环芳香烃，在混合废水调节池中与生活污水、预处理后的芳烃废水、低浓度废水混合，进入二级水解

池，目的是进一步提高废水的 B/C 比值。

d. 接触生物氧化池。经过二级水解酸化以后的废水 B/C 值得到了有效改善。接触氧化池内设置生物填料以保证所需的污泥浓度和生物多样性，提高该单元的生化处理效果。接触生物氧化及气浮池运行指标如表 4-15 所示。

表 4-15 接触生物氧化及气浮池运行指标

指标	混合污水调节池	接触氧化池出水	气浮池出水	去除率/%
pH 值	7.6	7.12	—	—
COD_{Cr}	284.2mg/L	227.9mg/L	86.13mg/L	70
氨氮	75.39mg/L	9.67mg/L	—	87

接触生物氧化池出水经过二沉池液固分离后仍含有大量 SS，主要是分散游离的污泥絮体难以沉降，导致出水 COD_{Cr} 还较高。混凝气浮对二沉池出水中 SS 去除率高达 80% 以上，接触氧化和混凝气浮组合工艺 COD_{Cr} 去除率可达到 70%。

e. 二沉池。二沉池采用周边传动辐流式沉淀池。二沉池部分污泥回流至水解酸化池和好氧池，另一部分作为剩余污泥处理。

③ 深度处理。废水经过生化处理以后绝大部分可生物降解的污染物已被去除。进入深度处理单元的废水所含可溶性污染物基本为难生化降解物质。另外气化炉废水对微生物有一定毒性，导致污泥解絮、沉降性能差，生化段出水 SS 较高。该项目充分考虑了生化出水中残留溶解性有机污染物性质、浓度及运行费用等，选择了高级氧化与生化处理相结合进行煤气化废水深度处理的主体单元。采用混凝气浮作为深度处理的预处理；后续臭氧高级氧化＋BAF 作为主体单元实施对难生物降解有机物的深度处理；用快滤池＋活性炭作为出水最后一道安全保险措施；投加次氯酸钠对出水消毒。也可根据出水情况提高加药量，利用次氯酸钠的氧化性除去微量有机物。各单元处理效果如表 4-16 所示。

表 4-16 深度处理各单元处理效果

指标	二沉池	混凝气浮	气浮（静沉 1h）	臭氧	BAF	快滤池	加氯出水
COD_{Cr}/(mg/L)	388.2/272.9	103.7/120.7	75.6/75.9	60.7/66	39/41.4	34.8/36.6	40.7/33.8
去除率/%	—/—	73/56	27/37	20/13	36/37	11/12	−17/8

a. 混凝气浮池。煤气化废水中大量酚类及其氧化产物对微生物有毒害作用，导致菌胶团解絮、难以沉降。二沉池出水 SS 可达 300～350mg/L。为避免混凝气浮池出水中高 SS 含量对臭氧的大量消耗，应保证混凝气浮池对 SS 的高去除率。当 PAC 投加量在 150～220mg/L，PAM 投加量在 10mg/L 左右时，二沉池出水 SS 去除率可达 80%～90%；COD_{Cr} 去除率为 50%～70%（见表 4-16），有效保证了高级氧化装置的高效运行。

b. 臭氧组合池。混凝气浮预装置出水进入臭氧接触池。废水中的可溶性难生化降解有机物、不可生化降解有机物经过臭氧氧化以后一部分被直接转化为 CO_2 和水，其余部分被分解成小分子物质。

在处理水量 360m³/h 时，臭氧投加量为 70～100mg/L。采用臭氧氧化，在提高废水可生化性的同时 COD_{Cr} 去除率也能达到 15％左右（见表 4-16）。臭氧对色度的去除效率也很高，出水色度基本为 0。实践说明臭氧对多元酚的难生物降解残留物去除效果极佳。

在臭氧接触池底部死角的沉积物会渐渐堵塞臭氧曝气盘。臭氧出气管道气损升高，就会导致臭氧发生器报警或停机，不能连续运行。该项目用曝气盘吹通装置定期对各组曝气盘片吹通，达到了理想的连续运行效果。

臭氧氧化池分为 3 格，每格中分别投加不同量的臭氧，使之反应更加充分。

c.BAF 池。利用臭氧的氧化性提高了废水的可生化性。出水经 BAF 池进一步生物降解 COD_{Cr} 去除率可达 35％左右，确保了出水 COD_{Cr} 达标（见表 4-16）。BAF 对氨氮也有较好的去除效果，对出水氨氮的达标排放起到了把关作用。

BAF 池中设置滤料，通过曝气供氧，使填料上生长出大量的微生物。通过微生物的降解作用去除剩余的有机物来达到回用水要求，BAF 池出水进入快滤池。

BAF 池反冲洗的水源取自中间水池，反洗的方式和步骤由工艺调试锁定的控制参数指导操作运行。反洗周期通常为 24～72h。反冲洗出水进入调节池继续处理；BAF 池产生的泥水排入污泥池处理。

d.快滤池。快速滤池用于过滤 BAF 出水中的 SS，去除部分悬浮物带出的 COD_{Cr} 和浊度。

e.活性炭过滤池。过滤池用来去除小部分 COD_{Cr}，为出水起到把关作用。

f.加氯间。快滤池及活性炭过滤器出水中可选择性投加 10％次氯酸钠溶液，用于对出水消毒，并在废水系统受到冲击时可用于去除出水色度，同时，由于次氯酸钠的强氧化作用，对出水 COD_{Cr} 也有去除效果。

如表 4-16 所示，在臭氧和 BAF 池运行良好的情况下，通过在 BAF 出水投加 200～400mg/L 的 10％NaClO 溶液，可将出水 COD_{Cr} 降低 10％左右，为出水 COD_{Cr} 稳定达标增加了最后一道保障措施。

4.3.3.2 运行效果

① 采用惰性氮气为气源的气浮除油系统，结合破乳剂，除油效率高，运行稳定。且有效避免了空气气浮对煤气化废水中易氧化物质的氧化、颜色加深及同时伴随的难生化降解物质生成的问题。

② 配置复式水解酸化池，控制较高的污泥浓度和停留时间，可有效提高煤气化废水的 B/C 比值，从而提高好氧生化系统的处理效率。

③ 首先，采用二级好氧生化处理系统，提高了系统的抗冲击负荷能力。其次，由于生化系统停留时间较长，使生物难降解物质得以充分反应降解，同时生化池池容较大，内循环及布水效果好，使得污染物在池中得以充分混匀，增加了系统抗冲击能力。再次，由于生化系统控制在较高 MLSS（4000～5000mg/L），也提高了系统的抗冲击能力。

④ 生化系统中合理控制 DO 浓度梯度，能有效提高处理效果和系统稳定性。项目生化处理系统从 DO 入手，配置了水解厌氧单元＋好氧＋缺氧间歇多循环单元＋水解单元＋好氧单元，合理控制 DO 浓度梯度，优化了处理效果。

4.3.4 预处理+A/O+絮凝沉淀+BAF 工艺

新乡某化工厂生产规模为年产 150 万吨甲醇，分二期建设，其中一期建设规模为年产 35 万吨甲醇，主要生产甲醇及下游产品二甲醚。

该项目对生产中的甲醇废水，采用预处理＋A／O+絮凝沉淀＋BAF 组合工艺进行处理。

4.3.4.1 处理水量和水质

废水站的处理规模 150m³/h。在生产过程中主要产生气化含氰废水 111m³/h，生产工艺中变换、精馏、硫回收、脱碳、脱硫产生的废水和生活污水 40m³/h，二股废水合计 150m³/h 左右。首先对含氰废水进行二次破氰降低毒性，然后排入综合废水调节池与其他废水充分混合，混合以后的废水水质及排放标准见表 4-17。

表 4-17 废水水质及排放标准

项目	COD_{Cr}/(mg/L)	BOD_5/(mg/L)	SS/(mg/L)	NH_3-N/(mg/L)	CN^-/(mg/L)	pH 值
进水水质	1000～2000	500～900	585	150～270	1.4	7～8
排放标准	≤60	≤10	≤20	≤5	≤0.2	6～9

4.3.4.2 废水处理工艺过程

含氰废水分质打入破氰池，经过加药氧化反应去除 CN^-，然后自流到调节池，生产废水和生活污水等经过格栅除去杂物以后进入集水池，然后再动力提升到调节池，该项目的所有废水在调节池内得到充分的混合均质，然后再用水泵打入气浮反应池，在此投加 PAC、PAM 去除 SS；完成液固分离以后的气浮出水进入 A／O 工序；O 池排出的泥水混合液在二沉池完成液固分离，浓缩污泥返回生化系统，上清液进入絮凝反应沉淀池，废水与药剂在絮凝反应池混匀后进入沉淀池，SS 得到进一步去除；沉淀池上清液送入 BAF 深度处理，浓缩污泥打入污泥浓缩池，SBR 出水达标排放。

系统产生的污泥由污泥浓缩池进行初步减量化预处理，然后再经过带式脱水机进一步提高脱水滤饼的含固率。气浮装置撇除的表面浮渣、生化池的剩余污泥以及絮凝沉淀池的底部污泥经过浓缩减量和机械脱水后泥饼外运处置，上清液返回调节池重新处理。污水处理及污泥处理工艺过程如图 4-15 所示。

4.3.4.3 废水处理系统主要构筑物和设备配置

（1）预处理系统

① 破氰池。破氰分两次进行，第一次是将氰氧化成氰酸盐，也称不完全氧化；第

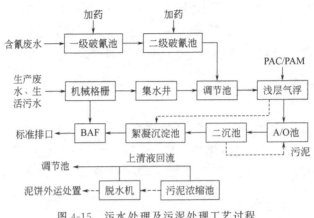

图 4-15 污水处理及污泥处理工艺过程

二次破氰是将氰酸盐氧化分解成二氧化碳和氮气，也称完全氧化。反应式如下：

$$2CNO^- + 3ClO^- + H_2O \longrightarrow 2CO_2 + N_2 + 3Cl^- + 2OH^-$$

反应条件由在线 pH、ORP（氧化还原电位）仪进行自动控制。

构筑物名称	构筑物尺寸/m	有效容积/m³	说明
废水调节池	3.5×3.5×5.5	61	钢混结构,内衬防腐
一级破氰池	3.5×3.5×5.5	61	钢混结构,内衬防腐
二级破氰池	7.3×3.5×5.5	128	钢混结构,内衬防腐

② 调节池。

构筑物名称	构筑物尺寸/m	有效容积/m³	HRT/h	说明
废水调节池	3.5×3.5×5.5	2400	16	1. 钢混结构,内衬防腐； 2.4台潜水搅拌机

③ 超效浅层气浮池。

构筑物名称	构筑物尺寸/m	有效容积/m³	HRT/min	说明
超效浅层气浮池	Φ8×8	40	3～5	1.碳钢结构,内衬防腐； 2.1套加药系统

（2）生化处理系统

① A/O 池。A/O 池是废水处理系统的核心部分，其运行情况直接影响整个系统的处理效果。A/O 是一种前置反硝化功能的硝化反硝化生物脱氮系统。该工程废水的主要污染物为 COD_{Cr} 和氨氮。A/O 工艺将前置缺氧段和好氧段串联在一起，A 段 DO 在 0.2mg/L 左右且不大于 0.5mg/L，O 段 DO 在 2～4mg/L 左右，生物接触氧化法在 3～4mg/L 左右。在缺氧段异养菌将污水中的淀粉、纤维、碳水化合物等悬浮污染物和可溶性有机物水解酸化为 VFA，使大分子有机物分解为小分子有机物，大部分转化成

可溶性有机物，经过缺氧水解酸化的产物可生化性得到提高，进入好氧处理工序后更容易被好氧菌吸收和降解；异养菌在亏氧段将蛋白质、脂肪等污染物进行氨化，游离出 NH_3 或 NH_4^+。在好氧条件下自养菌通过硝化反应将 $NH_3\text{-}N$（NH_4^+）氧化成 NO_3^-，O 池末端的硝化液用水泵再返回到 A 池前端，硝化液在亏氧条件下，异养菌又通过反硝化作用把 NO_3^- 还原为分子态氮逸出水面，这个循环反应过程大大降低了原废水中总氮含量。

构筑物名称	构筑物尺寸/m	有效容积/m³	说明
A/O 池	40×15×6.5 （2 座）	6600	1. 钢混结构； 2. 2 格缺氧池（单格尺寸：7.5×7.5×6.5）； 3. 1 套 DO 在线仪

② 二沉池。

构筑物名称	构筑物尺寸/m	有效容积/m³	说明
二沉池	Φ22.0×4.0	6600	1. 钢混结构； 2. 1 台全桥传动虹吸吸泥机

（3）深度处理系统

① 絮凝沉淀池。

构筑物名称	构筑物尺寸/m	说明
絮凝池	10×3.5×5	1. 钢混结构，内衬防腐； 2. 3 台搅拌机
沉淀池	11×10×5	—

② 曝气生物滤池（BAF 池）。

构筑物名称	构筑物尺寸/m	说明
BAF 池	Φ5.0×7.0(4 座)	碳钢结构，内衬防腐

（4）污泥处理系统

构筑物名称	构筑物尺寸/m	说明
污泥浓缩池	Φ10×4	1. 碳钢结构，内衬防腐； 2. 1 台周边刮泥机； 3. 1 台带式污泥脱水机

4.3.4.4　运行情况

为期一个季度的工艺调试结束以后，废水处理系统运行稳定，排放水水质达到了设计标准。

(1) 预处理系统

① 破氰系统。气化废水 CN⁻ 浓度 20mg/L 左右，根据工艺调试锁定的除氰氧化剂投加量进行二次破氰处理，废水中的绝大部分 CN⁻ 已被去除，氰化物浓度降到 2mg/L 以下，废水毒性消除以后进入调节池与预处理出水混合并均质、均量，送入后续处理工段。废水中的氰化物浓度在调节池内被其他废水稀释后再次降低，这时候的混合废水进入生化系统对微生物已不产生抑制作用。

② 浅层气浮。调节池废水、溶气水和混凝药剂一起打入中心进水管，布水以后进入浅层气浮池内，控制布水管的移动速度和水流速度相等、方向相反形成零速度，这样就消除了进水时产生的水力扰动，保护混凝反应生成的矾花能在不受干扰的情况下静沉。浅层气浮池出水的 SS 和 COD_{Cr} 去除率分别为 90% 和 20% 以上。

(2) A/O 池

废水处理系统运行过程中，生化系统去除效率稳定，COD_{Cr}、氨氮去除效果见图 4-16 和图 4-17。

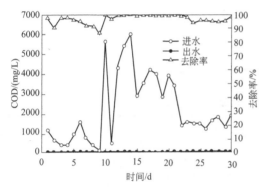
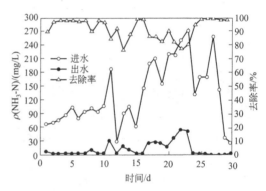

图 4-16 A/O 池对 COD_{Cr} 的去除效果　　　图 4-17 A/O 池对氨氮的去除效果

从图 4-16 可以看到 A/O 池进水 COD_{Cr} 浓度低的时候在 500mg/L 以下，高的时候在 6000mg/L 左右，但 A/O 系统对 COD_{Cr} 的去除率基本维持在 90% 以上，由此说明进水负荷的大幅度波动对 A/O 系统影响不大，它具有较强的生态平衡调节能力和抗冲击能力。

从图 4-17 可以看到 A/O 池进水氨氮浓度低的时候在 30mg/L 以下，高的时候在 270mg/L 左右，浓度波动也很大，但 A/O 池对氨氮的去除率基本保持在 80% 以上。

在日常运行管理中，可根据好氧池泡沫颜色和泡沫的抗压张力、活性污泥镜检和污泥体积指数了解 A/O 系统运行状况。如果好氧池池面出现大量黑褐色且不易破碎的泡沫，多数是因为有机负荷超出了系统承受范围，造成好氧微生物死亡，这时必须采取控制措施加以调整。因此维持合理的运行参数是保证 A/O 系统正常有效运行的关键。

(3) 深度处理

① 絮凝沉淀池。通过向絮凝沉淀池中投加 PAC、PAM 去除二沉池出水的悬浮物。

PAC、PAM 投加量先通过实验室小试模拟确定，然后根据试验结果向絮凝池中投加，结合去除效果进一步调整最终确定 PAC 投加量为 50mg/L（质量分数为 10%），PAM 投加量为 2～4mg/L（质量分数为 0.1%）。絮凝池出水通过穿孔花墙布水进入斜管沉淀池，泥水混合物在此液固分离实现水质净化。

② BAF 池。曝气生物滤池是一种固定生物床，集生物氧化、截留过滤 SS 等多种功能于一体的改良型活性污泥装置，除了生物氧化有机物，载体和载体表面的生物膜还有吸附和过滤作用，能去除大粒径杂物，还可吸附难生物降解的物质。反冲洗采用气水联合分三个阶段依次进行。

BAF 出水水质见图 4-18。从图中可以看到，在第 12 天由于进入废水处理系统的 COD_{Cr}、氨氮浓度较高引起 BAF 出水 COD_{Cr}、氨氮浓度分别达到了 60mg/L 和 4.9mg/L。之后填料表面生物膜逐渐成熟，前道的出水也趋于稳定。BAF 出水的 COD_{Cr} 浓度可以达到 40mg/L 以下，氨氮浓度可以达到 3.3mg/L 以下。

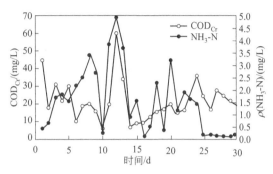

图 4-18　BAF 出水水质

在运行时要维持足够的曝气量，除了为微生物生命活动提供溶解氧以外还可以促进新老生物膜的更新换代，保持生物膜旺盛的生命力。

4.3.4.5　运行效果

① 投加次氯酸钠进行二次破氰，并在第二次破氰时将氰酸盐氧化分解成二氧化碳和氮气。

② 虽然进入 A/O 池的 COD_{Cr}、氨氮浓度波动很大，但生化处理单元的去除效果仍然很稳定，A/O 系统 COD_{Cr} 的去除率达到 95% 以上，氨氮去除率也达到 90% 左右。运行实践说明 A/O 系统抗冲击负荷能力较强。

③ BAF 是保障废水处理系统达标排放的保险装置，对整个系统长期稳定达标排放起到关键作用。

④ 工程运行情况表明，预处理＋A/O＋絮凝沉淀＋BAF 工艺处理煤制甲醇废水，系统抗冲击能力强、污染物去除效率高、运行管理方便、排放水稳定达标。

4.3.5　废水处理零排放工艺

鄂尔多斯市某化工厂 4 万吨/年煤制甲醇主体产线同时建成投运的废水处理系统遇到以下问题：

① 工业园区的废水蒸发塘处理能力小于废水排放量；

② 中水回用净化系统达不到原设计能力；

③ 企业受地方用水指标的限制，回用水量上不去，就会影响到企业的生产和将来

的发展，这次技术改造的目标是达到液体零排放。

经过技术改造以后，废水处理及中水回用系统初步实现了液体零排放。王志红等对该废水处理工艺的改造进行了讨论。

4.3.5.1 原废水处理系统

（1）原废水处理工艺简介

原废水处理系统由均质调节池＋气浮装置＋A/O＋BAF＋监测池＋污泥处理系统组成，用于渣水处理装置、热动力站以及全厂地面冲洗等生产废水的处理，原废水处理工艺过程如图4-19所示。

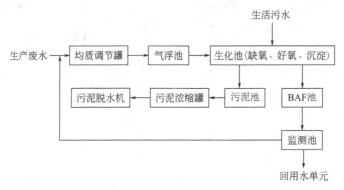

图4-19 原废水处理工艺过程

（2）原中水回用处理工艺简介

中水回用系统由多介质过滤＋超滤＋纳滤＋RO装置组成。RO膜组件的产水，一部分作为循环水补充水，另一部分作为生产原料所需的脱盐水，浓盐水收集后外排。工艺过程如图4-20所示。

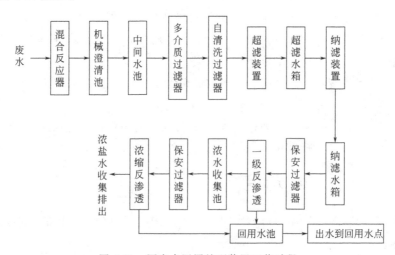

图4-20 原中水回用处理装置工艺过程

在项目投运后发现中水回用系统经常不能正常运行，处理能力不及设计能力，同时园区蒸发塘的废水蒸发量也达不到设计时的配套要求。为了能够使项目正常生产，满足环保要求，达到节约用水的目的，企业必须要系统地考虑废水处理工艺，依托自身的技术能力对原废水处理工艺进行改造。

4.3.5.2 主要的技术改造措施

(1) 在中水回用系统前端增加一道废水软化工艺

由于前道废水处理系统出水达不到中水回用系统的设计进水指标，主要是钙、镁、硅离子浓度高，导致中水回用系统无法正常运行。因此要在中水回用系统前增加一道水质软化工艺来降低废水中的钙、镁离子和二氧化硅的浓度。水质软化工艺过程如图 4-21 所示。

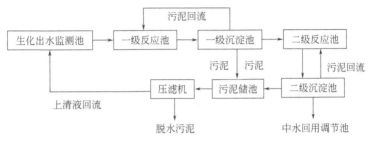

图 4-21　水质软化工艺过程

用水泵动力输送生化出水监测池的废水到一级反应池，在一级反应池加入液碱调整 pH 值，加入除硅镁剂和除硬剂，然后再加入絮凝剂把细小颗粒物聚集成较大的絮体，泥水混合物自流到一级沉淀池进行液固分离，分离出来的上清液用动力输送到二级反应池，在二级反应池投加与一级反应池相同的水处理药剂，各种药剂的投加量由现场操作人员根据带入的硅浓度和硬度来适当调整。二级反应池的泥水混合物通过管道自流到二级沉淀池进行液固分离，分离出来的上清液送到中水回用系统的调节池内。所有浓缩污泥定期压入污泥脱水机做减量化处理，滤液返回到生化出水监测池进行再处理，产出的脱水泥饼委外处置。

通过软化装置除硅除硬度以后，进入中水回用系统的水硬度明显下降。外排水的总硬度由先前的 500mg/L 降低到 50mg/L；Ca^{2+} 浓度由 450mg/L 降低到 10mg/L；SiO_2 由 100mg/L 降低到 10mg/L。检测数据表明新增的软化系统出水满足了中水回用的用水要求。

(2) 新增浓盐水二次提浓装置

为了进一步降低废水排放量，提高水的利用率，满足环境容许接纳量，决定增设提浓装置，浓盐水提浓装置工艺过程如图 4-22 所示。

原中水回用处理系统一级 RO 膜排出的一次浓盐水已经由二级 RO 膜提浓，提浓以后排出的二次浓盐水硬度，

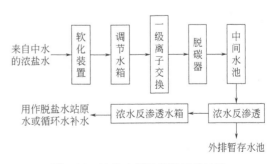

图 4-22　浓盐水提浓装置工艺过程

硅、盐分和有机物含量呈几何级增大，浓度非常高。如果不进行预处理就直接进行第三次 RO 膜提浓会出现以下问题：

① 膜污染、膜堵塞、频繁清洗缩短膜的使用寿命；

② 运行能耗及药剂成本高；

③ 产水率低，增加后续蒸发成本。

上述问题不妥善解决好，要进行第三次提浓，这在工程应用上是无法操作和正常运行的。针对该浓盐水的特性进行样品实验分析后决定，在 RO 膜第三次提浓前做物化软化＋离子交换对浓缩盐水进行预处理，然后再用 RO 膜提浓。

工艺过程简述：中水回用处理系统排出的二次浓盐水在除硬剂和离子交换柱的协同作用下软化水质，然后经过脱碳器降解有机物，通过三个前置的预处理单元将浓盐水中阻碍 RO 膜提浓的结垢物质有效去除，然后再对浓盐水进行提浓回收。RO 膜第三次提浓前后的水质变化比较见表 4-18。

表 4-18　RO 膜第三次提浓前后的水质变化比较

项目	提浓装置进水	提浓装置出水
pH 值	5.95	10.15
SiO_2/(mg/L)	112.88	246.5
COD/(mg/L)	56	67
电导率/(mS/cm)	15.47	69.2
总硬度/(mg/L)	110.3	1140.9
TDS/(g/L)	7.73	34.4
Cl^-/(mg/L)	3364.2	22660.67
浊度/NTU	1.58	24.19
碱度/(mg/L)	80.06	2238.31

（3）新增机械雾化蒸发系统

由于工业园区的浓盐水蒸发塘蒸发效率较低，没有能力完全接纳该企业排出的浓盐水。在这种情况下，该企业利用自己的应急事故池暂存浓盐水，新增了 10 套机械雾化蒸发系统，蒸发掉一部分浓盐水，使每天的浓盐水产生量和蒸发结晶量持平。

新增的机械雾化蒸发系统采用专用的喷嘴可以将水滴直径控制到 $100\mu m$ 以下。它可以将浓盐水进行多级次破碎雾化后喷入大气，增大雾化水滴在大气中的比表面积和滞空时间，加快浓盐水的蒸发效率，该雾化器由供水、喷嘴、蒸发等几个部分组成。

机械雾化蒸发系统投运以后，每天的浓盐水产生量和蒸发结晶量可以达到平衡，目前废水处理系统运行正常，每年还可增加回用水 $624\times10^4\,m^3$。

4.3.5.3　存在问题和进一步解决办法

① 通过此次技术改造虽然暂时解决了生产之需，但是到了冬季气温下降以后，机械雾化器的处理效率就会下降，目前的平衡就会被打破；

② 进一步研究和探索浓盐水继续提浓的新工艺新技术，减少浓盐水排放量；

③ 开展利用高浓盐水进行烟气脱硫除尘新工艺实验，让浓盐水得到有效利用；

④ 考虑利用企业的烟道气余热或者低热值的蒸汽作为热源，对高浓盐水进行蒸发结晶，用较低的成本解决高浓盐水的蒸发结晶问题；

⑤ 可以通过与科研和高校合作共同开发低消耗的分盐结晶技术，从根子上彻底解决浓盐水的出路问题。

4.3.5.4 废水处理系统运行费用（运行天数按 333d/a 计）

（1）处理费用

项目	处理水量/(m³/d)	处理单价/(元/m³)	小计/(万元/年)
水质软化	2400	3.25	260
中水回用	4800	14.10	2256
浓盐水提浓	40	14.30	457
高浓盐水提浓	240	2	16
合计	—	—	2989

（2）技改产生的效益

① 中水回用产生纯水 160m³/h，增收 537.6 万元/年。

② 再浓缩产生纯水 $24 \times 10^4 m^3/a$，增收 100.8 万元/年。

③ 合计增收 638.4 万元。

4.3.5.5 运行效果

新增的软化装置、提浓装置及机械雾化蒸发系统，基本上达到了浓盐水量和蒸发结晶量的平衡，这一次技改达到了预期效果，为企业生产运行保驾护航并取得了良好的环境效益。

参考文献

[1] 杨仕承，彭学文.甲醇废水处理试验简介 [J].中氮肥，1998（4）：38-39.

[2] 张寒.中国甲醇行业发展现状及趋势分析逐步淘汰落后产能 [R].华经产业研究院，2021-07-09.

[3] 煤化工废水分类及水质特点 [N].中国污水处理工程网，2018-3-13.

[4] 孟卓，贺延龄，杨树成.UASB 反应器处理甲醇废水的研究 [J].中国给水排水，2006，22（7）：42-48.

[5] 赵洪波.上流式厌氧污泥床工艺处理甲醇废水 [J].化工环保，1989，9（1）：6-13.

[6] 周雪飞，任南琪.高浓度甲醇废水的两段厌氧消化 [J].中国沼气，2002，20（1）：15-18.

[7] 毕玉燕.厌氧-好氧活性污泥法处理高浓度甲醇废水 [J].安全与环境工程，2004，11（3）：55-57.

[8] 尹翠霞，韦兆庆，张晓春，等，SBR 处理高氨氮煤制甲醇及系列深加工废水 [J].中国给水排水，2016，32（24）：108-111.

[9] 张刚，张颢琛，黄海鹏.煤制甲醇废水处理及回用工程的设计与调试 [J].中国给水排水，2021，

37 (10)：142-146.

[10] 邵享文.厌氧序批式反应器处理高浓度甲醇废水的研究 [D].西安：西安建筑科技大学，2004.

[11] 邱艳华.常温条件下 UASB＋SBR 工艺处理甲胺、甲醇废水的试验研究 [D].西安：长安大学，2005.

[12] 韩晓刚，曾磊.预处理-SBR 工艺处理甲醇生产废水工程设计与运行调试 [J].水处理技术，2012，38 (7)：115-118.

[13] 马文成，韩洪军，曲江，等.水解酸化-两级厌氧工艺处理高浓度甲醇废水 [J].环境工程，2008，26 (3)：75-77.

[14] 刘宏，向寓华，郭华林.用燃烧裂解法处理甲醇废水 [J].工业水处理，2009 (4)：60-62.

[15] 赵金.两相厌氧工艺处理甲醇废水的生产性试验研究 [D].哈尔滨：哈尔滨工业大学，2008：26-53.

[16] 施伟红，左雄，等.预处理-IMC-UASB-A/O-高级氧化-BAF 组合工艺（煤制甲醇废水深度处理及回用）近零排放工程实例 [R].2016-07.

[17] 王志红，刘鲤粽，李晋津.煤制甲醇废水处理工艺改造实践 [J].中国给排水，2017，33 (20)：132-135.

[18] 马光华，段志栋，尹志君.劣质煤利用项目污水处理装置配置及运行总结 [J].中氮肥，2019 (2)：8-12.

5

煤制油废水处理技术

5.1
概述

5.1.1 煤制油技术简介

"富煤、缺油、少气"是我国的能源特点,煤炭在我国能源消费中长期占主导地位,煤炭占整体能源消耗的70%以上。2020年中国石油产量为1.95亿吨,石油进口量为5.4亿吨,对外依存度已达到73.5%,远高于国际公认的50%的安全警戒线,这对我国能源战略安全构成了巨大威胁。因此发展煤制燃料油技术并进行产业化,对我国的能源安全具有非常大的战略意义。该技术对煤炭产业的升级和煤炭清洁高效利用意义非凡。我国煤制油产业发展始于2002年,其主要标志是神华煤直接液化项目一期工程获批。此后发展可以分为三个阶段:

第一阶段(2002~2010年),即产业起步阶段。第一批小规模的示范项目经过各种前期工作、建设最终投产。这类示范项目的煤制油核心技术得到工业化应用。

第二阶段(2011~2020年),即产业加速阶段。产业核心技术经工业化验证初步成熟阶段,煤炭资源地寻求就地转化项目,在资源驱动、市场吸收、技术支撑作用下,大规模现代煤化工项目加速策划,启动第二批示范项目建设。

"十三五"期间,我国煤制油产能和产量的年均复合增长率分别达到35.8%和46.2%。目前我国已建成投运煤制油项目8个,总产能为823万吨/年,其中煤直接液化项目1个,产能为108万吨/年;煤间接液化项目7个,总产能为715万吨/年。目前我国煤制油领域已形成了具有知识产权的煤直接液化、煤间接液化等成套工艺技术,装备国产化率达到了98％以上。煤直接液化、煤间接液化百万吨示范级项目均实现了平稳运行，在示范项目建设、运营过程中，积累了相应的技术研发、工程设计、建设管理、设备制造、工厂运行等经验和成果，为煤制油产业发展积累了雄厚的力量。目前我国的煤制油产业体系综合能力达到了世界的领先水平。

第三阶段（2021年～至今），即基地布局阶段。为了促进我国煤制油产业的长远发展，在2021年3月12日发布的《中华人民共和国国民经济和社会发展第十四个五年规划和2035年远景目标纲要》的专栏20中，明确将煤制油气基地作为"经济安全保障工程"之一。国家层面提出了"稳妥推进内蒙古鄂尔多斯、陕西榆林、山西晋北、新疆准东、新疆哈密等煤制油气战略基地的建设，建立产能和技术储备"，这是国家层面首次提出建设煤制油气五大战略基地。煤制油气战略基地的提出意味着产业模式发展由"示范项目"升级为"基地布局"。

煤制油技术可提供现有石油化工技术无法提供的高品质油品，例如柴油、汽油，特别是军工和航天的特种燃料等。煤制油是提升我国的油品质量和提供特种原料油的技术基石。煤制油技术是将固态煤转化为类似于石油原油的液体。其原理是以煤为起始原料，经过物理或者化学加工（主要包括热解、气化、液化等工艺过程），生产汽油、柴油、喷气燃料、液化石油气等清洁燃料和高附加值石油化工产品的利用技术。煤液化技术按照其工艺路线可以分为直接液化（DCL）和间接液化技术（ICL-FT）。

（1）煤直接液化制油

煤直接液化的原理是在煤加氢过程，将原料煤主体最大限度地转化为分子量较低的产品。煤制油直接液化工艺有很多种，主要包括煤的热解反应、加氢反应和脱氧、脱氮、脱硫反应等化学过程。在煤直接液化工艺中，虽然催化剂类型、反应器类型、固液分离方式不同，但是其主要包含4个工艺单元（煤直接液化工艺过程如图5-1所示）。

① 煤浆制备单元。将煤破碎到0.15mm以下后，与催化剂、溶剂等制备成油煤浆。

② 反应单元。高温高压下直接加氢反应。

③ 分离单元。采用减压蒸馏进行固液分离，分离出气体、液化油、固体残渣。

④ 提质加工单元。对液化油中间产品进行加氢精制反应，进行脱氧、脱氮、脱硫反应等化学过程，从而得到合格的汽油、柴油和其他化学产品等。

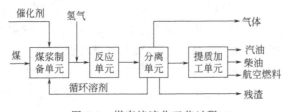

图 5-1　煤直接液化工艺过程

（2）煤间接液化制油

煤间接液化制油技术首先将原料煤与氧气、水蒸气反应，原料煤全部气化生成粗煤气，然后经过变换、脱硫、脱碳制成洁净的合成气（主要为一氧化碳和氢气），合成气在催化剂作用下进行合成反应生成烃类，烃类经过进一步加工可以生产汽油、柴油、

LPG 和其他化工产品等。煤间接液化工艺主要由 4 个工艺单元组成，即煤气化、煤气净化、合成反应、产物分离精制，其基本工艺过程如图 5-2 所示。

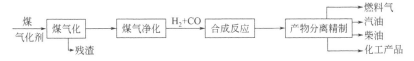

图 5-2 煤间接液化工艺过程

5.1.2 煤制油废水的特点

煤制油生产过程中产生了大量的废水，每生产 1t 油品需要煤炭 3～4t，产生的废水在 10t 以上。随着煤制油工业的发展，会产生大量的生产废水。煤制油废水的主要特征为：煤制油排放废水量大，该种废水具有有机物浓度高且成分复杂、氨氮及酚类浓度高、毒性大、色度大及可生化性差等特点，是一种比较难处理的煤化工废水。煤制油废水中的无机污染物主要为硫化物、氨氮、氰化物等，有机化合物主要为烯烃、芳烃、多环芳烃及杂环类有机污染物等。通常煤制油的废水 COD_{Cr} 浓度为 4000～6500mg/L，氨氮浓度为 180～500mg/L，酚浓度为 40～50mg/L 等。另外煤制油废水中还包含多种含生色基团和助色基团物质，煤制油废水的原水为深棕色甚至黑色。煤制油废水的排放量大及废水成分复杂、难生物降解处理是困扰我国煤制油行业的一个重大难题。

5.2
煤液化制油废水处理工程实例

5.2.1 煤直接液化制油废水处理

2004 年 8 月，神华集团煤制油直接液化示范工程项目一期工程项目在内蒙古自治区鄂尔多斯伊金霍洛旗开工建设。2007 年末，该项目第 1 条生产线建设成功，设计年耗煤 345 万吨，生产各种油品 108 万吨，其中柴油 72 万吨、液化石油气 10.2 万吨、石脑油 25 万吨、酚及其他产品 0.8 万吨。2018 年 12 月 30 日，进行投煤试车，12 月 31 日，生产流程全部打通，生产出来了合格的柴油和石脑油。该项目是世界首套百万吨级煤直接液化工业示范装置，形成了具有自主知识产权、达到世界领先水平的成套技术。该项目由煤制备装置、催化剂制备装置、煤液化装置、煤液化加氢稳定装置、空分装置、轻烃回收装置、含硫污水汽提装置、硫黄回收装置、气体脱硫装置、酚回收装置、油渣成型装置和火炬系统等组成。神华集团煤直接液化示范工程工艺过程如图 5-3 所示。

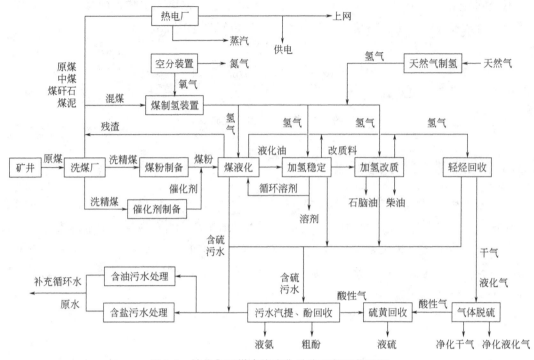

图 5-3 神华集团煤直接液化示范工程工艺过程

5.2.1.1 废水的来源及污染物

废水的主要来源为催化剂制备装置废水、煤液化装置废水、加氢改质装置废水、异构化装置废水等。其具体来源、排放量和污染物等如表 5-1 所示。

表 5-1 废水的来源、排放量和污染物

类别	污染源	排放量/(m³/h)	主要污染物			排放方式	排放去向
			名称	浓度/(mg/L)	产生量/(kg/h)		
催化剂制备装置废水	滤液缓冲槽洗涤水	309	氨氮	13000	1339	连续	污水处理厂
			硫酸盐	35000	3605		
	机泵冷却水	3	COD	200～400	0.2～0.4		
			石油类	100～200	0.1～0.2		
煤液化装置废水	冷中压分离器排含硫含酚污水	153	氨氮	1.16%（质量分数）	1774.8	连续	污水汽提装置,酚回收
			硫化氢	1.37%（质量分数）	2096.1	连续	污水处理厂
			挥发酚	6000	918	连续	污水处理厂
	机泵冷却水	75	COD	200～400	15～30	连续	污水处理厂
			石油类	100～200	7.5～15	连续	污水处理厂
	地坪冲洗水	6	COD	200～400	1.2～2.4	连续	污水处理厂
			石油类	100～200	0.6～2.4	连续	污水处理厂

类别	污染源	排放量 /(m³/h)	主要污染物			排放方式	排放去向
			名称	浓度/(mg/L)	产生量/(kg/h)		
加氢稳定装置废水	塔顶回流罐、冷低压分离器排含硫污水	108	氨氮	1.95% (质量分数)	0.7	连续	去污水汽提装置
			氯化物	198	713		
			挥发酚	2230	80.28		
			硫化氢	1.28%	0.46		
	机泵冷却水	51	COD	200~400	4~8	连续	污水处理厂
			石油类	100~200	0.6~2.4		
	地坪冲洗水	6	COD	200~400	4~8	间断	污水处理厂
			石油类	100~200	0.2~0.4		
加氢改质装置废水	机泵冷却水	15	COD	200~400	3~6	连续	污水处理厂
			石油类	100~200	0.2~0.4		
	冷高压分离器低压分离器排含硫污水	24	COD	20000~25000	480~600	连续	去污水汽提装置
			石油类	50	1.2		
			硫化物	15000	360		
重整抽提装置废水	冷中压分离器低压分离器排含硫污水	153	挥发酚	10~30	0.05~0.15	连续	污水处理厂
			COD	200~400	1~2		
			石油类	50	1.2		
	机泵冷却水	75	COD	300~500	0.3~0.5	间断	污水处理厂
	地坪冲洗水	6	硫化物	50~100	0.05~0.1	间断	污水处理厂
			石油类	50	0.05		
异构化装置废水	机泵冷却水	1	COD	200~400	0.2~0.4	连续	污水处理厂
			石油类	100~200	0.1~0.2		
煤制氢装置废水	气化污水	75	COD	300	22.5	连续	污水处理厂
			SS	100	7.5		
			氨氮	160	12		
			氰化物	35	2.6		
	变换洗涤塔污水	15	氨氮	350	5.25	连续	污水处理厂
			硫化物	47	0.7		
	甲醇水分离塔废水	25	COD	1500	2.25	连续	污水处理厂
			氨氮	63	1.58		
轻烃回收装置废水	机泵冷却水	6	COD	200~400	0.4~0.8	连续	污水处理厂
			石油类	100~200	0.2~0.4		
污水汽提装置废水	机泵冷却水	3	COD	200~400	0.4~0.8	连续	污水处理厂
			石油类	100~200	0.3~0.6		

类别	污染源	排放量 /(m³/h)	主要污染物			排放方式	排放去向
			名称	浓度/(mg/L)	产生量/(kg/h)		
污水汽提装置废水	含硫污水净化水	270	硫化物	≤50	13.5	连续	酚回收装置
			氨氮	≤400	108		
			挥发酚	≤5500	1485		
			石油类	≤100	27		
硫黄回收装置废水	酸性气分液罐	5.1	COD	500	2.55	连续	去污水汽提装置
			硫化物	200	1.02		
气体脱硫装置废水	机泵冷却水	6	COD	200～400	1.2～2.48	连续	污水处理厂
			石油类	100～200	0.6～1.2		
酚回收装置废水	氨汽提塔排水	270	氨气	100	27	连续	污水处理厂
			硫化氢	50	13.5		
			油	100	27		
			挥发酚	50	13.5		

神华煤直接液化项目废水处理装置由低浓度含油废水处理系统、高浓度废水处理系统、含盐废水处理系统和催化剂废水处理系统四部分组成。

5.2.1.2　低浓度废水处理工艺和效果

（1）废水来源

低浓度废水系统主要由各装置排出的低浓度含油废水及生活废水组成。含油废水主要包括来自装置内塔、容器等放空、冲洗排水，机泵填料函排水，围堰内收集的雨水、循环水场旁滤罐反洗水、煤制氢装置变换洗涤塔废水和低温甲醇洗废水等，自流进入废水处理场；生活废水主要来自厂区生活设施排出的污水经化粪池后的排水，自流进入废水处理场。

（2）处理工艺

低浓度污水处理采用"隔油＋气浮＋推流鼓风曝气＋二级曝气生物流化床（3T-BAF）＋过滤"工艺，具体处理过程如图5-4所示。工艺特点如下：

① 处理流程充分考虑了水量、水质的变化。设有2个5000m³调节罐，用来均衡调节水量、水质和水温等的变化，降低来水不均匀性对后续处理设施的冲击。

② 强化石油类物质（油类物质对生化污泥具有毒性）的去除效果，确保生化进水油含量。浮动收油设备在含油污水调节罐中，该浮动收油设备可收集浮油从而降低气浮设备的负荷。该项目采用了两级气浮工艺：一级气浮采用部分回流加压溶气气浮，其产生的微气泡可降低乳化油及溶解油的含量；二级气浮采用涡凹气浮技术，具有充气量高，自动回流，不设置回流泵，占地面积小，能耗低的特点，气浮加药充分考虑污水的特点，设置了絮凝剂、助凝剂投加设施，保证除油效果的同时，降低了COD值，减轻了生化池负荷。

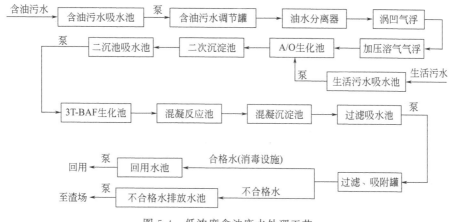

图 5-4 低浓度含油废水处理工艺

③ 加药装置可根据水量和水质调整加药量。加药装置包括干粉自动吸入系统、干粉投加机、混合装置及加药泵自动变频控制，可根据进水量自动控制药剂投加，自动化程度高。

④ 采用先进的控制技术，有效解决生物处理及混凝沉淀过程的控制参数。

⑤ 出水采用 ClO_2 杀菌消毒处理，具有高效、快速的杀菌效果，能有效破坏酚、硫化物、氰化物和其他有机物，安全可靠。

（3）处理效果

低浓度废水处理装置出口最大日均 pH 值为 8.0～8.2、COD 为 60mg/L、石油类污染物浓度为 0.15mg/L 等，均满足 GB 8978—1996《污水综合排放标准》一级限值要求。该流程的主要构筑物及处理效果见表 5-2。

表 5-2　主要构筑物及处理效果

序号	构筑物名称	位置	水量/(m³/h)	污染物/(mg/L)			
				COD	石油类	氨氮	硫化物
1	隔油＋两级气浮	进口	340	456	186	25	2.1
		出口	340	320	19	25	2.1
		去除率/%		30	90	—	—
2	推流爆气	进口	340	320	19	25	2.1
		出口	340	110	9	13	0.4
		去除率/%		66	50	50	80
3	沉淀池	进口	340	320	19	13	0.4
		出口	340	110	9	13	0.4
		去除率/%		66	53	—	—
4	3T-BAF 生化池	进口	340	110	9	13	0.4
		出口	340	45	4.5	33	0.1
		去除率/%		59	50	9	97

序号	构筑物名称	位置	水量/(m³/h)	污染物/(mg/L)			
				COD	石油类	氨氮	硫化物
5	过滤+活性炭吸附罐	进口	340	110	9	13	0.4
		出口	340	45	4.5	33	0.1
		去除率/%		20	40	—	75
	总去除率/%			92	98.5	64	99.7

5.2.1.3 高浓度废水处理工艺和效果

（1）废水来源

高浓度污水主要包括煤液化、加氢精制、加氢裂化及硫黄回收等装置排出的含硫、含酚、高COD污水。

（2）处理工艺

高浓度污水处理采用"两级气浮＋调节罐＋厌氧生物流化床（3T-BAF）＋曝气生物流化床＋混凝沉淀＋过滤"工艺，其工艺过程如图5-5所示。

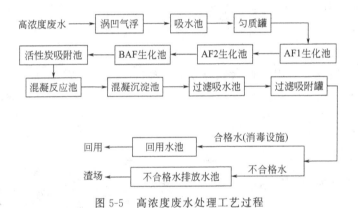

图5-5 高浓度废水处理工艺过程

高浓度废水中油的质量浓度一般小于100mg/L，在进入端投加聚合氯化铝（PAC）及聚丙烯酰胺（PAM），在混合反应设备内与进水充分反应后，进入气浮分离段。微气泡的吸附力使其吸附在油滴表层，进而增加了其在水中的浮力，从而达到油水分离的目的。气浮池中设有链条式刮沫机，刮除表面浮渣，出水中含油量控制在小于10mg/L（含浮化油）。采用一级涡凹气浮处理后，可以将废水中油浓度降低到10mg/L以下，同时可以去除大部分的悬浮物和少量COD（去除率在10%左右）。

生化处理系统设置为厌氧（AF1）、兼氧（AF2）和好氧（BAF）3段。AF1厌氧生物滤池的主要作用是进行厌氧处理，厌氧段对难降解有机物进行酸化水解和甲烷化，可以提高废水的B/C比，提高废水的可生化性。AF1池共分八组五级并联运行，每级采用下进上出逐级溢流的方式布水。底部设置曝气管供开工期间使用，池顶为密闭混凝土盖，将甲烷气体统一收集后送入沼气处理设施焚烧处理。为避免甲烷与空气混合后形成爆炸性气体，平时运行时严禁曝气。底部设置排泥管用于排泥及放空。为保证厌氧池的最低表面负荷，防止污泥沉积，厌氧池出水经厌氧回流泵回流，回流比按 2：1 设计，厌氧段出水通过配水槽进入兼氧段。

AF2 兼氧生物滤池是厌氧和好氧的过渡段，在正常运行过程中，可根据水量水质的变化，调节兼氧池每级的曝气量。AF2 兼氧生物滤池采用了八组五级并联运行的运行模式，每级采用下进上出的逐级溢流方式布水。底部设置曝气管用于搅拌和反冲洗，运行气水比为 20：1，底部设置排泥管。该工程将 BAF 出水回流至 AF2，利用进水中的碳源进行反硝化，同时为后段氨氮的硝化提供碱度，减少加碱量，降低运行成本，还可以防止产生硫化氢气体。池内设 4 组溶解氧（DO）在线仪表，控制 DO 的质量浓度小于 1mg/L，以保证处理效果。

AF2 池出水自流进入 BAF 池，BAF 池为生物曝气滤池，其为好氧处理段，降解废水中的有机物。BAF 池（生物曝气滤池）采用了八组五级并联的运行模式，每级采用下进上出逐级溢流的方式布水。池内可以分为上中下三层，上层为清水层，中间层装填高效悬浮专用载体，下层为曝气系统。曝气系统的气水比为 40：1，底部设置排泥管。BAF 出水经泵设置了回流，回流比为 1：1，回流水主要作为调试和进水浓度较高时的稀释水源。为了避免曝气产生过多的泡沫，通常会安装溶解氧（DO）在线仪表和喷淋消泡设施。一般曝气池内的 DO 浓度控制在 2～4mg/L，好氧生物处理的效果才有保证。

经过生物处理后的出水，采用粉末活性炭吸附可以进一步提高处理效果。

粉末活性炭（PACT）先配成悬浮状后，然后泵入混合池与生物处理后出水混合均匀后进入吸附池。吸附池出水混合了粉末活性炭后进入混凝反应池，然后投加 PAM 进行充分混合、反应、其出水进入混凝沉淀池，最后泥水分离，该粉末活性炭工艺可以去除大部分悬浮物及少量生化处理未能去除的 COD，显著提高了出水效果。混凝沉淀池出水自流至过滤水池，由提升泵加压进入过滤吸附罐。该装置管路控制采用自动化的气动蝶阀控制。控制装置为 PLC 系统，该系统通过传感器和程序监控进出口压，该系统可以通过压力差或时间控制自动反冲洗频率。

为了消毒灭菌，该项目向过滤器出水投加二氧化氯，其出水可作为循环水场的补充水。出口监测仪器检测到水质不合格，该水会切换进入不合格排放水池，然后送至蒸发处理系统。

（3）处理效果

高浓度废水处理系统对硫化物、石油类、挥发酚、COD 的去除率均可以达到 90%以上，最终处理出水效果较好，其主要构筑物及处理效果如表 5-3。

表 5-3　主要构筑物及处理效果

序号	构筑物名称	位置	水量/(m³/h)	污染物/(mg/L)				
				硫化物	氨氮	石油类	挥发酚	COD
1	涡凹气浮＋溶气气浮	进口	270	50	100	100	50	10000
		出口	270	5.0	90	20	35	7000
		去除率/%		90	10	80	30	30

序号	构筑物名称	位置	水量/(m³/h)	污染物/(mg/L)				
				硫化物	氨氮	石油类	挥发酚	COD
2	3T-AF	进口	270	5.0	90	20	35	7000
		出口	270	3.0	70	10	10	4000
		去除率/%		40	22	50	71	43
3	3T-BAF	进口	270	3.0	70	10	10	4000
		出口	270	0.5	15	5	0.5	100
		去除率/%		80	33	40	80	30
4	混凝反应+沉淀	进口	270	0.5	15	5	0.5	100
		出口	270	0.1	10	3	0.1	70
		去除率/%		80	33	40	80	30
5	过滤+活性炭吸附	进口	270	0.1	10	3	0.1	70
		出口	270	0.1	10	3	0.1	50
		去除率/%		—	—	—	—	30
总去除率/%				99.9	90	97	99.8	99.5

5.2.1.4 含盐废水处理工艺和效果

(1) 废水来源

含盐废水由循环冷却水排污水、化工区凝结水站中和废水、热电中心除盐水站排水三部分组成。循环冷却水排污水来自厂区三座循环水装置的旁滤器反洗水和强制排污水;凝结水站中和废水来自过滤器反洗水和混床再生废水;除盐水站排水来自过滤器反洗水和离子交换再生废水,经站内酸碱中和废水池中和预处理后排出。

(2) 处理工艺

含盐废水采用"溶气气浮+微滤+反渗透+蒸发器"的组合工艺。工艺流程如图 5-6 所示。气浮和澄清池排出的泥渣收集到污泥池中,底泥送入污泥处理系统。

溶气气浮系统 (DAF):循环冷却水系统排污水的水质通过投加 $FeCl_3$、$MgSO_4$、助凝剂及 NaOH 等多种药剂,控制 DAF 出水的 pH 值为 11.1～11.3。为了去除水中油、暂时硬度和悬浮物,为了脱硅,会投加镁剂。

一部分气浮池出水加压至 0.6MPa,然后减压阀释放,水中溶解的气体形成微气泡浮出水面,将水中颗粒物及油滴带出,通过刮沫机排出;一些过重的沉淀污泥通过池底刮泥耙收集经池底中心排泥管排出,清水从气浮池的中部导出引至集水槽。气浮系统设计进水悬浮物的质量浓度约为 1000mg/L,澄清水悬浮物的质量浓度预期小于 2mg/L,浊度小于 2NTU。

微滤系统 (MF):气浮出水调节 pH 值小于 10 (保持在 9.6～9.9) 后送入 MF,MF 采用中空纤维膜系统。MF 膜系统采用两组平行的膜组件整体撬装,每个 MF 单元的设计产水量是 106.5m³/h,MF 的水回收率在 90%～98%,出水 SDI 小于 3。MF 单元的进水首先通过自清洗过滤器,以便去除大于 400μm 的固体颗粒。在正常的模式下

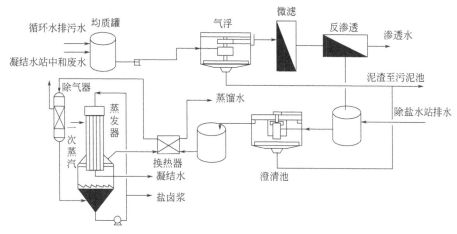

图 5-6　含盐废水处理工艺流程

运行时，当过滤器入口和出口的压差较高时，旋转筛过滤器可以自动反洗，或者可以手动启动过滤器的反洗。MF 按正常产水、反洗、膜通量维护等步骤自动运行，并配有膜完整性检测系统。大约每隔 20min，MF 单元将自动地对膜进行少于 2min 的冲洗维护；每日进行一次自动的化学加强洗，持续时间为 45～60min；定期手动进行在线清洗，以便清理膜上那些不能被冲洗或者化学加强洗循环清除的沉淀物。

反渗透系统（RO）：RO 系统设计能力为 $2\times78.5\text{m}^3/\text{h}$，水回收率为 75%。微滤出水进入中间水箱，提升后通过 $5\mu\text{m}$ 滤芯保安过滤器后进入 2 套 RO 系统进行处理。保安过滤可以截留住大于 $5\mu\text{m}$ 的污染物，对 RO 膜起到保护作用，压差高于 100kPa 时，需要更换滤芯，否则处理流量会显著减小。还原剂、阻垢剂和硫酸也需要投加到 RO 膜系统，亚硫酸氢钠作为还原剂，用于去除 RO 进水中的残余氯，以防止氯会氧化 RO 复合膜；硫酸用于将 pH 值降低到大约 6.5，以便确保 RO 系统中不会形成水垢；阻垢剂被添加到 RO 进水中，用于阻止 RO 薄膜上形成硫酸钙和二氧化硅水垢。膜组件不要求反洗，但是需要定期就地清洗。经 RO 系统进一步去除水中污染物，产生的透过液进入储罐，经泵提升进入反渗透产品水罐，可供回用。排出浓水与热电中心废水调节罐出水在浓盐水罐混合后，提升进入后续澄清池单元。

澄清池：该澄清池采用了叶轮提升装置和一个导流筒的设计。该设计对固体颗粒再循环，实现了强化絮凝，絮体粒径会更大，增大的絮体经过污泥床时，进一步被截留，从而起到澄清效果，在进水中投加聚丙烯酰胺和硫酸铝以帮助絮凝，澄清池中的循环也可以促进这些化学药品的分散，以使更好地发挥其效果。

通过在固体接触澄清池中的固液分离，废水中所含的悬浮固体以及絮凝产生的氢氧化铝都会从溶液中沉淀出来，从澄清池出水槽溢流出来的清水浊度小于 5NTU，输送到清水罐，再由泵送至蒸发器进料缓冲罐。澄清池沉淀的泥渣通过池底刮泥机收集到导流筒入口和污泥坑处，浓缩污泥将被清除并且运送到污泥罐中。

蒸发器系统：采用蒸发器对浓水进行蒸发。进料水首先通过调节 pH 值至约 5.5～6.0，使水中碳酸盐碱度转换成二氧化碳，然后将调节 pH 后的进料水通过泵送入热交换器；加热后的盐水被送入除氧器，该除氧器是一个汽提塔，主要去除二氧化碳、氧气和不溶性气体等；经调节、加热和除氧的盐水进入蒸发器底部，并和浓缩器内部循环的盐水进行混合，利用盐种循环系统保持盐水中适当浓度的盐种，使得在蒸发器传热表面不结垢的情况下浓缩盐水成为可能。

含盐浓水分别经加酸、预热和脱气处理后，最后进入盐水浓缩器进行蒸发处理，该蒸发系统使用蒸汽进行浓水蒸发，一次蒸汽冷凝液送全厂凝结水站回收利用，蒸发器排出的二次蒸汽通过空冷器冷却为凝结水后用泵送入蒸发器产品水罐。蒸发工艺将进料浓缩为大约1/11，水的回收率大约为91%，产品为高品质的蒸馏水。经蒸发器浓缩处理后排放少量的盐卤水，固溶物的质量浓度可高达300000mg/L，送至厂外渣场的蒸发塘进行自然蒸发。

（3）处理结果

该处理系统自投入运行以来，实现了长期稳定运行。对循环水排污水成功地进行了回收。含盐废水处理前后的水质对照见表5-4。

表5-4　含盐废水处理前后（排放量均为 435m³/h）水质对照

类别	COD	SO_4^{2-}	氨氮	Cl^-	TDS	TSS
处理前/(mg/L)	170	460	45	1400	4625	35
处理后/(mg/L)	<50	<300	<15	<300	<10	<30
去除率/%	>70	>35	>66	>80	>99.8	>15

5.2.1.5　催化剂制备废水处理工艺和效果

（1）废水来源

催化剂废水指催化剂制备过程中排出的高含盐污水。此种废水的水质特点是含有大量的硫酸铵，其总溶解固体（TDS）含量约5.8%，催化剂废水经预处理后进入 E2 蒸发器处理，浓缩液进入结晶系统处理。

（2）处理工艺

在煤液化催化剂制备过程中，所产生的废水具有水量大、含盐量高、高氨氮、难降解、高悬浮物、污染物成分比例不确定的特点。污水中的 NH_3-N 主要以无机铵盐和游离氨的形式存在。基于上述水质特点，采用"斜板沉降＋流砂过滤器＋蒸发＋结晶"组合处理工艺。

经过"斜板沉降＋流砂过滤器"预处理，控制出水 SS<15mg/L，然后进入后续E2 蒸发器。E2 蒸发器与 E1 蒸发器的工作原理相同，E1、E2 蒸发器串联在一起，组成一个二效蒸发系统。E1 蒸发器的二次蒸汽作为 E2 蒸发器的热源完成对催化剂污水的蒸发，该系统可以降低能耗。E2 蒸发器排出的蒸汽送至冷凝段，冷凝液与催化剂污水换热后送入蒸馏液罐作为产品水回收。由 E2 蒸发器下部排出的二次蒸汽凝液与 E1进料水换热后送入蒸馏液罐作为产品水回收。通过加酸，可以减少氨的挥发。经 E2 蒸发器排出的浓缩液送至后续结晶工序。

浓缩液（约90℃）进入浓缩结晶罐的上部闪蒸。蒸发罐内料液温度控制在60～65℃，经加热室加热、蒸发、结晶，无机盐全部以固形物的形式析出。浆料通过离心机脱水，脱水后的固形物含水率约为5%。

（3）处理效果

催化剂制备废水处理效果较好，对TDS的去除率达到99.98%以上。其处理前后的水量、水质数据见表5-5。

表5-5 处理前后（排放量均为309m³/h）水质对照

类别	COD	SO_4^{2-}	氨氮	Cl^-	TDS	TSS
处理前/(mg/L)	85.6	35000	1300	5.5	46650	16
处理后/(mg/L)	<50	<300	<15	5.5	<10	16
去除率/%	>42	>99.2	>99.9	—	>99.98	—

固体结晶盐主要为硫酸铵，含氮量高达16%，其可作为农用硫酸铵回收利用，以降低处理成本。而实际运行 Cl^- 含量高于设计值，蒸发器材质等级设计较低，导致蒸发器的操作不能在原设计的酸性条件下进行，而改为碱性条件下运行。蒸馏液中含有较高的氨，而且耗碱量巨大，含盐量也较高。

5.2.2 煤间接液化制油废水处理

5.2.2.1 隔油+双气浮+A/O+二沉池+高密沉淀池+Ｖ形滤池+臭氧氧化+BAF滤池

神华宁煤400万吨/年的煤间接液化示范项目位于宁夏银川市宁东能源化工基地，该项目是目前世界石油化工及煤化工行业一次性投资建设规模最大的化工项目。其年合成油品405万吨，主要包括柴油273万吨、石脑油98万吨，液化石油气34万吨，副产品硫黄12.8万吨、硫酸铵10.7万吨等。该项目于2013年9月开工建设，2016年投产，其间接液化工艺过程如图5-7所示。

（1）废水来源

神华宁煤间接液化项目的主要废水来源包括生产装置和辅助设施两大类。主要来源可细分为生活污水系统、生产废水系统、清净废水系统、事故排水系统等。

生活污水排水系统主要用于收集建构物内卫生间、餐厅等的生活污水。含油污水和生产废水系统主要收集和排放各工艺装置排水、设备冲洗水、管道冲洗水及冷却水等。生产废水在污水处理厂内经过预处理满足污水生化处理后才可以进入生化处理单元处理。清净废水系统主要用于收集和排放各装置的清净废水和含盐废水，其废水主要来源于循环排污水、除盐水、锅炉排污水等。

清净雨水系统主要用于收集和排放雨水，采用重力流收集，然后进入雨水调节池和雨水提升泵，然后排放到雨水排洪沟，最后统一送至污水处理厂。

事故排水系统主要用于收集和排放生产装置发生事故时的泄漏物料，发生火灾后的消防喷淋水、设备冷却水等。该项目设有消防事故水池（设置在厂内）、污水事故水池（设置在厂内）及厂外暂存池。

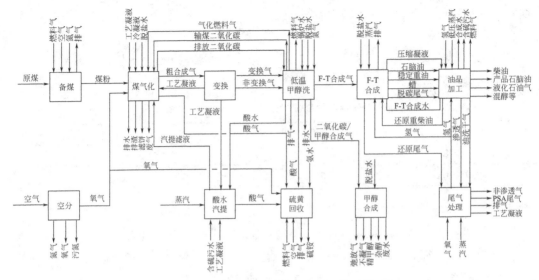

图 5-7　神华宁煤间接液化主要工艺过程

（2）处理工艺

废水处理工艺过程主要包括预处理、生化处理和深度处理。对生活污水的预处理主要是采用格栅去除生活污水中的大固体和漂浮物，防止堵塞设备和管道。对含油废水的预处理采用隔油＋双气浮的工艺，可以去除水中的石油类物质。生化处理和深度处理工艺采用的是 A/O＋二沉池＋高密度沉淀池＋V 形滤池＋臭氧氧化＋BAF 滤池。其具体工艺过程如图 5-8 所示。

厂区生活污水经厂区污水收集管网重力流入，经过格栅处理后，经泵提升至均质调节罐中。合成废水在废水调节罐中均质、均量处理，然后经过涡凹气浮和溶气气浮处理降低含油量到 10mg/L 以下，除油后出水自流入厌氧提升池进一步降低 COD，厌氧池产泥排入厌氧储泥池中。

生产废水来水流入初沉池中，初沉池出水提升至均质调节罐与生活污水、含油废水、合成废水进行均质、均量，可以防止废水的波动对后续生化处理系统的冲击。调节池出水自流入生化 A/O 池中，废水中的 COD、氨氮等污染因子在 A/O 池中得到降解去除。A/O 池出水自流入二沉池中进行泥水分离。分离出的活性污泥一部分回流至生化池前端，用于补充生化系统的污泥，一部分以剩余污泥的形式与初沉池污泥一同排入污泥浓缩池中。二沉池出水自流入中间水池 2 后进行深度处理。中间水池 1 出水、生产废水、初沉池提升出水与集水井出水在均质调节罐中进行均质、均量。

中间水池 2 出水提升至高效沉淀池，主要作用是脱除水中的硬度，高效沉淀池污泥排入软化污泥储池中。高效沉淀池出水自流至 V 形滤池。V 形滤池反冲洗水来自出水监测池，反冲洗水排入反冲洗收集池中。V 形滤池出水自流入臭氧接触提升池，臭氧起到开环、断链作用，将难降解的物质变为易降解的小分子物质，臭氧处理后出水进入 BAF 池处理。BAF 池中通过增加填料、微生物膜通过吸附、降解、截留等原理进一步去除废水中的有机污染物、氨氮等。BAF 反冲洗水来自出水监测池，反冲洗水排入反冲洗收集池中，与 V 形滤池的反洗水一同提升至中间水池 2 中。BAF 池出水进入出水监测池中。

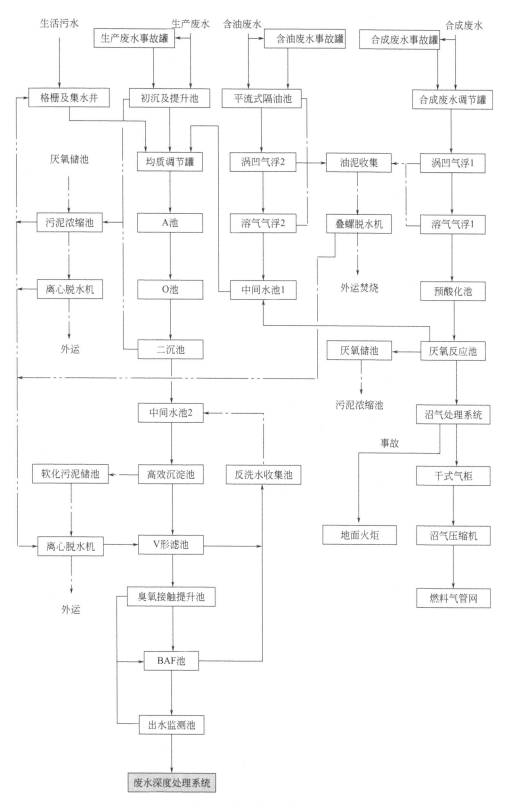

图 5-8　废水处理工艺过程

厌氧池产生的沼气进入沼气处理系统。沼气经净化后进入沼气利用系统。平流式隔油池底泥、涡凹气浮池的油泥排入油渣收集池中，通过螺杆泵送入叠螺式脱水机中进行脱水。脱水后的污泥外运焚烧。生化污泥进行离心脱水处理，脱水后污泥外运处置。

（3）处理效果

经过该工艺处理后，项目的主要污染因子为 COD_{Cr}、BOD_5、氨氮、悬浮物等均有比较好的去除效果，其处理效果如表 5-6 所示。

表 5-6　各工艺处理效果

序号	处理工艺	污染物	COD_{Cr}	BOD_5	氨氮	SS	石油类	总硬度	Ca^{2+}
1	A/O+二沉池	进水/(mg/L)	1300	650	80	250	10	580	232
		出水/(mg/L)	114	25	8	25	3	522	208
		去除率/%	91	96	90	90	70	10	10
2	高密沉淀+V形滤池	进水/(mg/L)	114	25	8	25	3	522	209
		出水/(mg/L)	108	23	8	2.5	3	235	94
		去除率/%	5	8	0	90	0	55	55
3	臭氧+BAF	进水/(mg/L)	108	23	—	3	235	94
		出水/(mg/L)	43	8	1.6	—	0.9	235	94
		去除率/%	60	65	80	—	70	55	0

5.2.2.2　预处理+ASB+HBF+高密池+V形滤池+双膜+消毒工艺

山西潞安集团高硫煤清洁利用油化电热一体化示范项目，分两期建设，一期建设年产 100 万吨煤间接液化制油生产线，二期建设以钴基蜡油为原料年产 80 万吨清净油品及高端精细化学品生产线。一期项目于 2013 年 3 月开工建设，2017 年 12 月投产，其规模为年产氨醇 240 万吨、清洁燃料 100 万吨。废水处理规模为 24000m^3/d，一期工程建设规模为 12000m^3/d。

（1）废水来源

全厂废水来源包括甲醇厂区生活及化验废水、煤气化废水、低温甲醇洗废水、变换废水、精馏废水、脱硫、脱碳废水、精馏废水、地面冲洗废水、初期雨水等，其混合进水水质见表 5-7。

表 5-7　进水水质

项目	SS	COD	BOD	氨氮	钙	镁
浓度/(mg/L)	130	930	2000	160	846	7.5

（2）处理工艺

该项目采用的处理工艺是"废水＋综合废水调节池＋预处理（混凝沉淀）＋生化处理（UASB＋HBF）＋回用水处理（高密池＋V形滤池＋双膜＋消毒）＋回用"的废水处理及回用工艺。其工艺过程如图 5-9 所示。

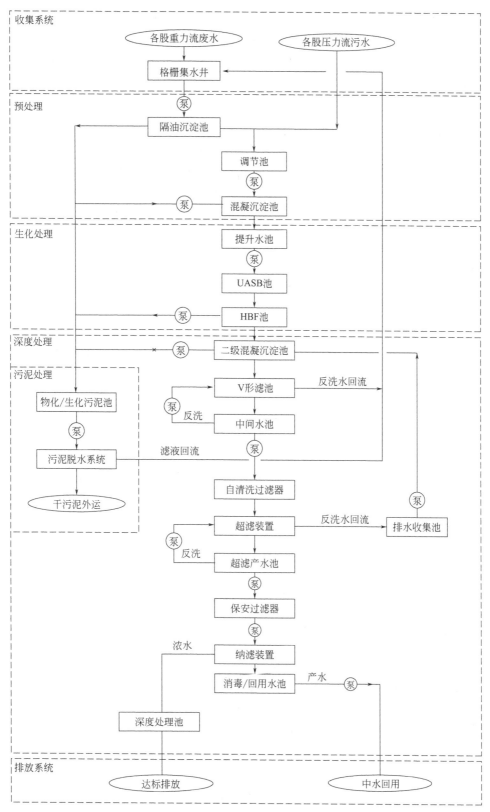

图 5-9　废水处理工艺过程

该项目的废水处理系统由收集系统、预处理、生化处理、深度处理和排放系统组成。各重力流废水经过格栅处理后同压力废水一起进入预处理系统，进行除油和混凝沉淀处理。经过预处理出水泵入 UASB 池处理，UASB 池反应产生沼气，由排气管导出后集中统一处理，经过该厌氧工艺，可以分解废水中的有机污染物。

UASB 池出水经过 HBF 池。HBF 池是在传统的 A/O 工艺及 SBR 技术的基础上改进成功的污水处理工艺，其实质是两级 A/O 工艺后接序批分离，并在 O1、O2 池及序批池内增加固定床平板填料。该方法为微生物的生长繁殖创造了良好的生存环境和水力条件，使得氨氮的硝化、反硝化、有机物的降解等生化过程有高效的反应状态，有效地提高生化去除率。采用该工艺处理后，HBF 的出水 COD 浓度可以降低到 50mg/L 以下，氨氮可以降低到 5mg/L。HBF 出水采用"二级混凝沉淀＋V 形滤池＋超滤＋纳滤＋消毒"的深度处理工艺，处理出水能够中水回用或者达标排放。

（3）处理效果

该项目废水经过处理后可以达到排放水质要求和回用水质要求，废水处理的回用率达到75％，回用量约为 9000m³/d，其排放水水质和回用水水质主要参数要求见表 5-8 和表 5-9。

表 5-8　排放水主要水质参数要求

项目	SS	COD	氨氮	总磷	硫化物	石油类
浓度/(mg/L)	≤30	≤50	≤15	≤0.5	≤0.5	≤3

表 5-9　回用水主要水质参数要求

项目	浊度/NTU	pH 值	BOD/(mg/L)	COD/(mg/L)	总硬度/(mg/L)	氨氮/(mg/L)	TDS/(mg/L)	石油类/(mg/L)
数值	≤5	6.5～8.5	≤10	≤50	≤450	≤5	≤100	≤1

参考文献

[1]　高实泰.对我国现代煤化工（煤制油）产业发展的思考 [J].煤化工，2012 (5)：34-37.

[2]　张杨健.我国发展煤制油的可行性和前景分析 [J].中国石化，2011 (1)：21-23.

[3]　李克键，吴秀章，舒歌平.煤直接液化技术在中国的发展 [J].洁净煤技术，2014，20 (2)：39-43.

[4]　沈小波.煤制油新局 [J].能源，2014 (5)：43-49.

[5]　贾怀东.煤制油：倍受质疑的环境代价 [J].生态经济，2013 (3)：14-17.

[6]　雷少成，张继明.煤制油产业环境影响分析 [J].神华科技，2009，7 (3)：84-88.

[7]　吴秀章.现代煤制油化工生产废水零排放的探索与实践 [R].2014-05.

[8]　解玉梅.煤制油产业技术现状及发展要素条件分析 [J].化学工业，2009，27 (1-2)：23-30.

[9]　雒建中.神华煤直接液化示范工程废水处理工艺分析 [J].洁净煤技术，2012，18 (1)：82-85，101.

[10]　郝志明，郑伟，余关龙.煤制油高浓度废水处理工程设计 [J].工业用水与废水，2010，41 (3)：76-79.

[11]　张玉卓.神华现代煤制油化工工程建设与运营实践 [J].煤炭学报，2011，36 (2)：179-184.

[12]　魏江波，张蔚，王立志.煤制油含盐废水处理回用工程设计与运行 [J].工业用水与废水，

2011，42（4）：77-80.

[13]　庞王学，杨泳涛，万蓉，等.煤制油有机废水的处理方法［P］.CN102795684A，2012-11-28.

[14]　徐炎华，陆曦，孙文全，等.一种煤制油废水的深度处理工艺［P］.CN103121776A，2012-05-29.

[15]　孙延辉，蔡丽娟，葛德禹.煤直接液化废水的处理方法：CN102515447B［P］.2014-02-19.

[16]　单明军，王飘杨，寇丽红，等.煤制油废水的处理装置及方法：CN103232135B［P］.2014-04-16.

[17]　徐炎华，陆曦，赵贤广.一种煤制油高浓度废水的物化预处理工艺：CN103121767B［P］.2014-05-14.

[18]　陈向前.煤制油废水预处理的研究［D］.咸阳：西北农林科技大学，2011.

[19]　陈向前，孟昭福，单明军，等.石灰-铁盐法预处理煤制油废水的研究［J］.环境科学与技术，2011，34（8）：169-172.

[20]　秦树林，王忠泉，吴洪锋，等.多元微电解填料对煤制油废水预处理的影响［J］.环境工程学报，2014，8（7）：2880-2884.

[21]　陈莉荣，杨艳，尚少鹏.PACT法处理煤制油低浓度含油废水试验研究［J］.水处理技术，2011，37（11）：63-65.

[22]　关姝琦，单明军，杨鹏，等.SH-A工艺处理煤制油废水的研究［J］.燃料与化工，2012，43（5）：50-52.

[23]　杨艳.煤制油低浓度含油废水处理工艺研究［D］.包头：内蒙古科技大学，2011.

[24]　周从文.煤液化高浓度污水处理工艺中3T-IB固定化微生物技术的应用［J］.化学工业与工程技术，2013，34（3）：17-20.

[25]　张延斌，郭庆举.煤制油污水带油解决方案［J］.煤化工，2011（5）：39-40.

[26]　狄秋明.GEM气浮在煤制油企业合成废水除油中的应用［J］.中国新技术产品，2020（6）：114-116.

[27]　武金伟.EGSB-SBR工艺处理煤制油废水试验研究［D］.北京：清华大学，2015.

[28]　刘永.MBR＋UF＋RO工艺深度处理煤液化废水［J］.工业技术，2017（30）：95-99.

[29]　王宝莲，杨帆.MBR工艺对煤制油废水污染物去除效果研究［J］.工业水处理，2019（2）：75-77.

[30]　彭思伟.高级氧化技术对煤制油废水中典型有机污染物的去除研究［D］.北京：中国矿业大学（北京），2019.

[31]　纪志国.高密度沉淀池在废水化学除硬中的研究与应用［J］.工业技术，2019（31）：56-57.

[32]　包岳，刘春辉.零排放技术在煤液化催化剂废水处理上的应用［J］.内蒙古石油化工，2015（7）：87-89.

[33]　罗云萧.煤粉吸附法处理煤化工含油废水试验研究［D］.徐州：中国矿业大学，2018.

[34]　邬耀飞.浅析MBR平板膜在煤直接液化废水中的应用与探索［J］.化学工程与装备，2019（3）：257-259.

[35]　童杰，胥柯以，孙伏昆，等.原料煤吸附预处理煤制油废水的试验研究［J］.选煤技术，2021（2）：131-135.

[36]　黄格省，雪静，杨延翔，等.我国煤制油技术发展现状与产业发展方向［J］.石化技术与应用，2017，35（6）：421-428.

[37]　丁郡瑜.中国煤制油产业现状与发展环境分析［J］.国际石油经济，2017，25（4）：45-49.

[38]　徐振刚.中国现代煤化工近25年发展回顾·反思·展望［J］.煤炭科学技术，2020，48（4）：1-25.

[39]　王浩.12000m³/d煤制油废水处理及回用项目一期工程设计探讨和实践［J］.上海化工，2021，46（3）：17-21.

6

煤制天然气废水处理技术

6.1
概述

天然气是一种重要的清洁能源，在发电、工业燃料、化工原料、汽车能源、居民燃气等方面具有广泛用途。采用天然气作为一次能源，可以减少二氧化硫、二氧化碳、氮氧化合物的排放，能从根本上改善环境质量。

《中国天然气发展报告（2021）》显示，2020 年中国天然气消费量 3280 亿立方米，增量约 220 亿立方米，同比增长 6.9%，占一次能源消费总量的 8.4%。全国天然气产量 1925 亿立方米，同比增长 9.8%；天然气进口量 1404 亿立方米，同比增加 3.6%。报告同时指出，发展天然气是我国实现"双碳"目标和"美丽中国"的重要力量。

截止到 2020 年底，我国已建成投产的煤制天然气项目 4 项，总产能为 51.05 亿立方米/年，产量为 43 亿立方米/年，具有良好的发展潜力和前景。

随着环保要求的日益提高，煤制天然气废水问题不容忽视。由于废水中污染物浓度高而复杂，造成处理难度很大。目前常用的处理工艺是酚氨回收后进入生化单元进行处理，处理工艺因出水水质要求不同差异较大。

6.1.1 煤制天然气技术简介

煤制天然气工艺过程如图 6-1 所示。该工艺是以煤为原料，以水蒸气和氧气为气化剂，经气化炉气化产生粗煤气，即含 H_2 和 CO 的合成气。粗煤气经变化单元使其中的 H_2/CO 为 3，然后进入净化单元去除其中的 CO_2、H_2S 等酸性气体。

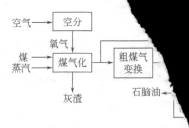

图 6-1　煤制天然气

净化后的合成气进入甲烷化单元进行甲烷合成

换、合成气净化及甲烷化等单元。

6.1.2　煤制天然气的废水特征

多年来，我国煤制天然气产业中使用率最多、发展最

为：鲁奇气化工艺、壳牌气化工艺和德士古气化工艺。基于粗

用低、国产化程度高等优势，鲁奇炉煤制气工艺在煤制天然气领

气化工艺 1t 煤会产生 $0.8\sim1.0m^3$ 废水，废水组分极其复杂，具

表 6-1　煤制天然气废水水质

序号	工艺阶段	水质检测项	
1	酚氨回收	COD	9000~
		总酚	>5
		氨氮	>300
		油	>300
2	生化处理	COD	3000~4000
		总酚	300~500
		氨氮	150~300
		油	100~200

经酚氨回收后进入生化处理工段的废水主要特征是：

① COD 浓度高，含量在 3000~5000mg/L。

② 氨氮含量高，在 250mg/L 左右。

③ 有机污染物种类多，毒性大。包括芳香族化合物、含硫化合物、含氮化合物、稠环化合物等，其中的酚、氨、油、硫化物等对生化系统有毒害作用。

④ 表面活性物质多，脂肪酸盐可达 1000mg/L，导致气浮和好氧生化池可能产生大量泡沫。

⑤ 废水可生化性差，B/C 值低于 0.3。

⑥ 废水中可供微生物使用的营养不均衡，需要补充磷。

⑦ 色度高，可达 1000 度左右。

⑧ 水质、水量波动大，尤其是有机物的种类和浓度随着煤炭品质变化很大。这就容易对生化单元的菌种造成冲击，不利于整个系统的稳定运行。

大唐内蒙古克什克腾旗煤制天然气示范项目 2013 年
期建设，一期产能为日产天然气 400 万立方米。
艺过程如图 6-2 所示。

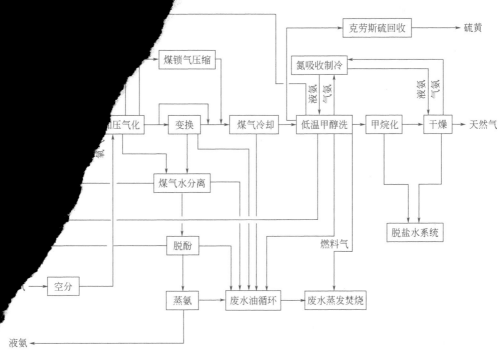

图 6-2　大唐克旗煤制天然气项目工艺过程

大唐克旗煤制天然气项目采用碎煤加压气化工艺，产生的废水首先进入煤气水分离
装置，脱除废水中的溶解气和部分油类；然后进入酚氨回收装置进行处理，脱除废水中
的酸性气体并回收其中的酚和氨；出酚氨装置的废水先后经过生化处理、深度处理、超
滤和反渗透处理后回用至新鲜水池。反渗透装置出的浓水与循环水系统排污水、再生废
水等浓盐水进入浓盐水单元分离出来后，最终进入多效蒸发装置，其中冷凝液回到新鲜
水池，结晶盐外送处置，整体不产生外排废水。

（1）处理水量及水质

一期有机污水平均排水量为 706m³/h，具体的水量及水质见表 6-2 和表 6-3。

设计酚氨回收出水，即污水处理场的设计进水水质达到表 6-4 中的出水水质，然后
进入后续生化单元进行处理。

表 6-2　废水水量及水质

项目	化验区生活及化验污水/(m³/h)	厂前生活区生活污水/(m³/h)	碎煤加压气化污水/(m³/h)	甲醇废水/(m³/h)	间断地坪冲洗水和初期雨水/(m³/h)
平均水量	5	60	500	8	10
最大水量	20	60	550	8	10
折合设计水量	15	60	605	9	11

表 6-3　煤水分离污水的水质　　　　　　　　　　单位：mg/L

项目	pH 值	COD_{Cr}	挥发酚	多元酚	氨氮	CO_2	石油类
数值	9.0~10.0	≤30000	≤6000	≤2000	<1000	未检测	≤500

表 6-4　酚氨回收出水水质　　　　　　　　　　单位：mg/L

项目	pH 值	COD_{Cr}	BOD_5	挥发酚	多元酚	氨氮	SS	石油类	总磷(以 P 计)
数值	6.0~9.0	≤3500	980~1015	≤300	≤400	<250	≤120	≤50	≤2

（2）出水水质

该项目的出水作为生产工艺循环系统的补充水使用，满足 HG/T 3923—2007《循环冷却水用再生水水质标准》的要求。再生水用作循环冷却水的水质要求见表 6-5。

表 6-5　再生水用作循环冷却水的水质要求　　　　　　单位：mg/L

项目	指标值	项目	指标值
悬浮固体	≤20	硫化物	≤0.1
pH 值(25℃)	6.0~9.0	氨氮	≤15
总铁(以 Fe^{2+} 计)	≤0.3	总磷(以 PO_4^{3-} 计)	≤5
BOD	≤5	油含量	≤0.5
COD	≤80	总溶固	≤1000
总碱度+总硬度(以 $CaCO_3$ 计)	≤700	氯化物	≤500
浊度/NTU	≤10	细菌总数/(个/mL)	≤1.0×10^4

6.2.2　废水处理

（1）煤气水分离

煤气水分离装置根据重力沉降原理，利用不同组分的密度差，分离出废水中的轻油、焦油等，并利用减压闪蒸的原理分离出废水中的 CO、NH_3 和 CO_2 等气体。煤气水分离装置出水的水质情况见表 6-3。

（2）酚氨回收

由于大唐克旗一期的酚氨废水处理量高达 700~800m³/h，故回收的氨通过氨精制工段后制成浓氨水送往烟气脱硫装置。废水中的酚类采用溶剂萃取法脱除，主要利用酚类在萃取剂中的溶解度大于在水中的溶解度的性质，使废水中的大多数酚类转移至萃取剂中。由于萃取剂在水中有一定的溶解度，为了减少萃取剂的损失，需要对废水中溶解的萃取剂加以回收。大唐克旗酚氨回收工段选用的是青岛科技大学的工艺包，萃取剂为二异丙基醚，其工艺流程见图6-3。

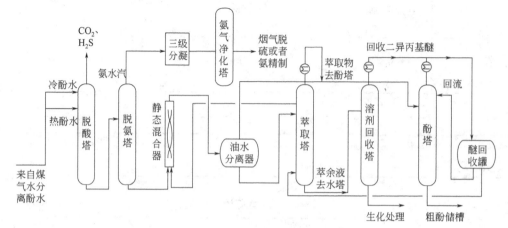

图6-3　酚氨回收工艺流程

酚氨回收工段各塔需根据原理及使用需求的不同选择不同的塔内件：a. 对于脱酸塔和脱氨塔，大唐克旗选用的是天津创举的膜喷射塔盘。实践证明，膜喷射塔盘可以有效地将抗堵周期延长至12个月甚至更长。b. 对于萃取塔，大唐克旗选用的是仿蜂窝格栅填料；酚塔选用的是浮阀塔盘。实际开车后表现出进生化装置废水总酚含量高（600～800mg/L），装置处理能力仅达到设计处理能力的80%等缺点。

2020年11月，大唐克旗经过综合对比，最终选用天津创举的专利塔盘和填料分别对酚塔和萃取塔内件进行了改造：根据塔内流体的分布规律，将萃取塔原有的仿蜂窝格栅填料更换为CJ规整填料＋CJ鸟巢网格填料（专利号：202021928217.6）的复合填料；根据酚塔精馏段和提馏段液气比的不同，将酚塔原有的浮阀塔盘更换为CJST和CJVP两种不同的喷射态塔盘。项目开车运行后，对于萃取塔，煤气水的处理能力由改造前的250m³/h提高至300m³/h，塔釜废水中的总酚含量由改造前的600～800mg/L降低至400～700mg/L，萃取相比（二异丙基醚与煤气水体积比）由改造前的1∶5降低至最低1∶7；对于酚塔，处理能力由改造前的42m³/h提高至52m³/h，塔顶回收的萃取剂中酚含量由改造前的1500～3000mg/L降低至200～1000mg/L，为整个工艺系统带来良性循环。

（3）生化处理

① 主要工艺过程。主要工艺过程见图6-4。

② 水量平衡。生化处理水量平衡见图6-5。

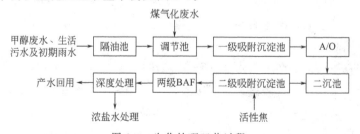

图6-4　生化处理工艺过程

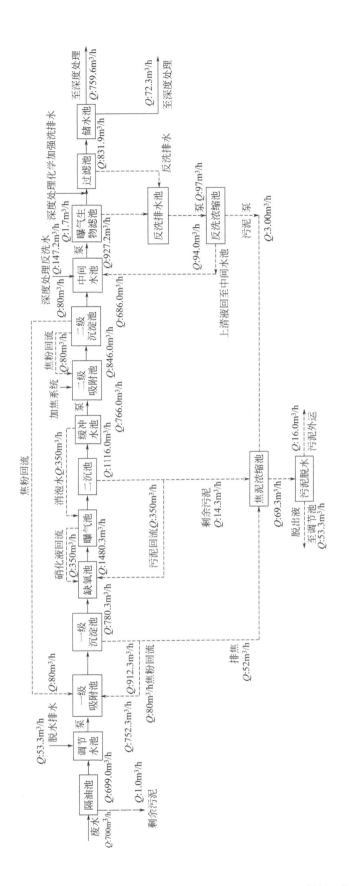

图 6-5 生化处理水量平衡

③ 处理效果。锡林郭勒盟环境保护监测站监测结果见表 6-6。

表 6-6 进出水监测结果　　　　　　　　　单位：mg/L

项目	2012-12-27			
	入口 1#（上午）	出口 2#（上午）	入口 3#（下午）	出口 4#（下午）
pH 值	9.38	7.99～8.00	9.38	7.86
五日生化需氧量	1121	11.4	1186	9.8
化学需氧量	3856.00	42.27	3812.00	42.92
挥发酚	403.6	0.073	387.8	0.088
氨氮	329.19	11.76	365.00	11.27
石油类	2.61	0.12	2.74	0.11
悬浮物	254	15	250	15

（4）深度处理

① 工艺过程，见图 6-6。

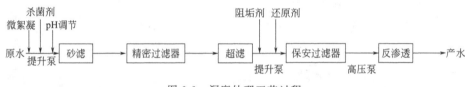

图 6-6 深度处理工艺过程

② 水量平衡，见图 6-7。

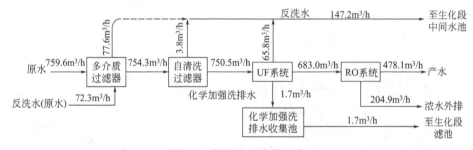

图 6-7 深度处理水量平衡

a. 多介质过滤器：主要是去除废水中的微小粒子和细菌等。该装置的设计滤速为 7.9m³/h，反洗水强度为 13～16L/(m²·s)，气洗强度为 15～20L/(m²·s)。

b. 超滤装置：主要是去除废水中的胶体、微粒、细菌和分子量相对较大的物质等。该装置的设计膜通量为 48.92L/(m²·h)，回收率为 91%，反洗周期为 30min，产水要求：污泥密度指数（SDI）≤5，浊度≤0.4NTU。

c. 反渗透装置：主要是去除废水中微粒、有机物质和无机离子等。该装置设计膜通量为 18.5L/(m²·h)，回收率为 70%，脱盐率为≥98%（一年）。

③ 处理效果。进、出水水质见表 6-7，处理效果见图 6-8 和图 6-9。

表 6-7 设计进、出水水质

指标	深度处理部分	
	进水	出水
pH 值	6.5~8.0	
COD$_{Cr}$	≤80	
BOD$_5$/(mg/L)	≤5	
氨氮/(mg/L)	≤15	
总碱度(CaCO$_3$ 计)/(mg/L)	≤200	
总硬度(CaCO$_3$ 计)/(mg/L)	≤450	
SS/(mg/L)	≤20	
含盐量/(mg/L)	≤2000	
浊度/NTU	≤10	pH 值:6.0~7.0;
Cl$^-$/(mg/L)	≤300	COD$_{Mn}$≤2mg/L;
SO$_4^{2-}$/(mg/L)	≤600	电导率≤60μS/cm
钠/(mg/L)	≤530	
钾/(mg/L)	≤10	
钙/(mg/L)	≤120	
镁/(mg/L)	≤40	
石油类/(mg/L)	≤1	
可溶性硅(SiO$_2$)/(mg/L)	≤12	
细菌总数/(个/mL)	<1000	
总磷(以 P 计)/(mg/L)	≤1	

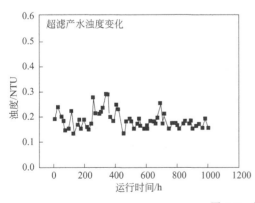 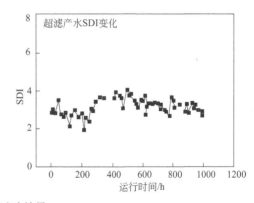

图 6-8 超滤试验效果

超滤产水浊度基本维持在 0.19NTU 左右;SDI 平均值为 3.01,为反渗透进水水质提供有效保证。

电导率在 60μS/cm 左右,脱盐率在 96% 左右。

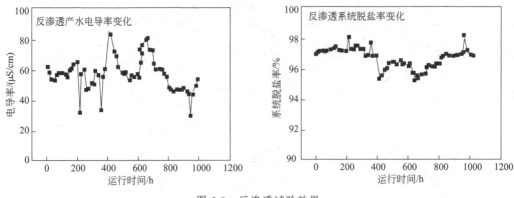

图 6-9　反渗透试验效果

6.3
新疆庆华煤制天然气废水处理项目

6.3.1　项目简况

新疆庆华集团煤制天然气项目（一期工程）以伊犁皮里青煤矿的暗煤、半暗煤为原料，采用碎煤加压气化技术进行气化，再经低温甲醇洗、甲烷化等工艺过程生产天然气（SNG）。

项目总规模为年产煤制天然气 55 亿立方米，分期建设，其中一期规模为 $13.75m^3/a$，于 2010 年 5 月开工建设，2013 年 12 月建成投产。

该项目工艺过程如图 6-10 所示。

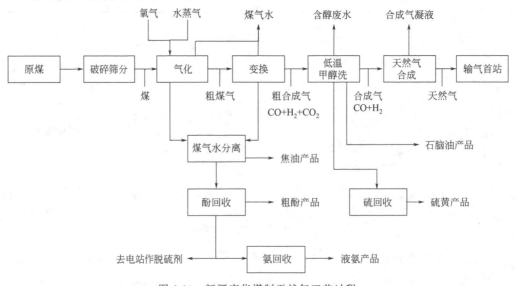

图 6-10　新疆庆华煤制天然气工艺过程

该项目废水来源及处置方式如表 6-8 所示。

表 6-8 废水来源及处置方式

序号	废水来源	废水名称	排放方式	环评主要污染因子	输送方式	最终去向
1	气化与煤气冷却	含尘煤气水	连续	焦油、油、酚类、氨、SS 等	密闭管道	煤气水分离装置
2		含油煤气水	连续	焦油、油、酚类、氨等	密闭管道	煤气水分离装置
3		气化装置灰水循环水	连续	悬浮物、甲醇、硫化物、氰化物、砷、COD 等	水泥渣池	循环使用
4	煤气水分离	煤气水分离排水	连续	硫化物、氰化物、NH_3、油、酚等	密闭管道	酚氨回收装置
5	酚氨回收	稀酚水	连续	酚、NH_3-N、异丙醚、油、COD、氯离子等	密闭管道	污水处理站
6	低温甲醇洗	甲醇水塔废水	连续	甲醇、COD、BOD、pH、HCN 等	密闭管道	污水处理站
7	变换冷却	变换冷却煤气洗涤排水	连续	甲醇、COD、BOD、pH、HCN 等	密闭管道	煤气水分离装置
8	甲烷化	甲烷合成反应水	连续	甲醇等	密闭管道	污水处理站
9	储运系统	汽车装卸车栈台及罐区	间断	COD、石油类、氨氮等	密闭管道	污水处理站
10		生活化验废水	间断	总氮、SS、挥发酚、COD、TOC 等	密闭管道	污水处理站
11		火炬分离罐排水	间断	COD 等	密闭管道	污水处理站
12		冲洗设备地坪水	间断	COD、SS、油类等	防渗地坑	污水处理站
13		空分、电站循环水排污水	连续	COD、盐类等	密闭管道	中水回用
14		净化、合成循环水排污水	连续	COD、盐类等	密闭管道	中水回用
15	公用工程	中水回用系统浓水	连续	COD、盐类等	密闭管道	高浓盐水处理系统
16		高浓盐水处理系统浓水	连续	COD、盐类等	密闭管道	多效蒸发系统
17		多效蒸发系统	连续	盐类等	密闭管道	蒸发塘
18		动力锅炉排污水	连续	总含盐量、SS、pH 等	密闭管道	中水回用
19		脱盐水站排污	连续	盐类等	管道外排	中水回用
20		气化循环水场排污水	连续	盐类等	密闭管道	高浓盐水处理系统
21	气化与煤气冷却	废热锅炉废水	连续	总含盐量、SS、pH 等	密闭管道	循环水系统
22	硫回收	废锅排污水	连续	总含盐量、SS、pH 等	密闭管道	循环水系统
23	污水处理站	生产废水、生活污水	连续	SS、COD、NH_3-N、硫化物、氰化物、CH_3OH、石油类、挥发酚、砷、总氮、TOC 等	密闭管道	部分去循环水系统，部分中水回用

6.3.2 废水处理

（1）处理过程

该项目的废水处理包括预处理、生化处理和深度处理 3 部分。处理废水主要包括酚回收废水、氨回收废水、低温甲醇洗废水、生活污水、雨水、事故水及地面冲洗水等全厂废污水。废水处理能力为 750m³/h，采用"隔油＋气浮＋调节＋水解酸化＋缺氧＋好氧＋二沉池＋混凝沉淀＋臭氧氧化＋曝气生物滤池＋超滤"处理工艺。污水处理站出水部分作循环水系统的补充水，部分进中水回用系统进一步处理。

废水处理站工艺过程如图 6-11 所示。

（2）监测结果

该废水处理效果于 2016 年 11 月 13 日～14 日进行了现场监测，其结果如表 6-9 所示。

表 6-9 废水处理设施监测结果　　　　　　　　　　　单位：mg/L

监测日期	监测点位	监测频次	pH值	SS	CN⁻	氨氮	石油类	COD	BOD	硝化物	甲醇	挥发酚	总氮	总磷
11 月 13 日	污水处理设施进口	第 1 次	8.73	110	0.076	61.0	3.90	1190	313	<0.005	36.1	3.88	89.5	0.26
		第 2 次	8.58	92	0.034	70.5	3.95	1170	310	<0.005	33.8	4.36	90.5	0.25
		第 3 次	8.72	140	0.020	59.2	3.35	1190	306	<0.005	31.1	4.58	83.0	0.33
		第 4 次	8.71	32	0.034	50.8	3.76	973	298	<0.005	30.6	3.85	83.0	0.64
		日均值/范围	8.66	94	0.041	60.4	3.74	1131	307	<0.005	32.9	4.17	86.5	0.37
	污水处理设施出口	第 1 次	6.38	18	<0.004	0.029	0.04	11	0.5	<0.005	0.36	0.01	2.98	0.08
		第 2 次	6.12	8	<0.004	0.025	0.04	<5	0.5	<0.005	0.36	0.01	2.82	0.11
		第 3 次	6.24	<4	<0.004	0.025	0.04	7	0.5	<0.005	0.36	0.01	3.62	0.09
		第 4 次	6.24	13	<0.004	0.025	0.04	<5	0.5	<0.005	0.36	0.01	3.55	0.10
		日均值/范围	6.22	13	<0.004	0.029	0.04	9	0.5	<0.005	0.36	0.01	3.24	0.10
11 月 14 日	污水处理设施进口	第 1 次	8.67	54	0.020	52.0	3.70	1150	306	0.009	14.5	4.04	85.0	0.30
		第 2 次	8.63	52	0.021	51.5	3.63	1290	318	0.022	15.0	5.00	94.5	0.24
		第 3 次	8.67	170	0.023	53.0	2.31	1250	328	<0.005	15.2	4.58	81.0	0.33
		第 4 次	8.85	72	0.028	59.0	2.40	1200	327	0.006	17.0	4.33	96.0	0.31
		日均值/范围	8.72	87	0.023	53.9	3.01	1220	320	0.012	15.4	4.49	89.1	0.30
	污水处理设施出口	第 1 次	6.11	4	<0.004	0.045	0.04	20	0.5	<0.005	0.36	0.01	2.95	0.11
		第 2 次	6.16	4	<0.004	0.058	0.04	<5	0.5	<0.005	0.36	0.01	2.92	0.12
		第 3 次	6.21	5	<0.004	0.025	0.04	<5	0.5	<0.005	0.36	0.01	3.25	0.11
		第 4 次	6.16	4	<0.004	0.031	0.04	<5	0.5	<0.005	0.36	0.01	3.25	0.13
		日均值/范围	6.16	5	<0.004	0.034	0.04	<5	0.5	<0.005	0.36	0.01	3.09	0.12
标准限值			6.0～9.0	—	—	15	0.5	80	5	0.1	—	—	—	5
达标情况			达标	—	—	达标	达标	达标	达标	达标	—	—	—	达标

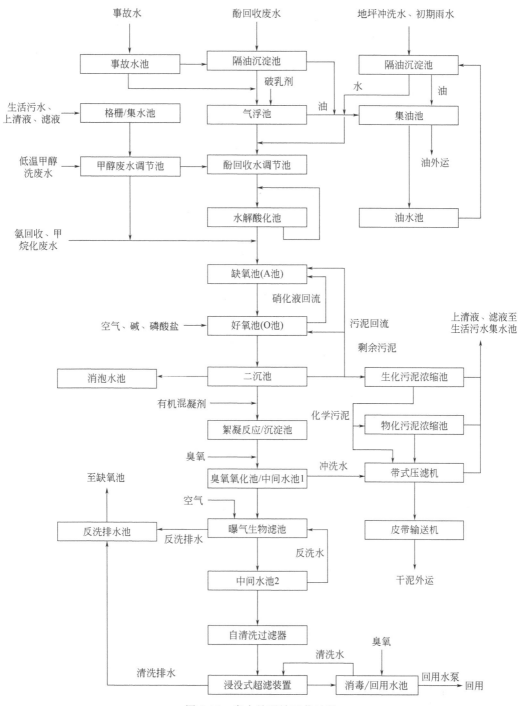

图 6-11 废水处理站工艺过程

6.4

内蒙古汇能煤制天然气废水处理项目

6.4.1 项目简况

内蒙古汇能煤化工有限公司年产 16 亿立方米煤制天然气项目（阶段性）建于内蒙古鄂尔多斯市伊金霍洛旗纳林陶亥镇汇煤化工工业园内，一期项目主体工程和辅助工程均按照年产 4 亿立方米煤制天然气规模建设。

该一期项目于 2010 年 4 月开工建设，2014 年 10 月竣工投入试运行。内蒙古自治区环境监测中心站于 2015 年 9 月 22 日～2015 年 9 月 25 日对现场验收监测，并编制了验收监测报告。

该项目是以煤为原料，通过煤气化生产天然气的大型煤化工项目，煤气化采用西北化工研究院先进的气流床气化工艺——多元料浆气化专利技术，低温甲醇洗采用大连理工大学的低温甲醇洗专利技术，合成采用丹麦托普索公司提供的专利技术和催化剂。

该项目生产装置包括备煤系统、锅炉系统、气化装置、变换装置、低温甲醇洗装置、硫回收装置、甲烷合成装置，其生产工艺过程如图 6-12 所示。

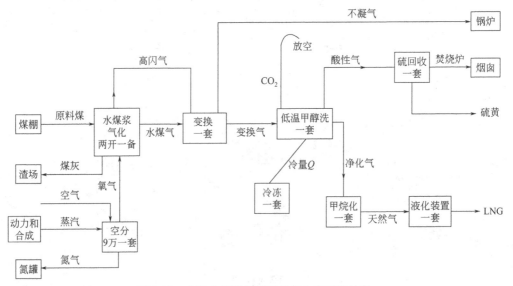

图 6-12 内蒙古汇能煤制天然气生产工艺过程

6.4.2 废水处理

（1）废水来源

该项目废水主要包括有机含氨废水、无机含泥废水、脱硫废水、循环排污水、脱盐水浓排水、高盐水排水、雨排水等。

有机含氨废水主要包括气化污水、低温甲醇洗废水、硫回收酸性废水及生活污水、车间地面冲洗水等，无机含泥废水包括净水站排泥水、污水处理回用水、锅炉排水等。厂区内清净雨水经管道收集后排至厂区的雨水排水管网，经雨水口排出厂外。

（2）工艺过程

污水处理站进水分为有机含氨污水、无机含泥废水两种，针对不同水质特点，该项目采用两种处理工艺进行处理，最大处理水量 $400m^3/h$，其中有机含氨污水 $200m^3/h$，无机含泥废水 $200m^3/h$。有机含氨污水经预处理＋SBR 处理后同完成预处理的无机含泥废水一起进入 BAF 工艺继续处理。污水处理站工艺过程见图 6-13。

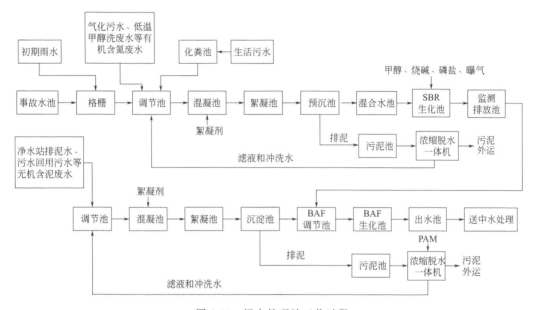

图 6-13　污水处理站工艺过程

污水处理站处理水、脱盐水排污水和循环排污水经预处理＋超滤＋反渗透处理后，82％的水回用到生产系统中，剩余少量高盐水排放到厂区南侧的蒸发池晾晒。中水处理站工艺过程见图 6-14。

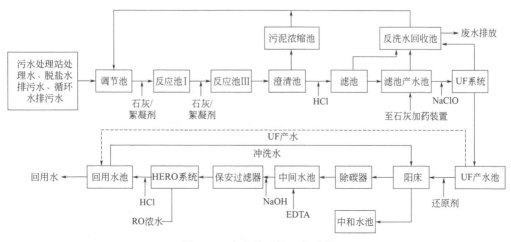

图 6-14　中水处理站工艺过程

（3）主要构筑物

废水处理站的主要构筑物如表 6-10 所示。

表 6-10　主要构筑物

序号	项目	构筑物及规格	数量
1	污水处理站	有机废水调节池　24m×18m×6m	1 座
		无极废水调节池　20m×18m×6m	1 座
		SBR 池　88m×11m×6m	4 座
		BAF 池　5m×7m×6.5m	4 座
2	中水处理	废水调节池　1000m³	1 座
		超滤产水池 600m³	1 座
		反渗透产水池 900m³	1 座
		高盐水池 500m³	1 座
3	蒸发池	占地 21.2 万平方米，库容共 161.9 万立方米蒸发塘	1 座
4	事故水池	72m×22m×8m，$V=11000m^3$ 事故水池	1 座

（4）监测结果

回用水监测结果见表 6-11。

表 6-11　回用水检测结果

采样点位	采样时间	监测项目											
		pH 值	SS/(mg/L)	COD/(mg/L)	BOD_5/(mg/L)	总磷/(mg/L)	总氮/(mg/L)	氯化物/(mg/L)	硫化物/(mg/L)	氰化物/(mg/L)	TDS/(mg/L)	游离氯/(mg/L)	粪大肠菌数
回用水出口	2015.9.22	6.46	11	10	5	0.01	11.1	8.76	0.004	0.001	218	0.03	<2
		6.25	3	15	6	0.01	10.7	9.27	0.004	0.001	161	0.03	<2
		7.95	4	19	6	0.01	11.7	9.35	0.004	0.001	209	0.03	<2
		7.87	5	12	5	0.01	12.2	12.8	0.004	0.001	204	0.03	<2
日均值		7.13	6	13	6	0.01L	11.4	10.1	0.004	0.001	198	0.03	<2
回用水出口	2015.9.23	6.86	9	10	2	0.01	6.77	10.8	0.004	0.001	178	0.03	<2
		8.33	9	10	2	0.01	7.75	10.5	0.004	0.001	163	0.03	<2

6.5
伊犁新天煤制天然气废水处理项目

6.5.1　项目简况

新天煤化工年产 20 亿立方米煤制天然气示范项目位于新疆伊宁市，是目前世界上最大煤制天然气项目。该项目于 2011 年 8 月开工建设，2017 年 3 月建成投产。项目生产主工艺为原料煤筛分后进入煤气化单元生产粗煤气，粗煤气经变换、冷却后送入低温甲醇洗单元脱除气体中的有害组分，净化后煤气进入甲烷化装置进行甲烷化合成，合成后煤制天然气经干燥压缩后输送至伊宁首站。煤气化装置选择碎煤加压气化技术，净化装置选用德国林德公司低温甲醇洗专利技术，甲烷合成装置选用戴维公司专利技术，硫回收选择青岛科技大学专利技术；污水处理经多步处理后实现中水回用，对浓盐水进行多效蒸发、结晶，实现污水近零排放。

该项目生产工艺过程如图 6-15 所示。

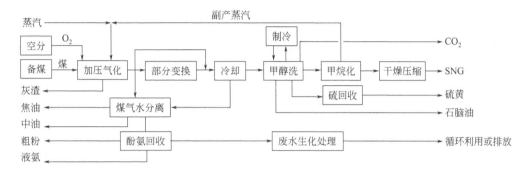

图 6-15　伊犁新天煤制天然气工艺过程

6.5.2　废水处理

伊犁新天煤化工有限公司 20 亿立方米/年煤制气项目遵循"清/污分流、污/污分流"的原则，将全部污水分为两类：①低 COD 的含盐清净废水，主要来源于循环水场排污水和脱盐水站浓盐水；②COD 较高的生产污水和生活污水，主要来源于酚氨回收后的煤气洗涤废水、装置区的生产污水以及全厂生活污水等。这两种废水由于水质不同，故采用不同的处理工艺分别处理。处理后的回用水，主要作为循环水场的补水，冬天一小部分可用作脱盐水站的原水。

该项目污水设计处理规模 1200m³/h。分为两个系列运行，每个系列 600m³/h。

6.5.2.1　进出水的水质

该项目进水水质分析见表 6-12。

表 6-12　进水水质分析（pH＝7.5）　　　　单位：mg/L

序号	污染物种类	质量浓度	序号	污染物种类	质量浓度
1	COD	3506	6	挥发酚	200
2	BOD	1168	7	固酚	420
3	氨氮	124	8	氰化物	0.001
4	有机氮	100	9	全盐量	3542
5	总油	115	10	总碱度	1942

从表 6-12 中可看出，废水中 COD、氨氮、盐含量等均较高，需进行水质调节，降低后续生化的运行负荷；废水油含量较高，进入生化前需要先进行除油，使油含量降低至 30mg/L 以下；废水的可生化性较低，需考虑提高可生化性的措施；废水含有氰化物、酚等有毒有害物质，会对生化单元运行不利，需考虑相关措施。

废水处理后的出水水质指标见表 6-13。

表 6-13　出水水质指标（pH＝6～9）　　　　单位：mg/L

序号	污染物种类	质量浓度	序号	污染物种类	质量浓度
1	COD_{Cr}	60	5	挥发酚	0.5
2	BOD_5	5	6	硫化物	1.0
3	SS	30	7	总油	5
4	氨氮	5			

6.5.2.2　废水处理工艺过程

废水处理工艺过程如图 6-16 所示。

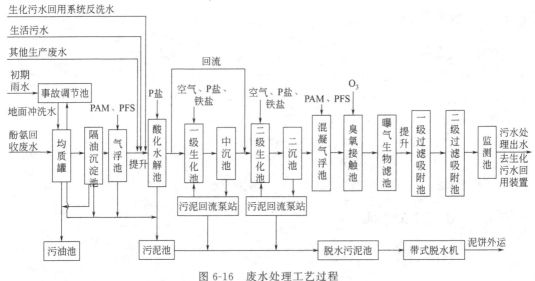

图 6-16　废水处理工艺过程

（1）预处理

预处理主要由"调节均质＋隔油＋气浮＋水解酸化"组成。隔油＋气浮的主要作用是降低污水的油含量。水解酸化工艺的主要目的是提高污水的可生化性，提高后续生化单元的运行效果。均质罐共 4 座，每座容积为 5000m³；水解酸化池 2 座，停留时间为 16.3h，同时内部配有三相分离器。

（2）生化处理

废水生化处理采用双级 A/O 工艺。一级 A/O 工艺采用氧化沟技术，二级 A/O 采用完全混合生化池工艺。一级 A/O 工艺 COD 去除率为 75%，氨氮的去除率为 80%。污泥负荷，COD_{Cr} 为 0.33kg/(m³·d)；NH_3-N 为 0.029kg/(m³·d)，停留时间为 44.8h。二级 A/O 工艺 COD 的去除率为 60%，氨氮的去除率为 75%。污泥负荷，COD_{Cr} 为 0.18kg/(m³·d)；NH_3-N 为 0.013kg/(m³·d)，停留时间为 20.7h。

（3）深度处理

为保证后续进入回用装置的废水水质，生化处理后的废水还需进行深度处理。该项目深度处理工艺采用"臭氧氧化＋曝气生物滤池（BAF）＋两级过滤吸附"。臭氧氧化＋BAF 的工艺是近年来废水深度处理的一种常用组合工艺。臭氧氧化可改善废水的可生化性，可生化性提高后再通过 BAF 去除有机物。项目臭氧发生器共设 4 台，单台臭氧发生器产量 15kg/h，设计投加浓度 38mg/L。BAF 共设 10 座，每座处理能力 158m³/h。BAF 出水进入两级过滤吸附池，吸附池装有活性焦填料，污水中的有机物和色度得到进一步去除，是出水水质的有力保障。该项目过滤吸附池共设 16 座，每座处理能力 150m³/h，吸附池设吸附剂再生系统，吸附饱和的活性焦可进行再生。经深度处理后出水 COD_{Cr} 小于 60mg/L，油含量小于 5mg/L，进入回用水处理装置。

（4）处理效果

出水 COD 变化趋势如图 6-17 所示。

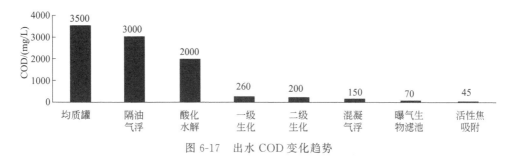

图 6-17 出水 COD 变化趋势

参考文献

［1］ 胡迁林，赵明."十四五"时期现代煤化工发展思考［J］.中国煤炭，2021，47（3）：5-7.
［2］ 刘永健，王波，夏俊兵，等.煤制天然气酚氨回收工艺分析与探讨［J］.2019，38（5）：2506-2514.
［3］ 北京国电富通科技发展有限责任公司.煤化工废水处理技术［R］.2014-02.
［4］ 大唐国际化工技术研究院有限公司.鲁奇炉煤制天然气废水处理技术［R］.2014-05.
［5］ 汪家铭.大唐克旗煤制天然气示范项目投产［J］.化肥设计，2014，52（1）：53.
［6］ 沈志明.煤制气污水处理及回用技术的工艺及其优化研究［D］.武汉：武汉工程大学，2017.
［7］ 内蒙古自治区环境监测中心站.内蒙古汇能煤化工有限公司年产 16 亿立方米煤制天然气项目（阶段性）竣工环保验收监测报告［R］.2015-17.
［8］ 内蒙古嘉泰昇环保科技有限公司.内蒙古汇能煤化工有限公司煤制天然气项目煤高含盐废水零排放（二期工程高盐水提浓、蒸发结晶）［R］.2020-10.
［9］ 中国环境监测总站，新疆维吾尔自治区环境监测总站.新疆庆华 55 亿立方米/年煤制天然气项目（一期工程）竣工环境保护验收监测报告［R］.2016-12.

［10］　姬保江，顾强，冉令慧，等.伊犁新天 20 亿 m³/a 煤制气项目污水处理工艺介绍［J］.煤炭加工与综合利用，2015（2）：37-39.

［11］　曹峰.伊犁新天年产 20 亿立方米煤制天然气示范项目分析［J］.化工管理，2020（3）：217-218.

［12］　黄光法，朱红卫，冉令慧.伊犁新天煤制气项目污水零排放运行经验分享［J］.煤炭加工与综合利用，2018（4）：19-22.

［13］　刘加庆，邹海旭.伊犁新天煤制天然气项目相关问题分析［J］.煤化工，2014，42（2）：18-20.

［14］　刘加庆，李超，方凯.伊犁新天 20 亿立方米煤制天然气总图优化研究［J］.工程建设与设计，2014（1）：101-104，107.

7

煤制烯烃废水处理技术

7.1
概述

乙烯是化学工业的重要基础原料。生产乙烯的装置是化工装置里最复杂、系统最齐全的，因此乙烯制取技术也成了一个国家化工工业水平的标志。当前乙烯的生产趋向于大型化与炼化一体化。制备乙烯和丙烯的传统方法是采用石脑油裂解工艺，但由于石油是不可再生资源，储量十分有限，且石油价格有很大波动，所以世界各国开始开发非石油路线制乙烯和丙烯类低碳烯烃的技术。由于中国轻质烃资源匮乏，生产乙烯的原料大多是原油蒸馏生产的石脑油、轻柴油和加氢尾油等。根据最新的行业报告，截至2020年，全球乙烯年生产能力约2亿吨，生产装置约为280套，进入21世纪第二个十年，乙烯产能以年均2.58%的增长率扩能。目前我国的乙烯产量和消费量均仅次于美国，是乙烯第二大生产国和消费国。截至2020年底，国内乙烯的总产能约为2800万吨。目前国内乙烯的消费量已达5000万吨，四成左右的乙烯依赖进口，对国民经济发展造成了一定的影响。

丙烯也是化学工业的重要基础原料。制备丙烯的传统方法是催化裂解、蒸汽裂解、丙烷脱氢、煤制烯烃等工艺。与乙烯相似，丙烯最主要的下游应用是聚烯烃（聚丙烯），但是丙烯的其他下游产品更加丰富，更适合于精细化工行业。根据最新的行业报告，截至2020年，目前全球丙烯装置产能近1.41亿吨/年。2020年我国丙烯总产能为4518万吨，约占全球产能的32%。目前我国丙烯装置实际开工率的产量为3704万吨，消费量为3954万吨，是丙烯主要生产国和消费国。目前国内丙烯的消费量约4000万吨，不到两成的丙烯依赖进口，对国民经济发展造成了一定的影响，应根据国内消费量，动态调整丙烯装置开工率，降低进口依赖。

中国乙烯工业在快速发展的同时也面临着原料资源短缺的矛盾，以煤为原料生产甲醇、经甲醇制低碳烯烃是缓解乙烯原料短缺的重要措施。

7.1.1 煤制烯烃工艺简介

乙烯是利用煤气化合成甲醇再经脱水生成。

一般来讲，煤制烯烃系统分为6大系统：①煤气化和合成气制甲醇；②甲醇制烯烃及烯烃深加工；③供热锅炉和自备电站；④公用工程；⑤辅助设施；⑥厂外工程。在此主要介绍①与②（见图7-1）。

煤气化装置通常采用水煤浆加压气化技术，包括煤浆制备、气化、渣水处理等工序，煤气化装置使原料煤和氧气在气化炉中发生部分氧化反应生成粗合成气。煤气净化装置包括CO耐硫变换、酸性气体脱除、冷冻等装置系统。甲醇装置包括合成气压缩、甲醇合成、甲醇精馏、氢回收、罐区等系统。硫回收装置包括制硫、硫回收、尾气处理、MDEA溶剂再生系统。MTO装置包括进料气化、反应/再生产品急冷和热量回收等，在催化剂的催化作用下，将甲醇转化为以乙烯、丙烯、丁烯等为主要产物的混合反应气体，并回收反应放热和催化剂再生的放热。

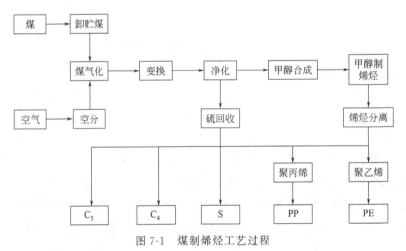

图7-1 煤制烯烃工艺过程

7.1.2 废水的来源及特征

煤制烯烃有机废水主要来源于煤气化装置废水、MTO装置废水、净化低温甲醇废水及厂区生活污水等（见表7-1）。不同的煤气化装置产生的废水水质有较大差异，碎煤加压气化产生的废水组分复杂，COD_{Cr}约为4000mg/L，含有多种难降解有机物；气化废水污染物主要是总溶解固体。煤气化废水均有较高的氨氮浓度，且含有氰化物，是煤制烯烃废水处理的重点与难点。MTO装置废水主要包括甲醇、废碱、油等污染物，TDS甚至超100000mg/L。净化低温甲醇废水和生活污水排放量较少。

表 7-1　煤制烯烃有机废水来源及水质特点　　　　　　　　单位：mg/L

污染指标	气化装置废水			MTO 装置废水	净化低温甲醇废水	生活污水
	碎煤加压气化废水	水煤浆气化废水	粉煤气化废水			
COD	3500～5000	300～500	200～500	1800～3000	1800～2500	200～400
NH₃-N	200～400	150～250	150～250	—	—	30～60
TDS	—	2000～3000	＞10000	100000～150000	—	250～850
焦油	＜500	—	10～20	5～20	—	—
总酚	200～300	＜10	20	—	—	—
氰化物	1～40	5～10	5	—	—	—

BOD/COD 值大于 0.3，可生化性尚可，与其他废水进行混合处理，有利于提高处理系统的可生化性能。

废水经生化处理后会产生一部分含盐废水，该含盐废水中有机物浓度相对较低，但悬浮物固体（SS）和总溶解性固体（TDS）浓度较高（见表 7-2），常导致膜装置污堵和设备腐蚀，制约了煤化工废水回用和资源化利用。

表 7-2　煤制烯烃含盐废水来源及水质特点　　　　　　　　单位：mg/L

污染指标	循环水系统排水	除盐水系统排水
COD	50～80	50～60
BOD₅	10～20	10～15
SS	100～120	75～100
TDS	1500～2500	1000～3000

7.2
煤制烯烃废水处理常见问题及对策

通过调研多个煤制烯烃项目污水生化处理系统项目，叶飞等总结生化污水处理系统的常见问题有污水温度高、硅浓度高、悬浮物浓度高，排水总磷超标、总氮超标，碳源不足，污泥脱水系统排泥失控，曝气生化滤池污堵等，并针对性提出解决措施。

（1）原水温度超标

① 原水温度超标的原因及影响。主装置常常因换热器管束换热效率下降超温排水，而且排水量占总水量的八成以上，导致生化系统温度经常超过 40℃。

根据气化污水预处理系统换热器运行实际调研数据，冷水侧进出温差只有 4℃，热水侧进出温差也只有 10℃，换热器基本已失去换热作用。好氧生物处理最适宜温度为

20～37℃。当生化系统温度过高时，会导致生化污泥活性差，更严重时可能会出现微生物死亡，严重影响生化系统的处理效果。

② 解决来水温度高的措施。

a.优化主装置工艺控制，加强对主装置换热器的清理及维护，发挥其降低来水温度的作用；

b.加强对原水水温的监控，设置调节罐进行掺混，保证生化系统进水温度不超标；

c.在厂区内设置缓存池，遇来水温度超标情况，根据影响程度将部分高温污水临时暂存缓存池，降温后再处理；

d.在生化工段前端设置换热设备。

（2）气化污水硅质量浓度高

① 污水硅质量浓度高的原因。有些煤种中硅浓度很高，由此导致渣水循环系统中因含硅物质富集造成排放的气化污水中硅浓度很高。

② 解决污水硅质量浓度高的措施。目前应用最为广泛的除硅方法是混凝除硅，具有操作简便、流程简单的优点。利用吸附或凝聚原理的混凝除硅，是一种物理化学方法，可分为铝盐除硅、铁盐除硅、镁盐除硅和石灰除硅。要以实验室小试试验为根据确定最终的药剂投加方案。

（3）气化污水悬浮物浓度高

① 气化污水悬浮物浓度高的原因。煤制烯烃项目污水处理场一般要接收全厂气化污水、MTO污水、生活污水、初期雨水及其他污水。污水综合罐设计出水悬浮物浓度一般小于100mg/L。但有些项目由于气化污水中含硬度、部分煤泥、硅物质等，导致输送管线结垢严重，并且导致污水综合罐出水悬浮物指标大幅度波动，出现悬浮物质量浓度高达400mg/L，是设计值的4倍以上。另外，对换热器、脱氨塔进行清理时，需要打开气化灰水预处理系统的超越管线，以保证处理水量，导致部分悬浮物进入污水处理场。此外，当气化污水混凝剂、絮凝剂投加不当时，也会导致澄清池出水悬浮物超标。

② 解决污水悬浮物浓度高的措施。

a.加强气化污水预处理的管控，优化操作，调整加药量，延缓结垢速度；

b.在生化系统最前端增设澄清池，进行二次处理；

c.及时清理结垢，设置备用脱氨塔和备用换热器，方便切换检修，不影响排放水质。

（4）碳源不足

① 碳源不足的原因。煤制烯烃项目生化进水氨氮一般情况下C/N比例较低，影响活性污泥微生物的正常新陈代谢和生化产水总氮处理效果。

② 碳源不足的解决方法。外加碳源是解决碳源不足问题的常用方法。煤制烯烃项目的中间产物为甲醇，就地取材较为方便，有条件时可以作为首选碳源。需要注意甲醇作为爆炸性化学品，需要满足防爆要求。

（5）排水总磷超标

① 总磷超标的原因。煤制烯烃生化系统运行稳定时，COD、氨氮、总氮的去除率较高，都能满足外排指标要求，但总磷去除率有限，目前外排水总磷要求小于 1mg/L，在进水总磷偏高时，生化工艺一般很难满足除磷要求。

② 解决总磷超标的措施。

a. 及时排泥，防止污泥沉淀后由于污泥停留时间过长，微生物进入厌氧状态而重新释放出磷元素。

b. 在生化除磷不能达标的情况下，可以考虑使用化学除磷方法。

c. 由于 MTO 催化剂含有磷元素，含磷催化剂跑漏是煤制烯烃工厂污水磷的主要来源，通过过滤等措施减少催化剂的跑漏，能有效降低磷元素的超标问题。

d. 目前，多数企业循环水系统加注含磷缓蚀阻垢剂，从总量上增加了水系统总磷质量浓度，也需要进行监控和调整。

（6）排水总氮超标

① 总氮超标原因。目前外排水总氮控制指标越来越严格，但由于来水氨氮、硝酸根等指标并不是恒定在某一个固定值，常常波动，往往会导致产水总氮指标过高。

② 解决总氮超标的措施。为解决总氮超标问题，第一要监控好原水总氮浓度，避免波动太大，生化系统前端设置具有一定停留时间的调节系统，进行均质调节；第二要发挥生化系统最佳的硝化及反硝化作用。影响硝化反应的因素主要有以下几点。

a. 溶解氧：硝化反应过程是好氧过程，电子的最终受体是氧分子。因此只有当分子氧存在时才能发生硝化反应，溶解氧质量浓度至少要保持在 2mg/L。反硝化需要缺氧环境，需控制溶解氧质量浓度小于 0.5mg/L。

b. 碳/氮比：硝化菌为自养微生物，代谢过程不需要有机物的参与，当存在高浓度有机物时，其对营养物质的竞争远弱于异养菌而产生抑制效果，硝化反应会因硝化菌数量的减少而受到限制。

c. 温度：生物硝化反应的适宜温度范围为 20～30℃，15℃以下硝化反应速率下降，5℃时反应基本停止。反硝化适宜的温度范围为 20～40℃，15℃以下反硝化反应速率下降。

7.3
煤制烯烃废水处理工程实例

7.3.1 神华包头煤化工分公司煤制烯烃项目

中国神华煤制油化工有限公司包头煤化工分公司煤制低碳烯烃示范工程是一个煤制甲醇 180 万吨/年、MTO60 万吨/年、精甲醇 60 万吨/年、聚丙烯 30 万吨/年大型煤化工项目，该示范工程于 2007 年初开工建设，2010 年 5 月底建成。崔恒玲等对该项目废水处理技术工艺作了总结。

7.3.1.1　原水水量与水质

原水包括 6 种类型的来水：气化装置灰水、净化低温甲醇洗废水、MTO 洗涤塔洗涤水、MTO 反应生成水、PE 和 PP 装置初期初期雨水池废水和全厂生活污水。全厂的水量和水质如表 7-3 所示。废水经调节池混合后，进水水质和排放标准见表 7-4。

表 7-3　全厂生产废水水量和水质

序号	项目	COD/(mg/L)	氨氮/(mg/L)	水量/(m³/h)
1	气化装置灰水	800～1300	200～350	230～320
2	净化低温甲醇洗洗水	1800～2500	—	14～16
3	MTO 洗涤塔洗涤水	1800～3200	—	30～55
4	MTO 反应生成水	350～600	—	110～190
5	PE 和 PP 装置初期雨水池废水	150～200	—	2.2
6	全厂生活污水	200～500	30～100	22
合计				408.2～605.2

表 7-4　进水水质和排放标准

项目	COD/(mg/L)	氨氮/(mg/L)	硬度/(mg/L)	pH 值
进水水质	900～1200	≤200	800～1200	6～9
排放标准	≤100	≤15	—	6～9

7.3.1.2　废水处理工艺过程

由表 7-4 的进水水质可知，污水的可生化性较好；氨氮浓度过高，远高于微生物代谢过程所需要的 NH_3-N。因此，该工程应选择能兼顾除 COD 和氨氮的处理工艺，采用"初步混合沉淀＋A/O(前置反硝化)＋曝气生物滤池"处理工艺。

神华包头公司生化处理系统设计进水指标 COD 为 1300mg/L、氨氮为 250mg/L，出水 COD 为 100mg/L 以下，氨氮为 15mg/L 以下。由于气化污水硬度较高，设石灰配制及投加系统，Na_2CO_3、H_2SO_4 投加系统，初沉池前设置混凝反应池及加药系统，以增强沉淀效果。利用高密池反应沉淀去除水中钙、镁等，减少悬浮态有机物、无机物杂质等，保证设备设施的稳定运行。

7.3.1.3　废水处理效果

神华包头公司生化处理系统废水处理效果见表 7-5。

表 7-5　废水处理效果

项目	生化处理站出口	
	2011 年 11 月 25 日平均	2011 年 11 月 26 日平均
pH 值	6.84	7.39
COD_{Cr}/(mg/L)	51	53
BOD_5/(mg/L)	10	11
硫化物/(mg/L)	0.005	0.005
挥发酚/(mg/L)	0.04	0.007
石油类/(mg/L)	0.1	0.2
氨氮/(mg/L)	1.238	1.289
氰化物/(mg/L)	0.050	0.049
氟化物/(mg/L)	3.95	3.93
总磷/(mg/L)	1.68	1.83
总铬/(mg/L)	0.02	0.02

7.3.2　神华新疆化工有限公司煤制烯烃项目

神华新疆化工有限公司 68 万吨/年煤制烯烃项目位于甘泉堡工业区，年产聚乙烯 30 万吨，聚丙烯 38 万吨，年耗煤 360 万吨。李成等对该污水处理的效果作了论述。

该项目水处理系统总共分为污水生化系统、含盐废水处理系统、高效膜浓缩系统以及蒸发结晶系统四个系统。

7.3.2.1　污水生化系统

（1）水量与水质

污水生化系统的最大水量约为 930m³/h，具体水量如表 7-6 所示。

表 7-6　生化系统具体进水水量

装置名称	正常水量/(m³/h)	最大水量/(m³/h)
气化装置	300	320
净化装置	23.8	28
空分装置	20.7	22.8
甲醇装置	4.21	9
甲醇制烯烃装置	193	254
聚乙烯装置	1	62.5
聚丙烯装置	0.3	6
硫黄回收装置	2.3	2.5
OCU 装置	10.8	10.8
生活污水装置	44	88
其他杂排水装置	124	124
合计	724.11	927.6

经过对全厂各系统排水数据的反复考证和讨论，并结合全厂水平衡模拟模型，根据不同的水质进行分类，最后确定了污水生化 $800m^3/h$ 的设计规模。

污水生化处理系统设计进水水质详见表 7-7。

表 7-7　污水生化处理装置设计进水水质

项目	设计值	项目	设计值
$COD_{Cr}/(mg/L)$	1200	pH 值	6～9
$BOD_5/(mg/L)$	450	悬浮固体(SS)/(mg/L)	100
$NH_3-N/(mg/L)$	200	石油类/(mg/L)	50
总磷(TP)/(mg/L)	1	TDS/(mg/L)	2500
$Cl^-/(mg/L)$	650	总硬度/(mg/L)	1250
$S^{2-}/(mg/L)$	1		

由表 7-7 可知，生化污水有比较高的 COD_{Cr}、NH_3-N、石油类物质，B/C 在 0.3 以上，可生化性尚可，较适合采用生化处理的工艺，在工艺设置除油措施，脱碳兼顾脱氮效果、硬度的影响等因素。

（2）工艺过程

该项目采用的工艺是两级生化处理，即 A/O＋BAF 处理工艺。A/O 工艺不仅能去除 BOD_5，还有很好的脱氮功能，污水经 A 段后再进入 O 段，有机物被好氧微生物氧化分解。氨氮通过硝化作用及反硝化作用转化为分子态氮而散入大气中，从而使氨氮得到有效去除，达到同时去除 BOD 和脱氮的效果。A/O 法技术成熟，理论研究得比较深入，处理效果稳定可靠。

BAF 是一种采用颗粒滤料固定生物膜接触氧化与截留悬浮物功能于一体的生化技术。它可广泛应用于各类有机废水的处理，具有去除 COD_{Cr}、BOD，脱氮除磷的作用。该工艺具有容积负荷高、水力负荷大、水力停留时间短、出水水质高、基建投资少、占地面积小、能耗及运行成本低的特点。

污水处理系统的工艺过程如图 7-2 所示。

（3）处理效果

生化处理后水中有机物含量已经很低，主要剩余污染物为盐，生化系统出水水质见表 7-8。

表 7-8　生化系统出水水质

控制项目	指标范围	控制项目	指标范围
$BOD_5/(mg/L)$	≤10	硫化物/(mg/L)	≤1.0
$COD_{Cr}/(mg/L)$	≤60	氰化物/(mg/L)	≤0.5
SS/(mg/L)	≤20	石油类/(mg/L)	≤5
氨氮/(mg/L)	≤5	pH 值	6～9

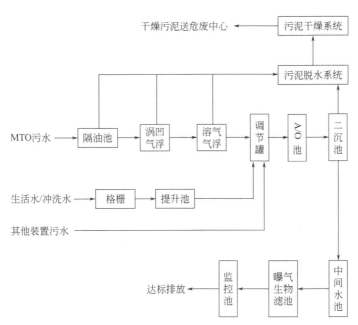

图 7-2 污水处理系统的工艺过程

7.3.2.2 含盐废水处理系统

（1）水量与水质

含盐水的水量为 1500m³/h，由表 7-9 可知，溶解性总固体约为 1900mg/L，电导率约为 2900μS/cm，总硬度约为 480mg/L。由此可见，污水含盐量较高、硬度较高，有机物含量低，适合采用膜法脱盐技术。但考虑到进水具有一定的硬度且含有有机物，膜系统有潜在污堵、结垢风险，在工艺设计上需考虑预处理措施。

表 7-9 含盐废水处理系统进水水质

分析项目	最大	最小	设计值
pH 值	6.5～8.5	6.5～8.5	6.5～8.5
色度/度	9.2	11.0	11.0
浊度/NTU	15.9	17.1	18.0
游离 CO_2/(mg/L)	5.0	5.0	5.5
氨氮(以 N 计)/(mg/L)	2.7	3.61	3.6
石油类/(mg/L)	0.8	1.06	1.0
动植物油/(mg/L)	0.8	1.06	1.0
溶解性总固体/(mg/L)	1380.8	2027.0	1878.4

分析项目	最大	最小	设计值
悬浮物/(mg/L)	11.6	16.1	15.7
电导率(25℃)/(μS/cm)	2124.3	3118.5	2889.9
总硬度/(mg/L)	355.0	515.2	482.4
碳酸盐硬度/(mg/L)	264.7	379.5	358.0
非碳酸盐硬度/(mg/L)	90.3	135.7	124.4
总碱度/(mg/L)	272.3	382.1	364.0
酚酞碱度(P)/(mg/L)	10.3	16.6	14.5
甲基橙碱度(M)/(mg/L)	262.0	365.5	350.4
TOC/(mg/L)	12.5	18.1	17.4
COD_{Cr}/(mg/L)	35.2	47.1	46.7
BOD_5/(mg/L)	3.0	4.0	4.0
全硅/(mg/L)	34.7	46.7	45.4
活性硅/(mg/L)	7.6	10.7	10.2
胶体硅/(mg/L)	20.8	35.1	31.5

（2）工艺过程

为减少水浪费、回收水资源，该项目设含盐废水膜处理装置，回收污水生化废水、循环水场及化学水站排水。采用工艺是石灰/碳酸钠软化＋过滤＋超滤＋反渗透，见图7-3。石灰软化系统采用高密池技术；超滤膜为外压式，PVDF材质；RO装置的设计回收率在75%，脱盐率＞97%。

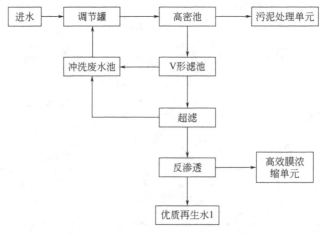

图7-3 含盐废水处理系统工艺过程

（3）处理效果

含盐废水处理系统出水水质见表 7-10。

表 7-10　含盐废水处理系统出水水质

分析项目	数值	分析项目	数值
pH 值	6.5～7.2	色度/度	<5
电导率(25℃)/(μS/cm)	≤150	BOD_5/(mg/L)	<0.5
总溶解固体(TDS)/(mg/L)	≤100	COD_{Mn}/(mg/L)	≤2
浊度/NTU	≤0.5	氯化物/(mg/L)	≤15
总悬浮固体(TSS)/(mg/L)	≤0.5	硫酸盐(以 SO_4^{2-} 计)/(mg/L)	≤30
总硬度($CaCO_3$ 计)/(mg/L)	≤3	氨氮/(mg/L)	≤0.5
碱度(以 $CaCO_3$ 计)/(mg/L)	20	TOC/(mg/L)	≤1

7.3.2.3　高效膜浓缩系统

（1）水量与水质

前述含盐废水处理系统的回收率为 75%，则产生 25% 的浓水，故高效膜浓缩系统的设计水量为 375 m^3/h。反渗透浓水作为高效膜浓缩系统的进水，COD_{Cr} 为 150mg/L，TDS 为 6057mg/L，总硬度为 880mg/L，全硅为 91mg/L，见表 7-11。

表 7-11　高效膜浓缩系统进水水质

分析项目	设计值	分析项目	设计值
pH 值	6.5～8.5	非碳酸盐硬度/(mg/L)	600.0
色度/度	0	总碱度/(mg/L)	200.0
浊度/NTU	0	酚酞碱度(P)/(mg/L)	10.0
游离 CO_2/(mg/L)	5.0	甲基橙碱度(M)/(mg/L)	190.0
氨氮(以 N 计)/(mg/L)	14.0	TOC/(mg/L)	63.4
溶解性总固体/(mg/L)	6057.1	COD_{Cr}/(mg/L)	149.6
悬浮物/(mg/L)	22.0	BOD_5/(mg/L)	12.7
电导率(25℃)/(μS/cm)	9318.6	全硅/(mg/L)	91.0
总硬度/(mg/L)	880.0	活性硅/(mg/L)	40.6
碳酸盐硬度/(mg/L)	220.0	胶体硅/(mg/L)	50.4

（2）工艺过程

系统采用化学沉淀＋离子交换＋膜浓缩的组合工艺来提高系统回收率。化学沉淀系统采用高密池去除部分有机物和硬度，离子交换系统能够进一步去除剩余的硬度和碱度，反渗透在高 pH 值条件下运行会使有机物皂化，硅的溶解性大大提高，预处理去除了硬度、碱度，基本上不会导致膜系统污堵，能达到较高的回收率并保持稳定运行。

高效膜浓缩处理系统工艺如图 7-4 所示。

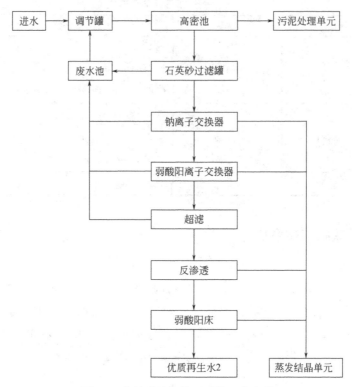

图 7-4 高效膜浓缩处理系统工艺流程

（3）处理效果

高效膜浓缩处理系统出水水质见表 7-12。

表 7-12 高效膜浓缩处理系统出水水质

分析项目	数值	分析项目	数值
pH 值	6.5～8.5	BOD_5/(mg/L)	＜0.5
电导率(25℃)/(μS/cm)	≤300	COD_{Mn}/(mg/L)	≤5
总溶解固体(TDS)/(mg/L)	≤200	氟化物/(mg/L)	＜0.09
浊度/NTU	≤0.5	氯化物/(mg/L)	≤30
总悬浮固体(TSS)/(mg/L)	≤0.5	硫酸盐(以 SO_4^{2-} 计)/(mg/L)	≤30
总硬度(CaCO$_3$ 计)/(mg/L)	≤3	氨氮/(mg/L)	≤0.5
碱度(以 CaCO$_3$ 计)/(mg/L)	≤20	TOC/(mg/L)	≤2
色度/度	＜5		

7.3.2.4 蒸发结晶系统

（1）水质与水量

蒸发结晶系统的设计水量为 $70m^3/h$，浓盐水蒸发结晶系统进水包括两部分：高效反渗透浓缩液排水和离子交换树脂床再生液排水，其水质分别见表 7-13、表 7-14。

由表 7-13 可知，高效反渗透浓缩液中 COD_{Cr} 为 1000mg/L，TDS 为 60810mg/L，树脂再生废液各类指标也较高，对于有机物、无机物都如此高的水质，该项目采用的工艺是蒸发结晶技术。

表 7-13　高效反渗透浓缩液排水水质

分析项目	设计值	分析项目	设计值
pH 值	10.7	总硬度/(mg/L)	5
浊度/NTU	<5	碳酸盐硬度/(mg/L)	<2
游离 CO_2/(mg/L)	<1	甲基橙碱度(M)/(mg/L)	<85
氨氮(以 N 计)/(mg/L)	50	TOC/(mg/L)	600
石油类/(mg/L)	<1	COD_{Cr}/(mg/L)	10000
动植物油/(mg/L)	<1	BOD_5/(mg/L)	127
溶解性固体/(mg/L)	60810	全硅/(mg/L)	400
悬浮物/(mg/L)	<2	活性硅/(mg/L)	<400
电导率(25℃)/(μS/cm)	103377	总磷/(mg/L)	—

表 7-14　离子交换树脂床再生液排水水质

分析项目	设计值	分析项目	设计值
pH 值	4～9	总硬度/(mg/L)	7519.3
浊度/NTU	<5	碳酸盐硬度/(mg/L)	4.1
游离 CO_2/(mg/L)	<5	甲基橙碱度(M)/(mg/L)	8.2
氨氮(以 N 计)/(mg/L)	<400	TOC/(mg/L)	40.7
石油类/(mg/L)	<5	COD_{Cr}/(mg/L)	77.4
动植物油/(mg/L)	<5	BOD_5/(mg/L)	8.3
溶解性固体/(mg/L)	37938	全硅/(mg/L)	35
悬浮物/(mg/L)	<5	活性硅/(mg/L)	32
电导率(25℃)/(μS/cm)	64494.6		

（2）工艺过程

蒸发结晶系统用于处理来自高效浓缩系统产生的高含盐污水，该项目蒸发器采用机械蒸汽再压缩降膜循环蒸发器技术（MVR）。采用蒸汽强制循环结晶技术驱动结晶器。

高盐废水经进料罐进入换热器加热至接近沸点，再经除气器脱除 CO_2 和 O_2 等不凝气，进入降膜式蒸发器蒸发。自蒸发器出来的二次蒸汽经压缩、换热冷凝后成为冷凝液泵送至换热器与进水进行热交换。

蒸发器浓液送至结晶器加热闪蒸，蒸发结晶装置的产品水汇集在一起，考虑到产品水含一定量的有机物和氨，设置活性炭吸附罐及强酸阳床进行产品水精处理，之后作为补充水送至循环水场。结晶器的浓盐卤经过脱水机处理后产生结晶盐，送厂外渣场与其他一般固体废物混合填埋。

浓盐水蒸发结晶系统工艺过程如图 7-5 所示。

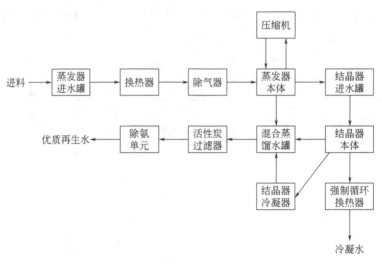

图 7-5　浓盐水蒸发结晶系统工艺过程

（3）处理效果

浓盐水蒸发结晶系统出水水质见表 7-15。

表 7-15　蒸发结晶系统出水水质

分析项目	数值	分析项目	数值
pH 值	6.5~8.5	色度/度	<5
电导率(25℃)/(μS/cm)	≤300	BOD_5/(mg/L)	<5
总溶解固体(TDS)/(mg/L)	≤200	COD_{Mn}/(mg/L)	≤20
浊度/NTU	≤0.5	氯化物/(mg/L)	≤30
总悬浮固体(TSS)/(mg/L)	≤0.5	硫酸盐(以 SO_4^{2-} 计)/(mg/L)	≤30
总硬度($CaCO_3$ 计)/(mg/L)	≤3	氨氮/(mg/L)	≤3
碱度(以 $CaCO_3$ 计)/(mg/L)	≤20	TOC/(mg/L)	≤10

7.3.3　中安联合煤化工有限责任公司煤制烯烃项目

中安联合煤化工有限责任公司 170 万吨/年煤制甲醇及转化烯烃项目于 2014 年 1 月 20 日开工建设，并于 2019 年 9 月竣工。实际生产甲醇 180t/a，建有 180 万吨/年甲醇制烯烃（MTO）及配套的 10 万吨/年烯烃催化裂解（OCC）装置，建有 35 万吨/年聚丙烯、35万吨/年线性低密度聚乙烯（LLDPE），建有2套2万吨/年硫黄回收等装置。配套建设了净水厂、循环水站、给排水系统、脱盐水站、自备电厂、储运系统、罐区等公用辅助设施及污水处理站、回用水处理站、火炬系统、临时渣场等环保设施及工程。在此仅对其废水处理系统做介绍。

该项目废水处理设施根据各装置排水的水量和水质以及废水处理后再利用的要求，将污水处理场划分为污水系统、含盐水系统、清净废水系统和高盐水系统。各系统的设计规模见表7-16。

表7-16 各处理系统设计规模

项目	生产污水系统	含盐污水系统	回用水处理系统	高盐水系统
污水类别	生产污水	含盐污水	清洁废水、含盐污水	反渗透浓水
设计规模/(m³/h)	400	400（深度处理部分2×400）	1200	360
排水去向	循环水补水	排至回用水处理系统	循环水补水	化学水站或循环水补水

（1）生产污水系统

生产污水主要来自煤制甲醇装置、MTO装置、LLDPE装置、PP装置排水，生活污水及装置污染区的初期雨水。该系统污水含盐量较低，采用的工艺过程是调节＋气浮＋生化处理＋二沉池＋高密度沉淀＋臭氧催化氧化＋曝气生物滤池＋砂滤，处理后回用作循环水补充水。

生产污水系统各系统设计进出水指标见表7-17。

表7-17 生产污水系统各系统设计进出水指标

序号	处理系统	项目	COD$_{Cr}$	SS	油	NH$_3$-N
1	溶气气浮	进水/(mg/L)	600	130	30	20
		出水/(mg/L)	510	50	15	20
		去除率/%	15	60	50	0
2	好氧生化池	进水/(mg/L)	510	50	15	20
		出水/(mg/L)	67	50	4.5	6
		去除率/%	87	0	70	70
3	曝气生物滤池	进水/(mg/L)	67	50	4.5	6
		出水/(mg/L)	50	25	2	5
		去除率/%	25	50	55	15
4	流砂过滤器	进水/(mg/L)	50	25	2	5
		出水/(mg/L)	45	12.5	2	5
		去除率/%	10	50	0	0
总去除效率/%			92.5	90.38	93.33	75

（2）含盐污水系统

含盐污水系统工艺过程见图 7-6。含盐污水主要为煤制甲醇装置的气化废水，含盐量较高，经均质调节＋两级 A/O＋二沉池＋高密度沉淀池＋臭氧催化氧化＋曝气生物滤池处理后，排入回用水处理系统。如果一次和二次循环水排污直接进入清洁废水系统可能污染膜系统，所以先进入含盐污水系统深度处理系统进行处理。含盐污水系统前半部分规模为 400t/h，深度处理部分规模为 2×400t/h。

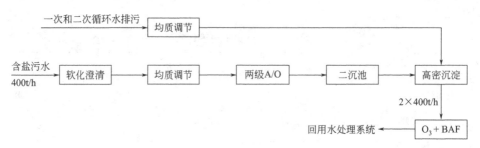

图 7-6　含盐污水系统工艺过程

含盐污水系统各系统设计进出水指标见表 7-18。

表 7-18　含盐污水系统各系统设计进出水指标

序号	处理系统	项目	COD_{Cr}	NH_3-N	总氮
1	A/O 工艺	进水/(mg/L)	500	260	260
		出水/(mg/L)	100	10	20
		去除率/%	80	96	92
2	高密沉淀	进水/(mg/L)	100	10	20
		出水/(mg/L)	85	10	20
		去除率/%	15	—	—
3	臭氧氧化	进水/(mg/L)	85	10	20
		出水/(mg/L)	70	10	20
		去除率/%	18	—	—
4	曝气生物滤池	进水/(mg/L)	70	10	20
		出水/(mg/L)	<50	<5	<20
		去除率/%	29	50	—
总去除效率/%			90	98.1	

（3）回用水处理系统

回用水处理系统工艺过程见图 7-7。回用水处理系统主要包括循环水排污、化学水站排水和经生化处理后的含盐污水。该系统污水含盐量高，有机物与其他污染物浓度较低，经高密度沉淀池软化澄清、流砂过滤、超滤、反渗透脱盐处理，以回收约 70% 产水，回用作循环水补充水或化学水站原水补给水，浓水排至高盐水系统。

回用水处理系统设计进出水指标见表 7-19。

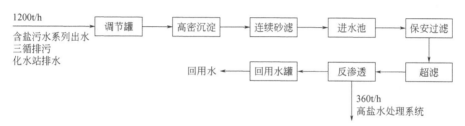

图 7-7 回用水处理系统工艺过程

表 7-19 回用水处理系统设计进出水指标

参数	进水水质	出水水质
pH 值	6~9	6.5~7.2
电导率/(μS/cm)	4000	≤200
总溶解固体（TDS）/(mg/L)	2700	≤150
浊度/NTU	20	≤0.3
总悬浮固体（TSS）/(mg/L)	80	≤0.1
总硬度（CaCO$_3$ 计）/(mg/L)	900	≤5
碱度（以 CaCO$_3$ 计）/(mg/L)	600	≤20
COD$_{Mn}$/(mg/L)	90	≤6
氯化物/(mg/L)	320	≤15
硫酸盐（以 SO$_4^{2-}$ 计）/(mg/L)	500	≤20
氨氮/(mg/L)	10	≤3
硝酸盐/(mg/L)	120	<6
磷酸盐（以 P 计）/(mg/L)	—	<0.02
硅（以 SiO$_2$ 计）/(mg/L)	90	<0.4
油/(mg/L)	5	<0.3

（4）高盐水系统

高盐水系统主要处理回用水系统反渗透浓水，经预处理、膜浓缩可去除部分 COD、硬度，回收部分水量；浓水再次经纳滤预处理进一步去除污染物后，通过纳滤对一、二价盐进行粗分离；纳滤浓水、淡水分别经蒸发结晶系统分盐处理，蒸发回收大部分水，同时将产生的硫酸钠、氯化钠和少量杂盐外运处置。高盐水系统各部分产水混合后单独储存，回用作化学水站原水补给水或循环补给水。最终可实现高盐水的零排放和分盐处理。

高盐水处理系统预处理及膜浓缩部分反渗透系统设计进水及出水指标见表 7-20。

表 7-20　高盐水处理系统反渗透系统设计进、出水指标

序号	指标	进水/(mg/L)	出水/(mg/L)	浓水/(mg/L)
1	COD	89	6.2	257.0
2	NH_4^+	9	0.6	26.0
3	K^+	269	18.8	776.9
4	Na^+	2521	176.5	7281.1
5	Ca^{2+}	2	0.1	5.8
6	Mg^{2+}	2	0.1	5.8
7	Cl^-	1498	104.9	4326.5
8	SO_4^{2-}	3246	227.2	9375.0
9	CO_3^{2-}	1	0.1	2.9
10	HCO_3^-	172	12.0	496.8
11	NO_3^-	244	17.1	704.7
12	F^-	1	0.1	2.9
13	CO_2	3	0.2	8.7
14	SiO_2	21	1.5	60.7
15	TDS	7965	557.6	23004.4

纳滤淡水侧反渗透系统可产出成品水作为循环水补水，成品水的规格见表 7-21。

表 7-21　纳滤淡水侧反渗透系统成品水规格

项目	数值	项目	数值
pH 值	7.0~9.0	氯离子/(mg/L)	≤200.0
氨氮/(mg/L)	≤10.0	硫酸根离子/(mg/L)	≤300.0
COD_{Cr}/(mg/L)	≤60.0	总铁/(mg/L)	≤0.5
BOD_5/(mg/L)	≤10.0	电导率/(μS/cm)	≤1200
悬浮物/(mg/L)	≤0.5	挥发酚/(mg/L)	≤0.5
浊度/NTU	≤0.2	钙离子/(mg/L)	≤5
硫化物/(mg/L)	≤0.1	总碱度/(mg/L)	≤300.0
油含量/(mg/L)	≤0.5		

　　高盐水处理系统可保证膜系统和纳滤系统稳定运行和出水水质达标，进而有利于后续蒸发结晶系统稳定运行和正常出盐。

　　蒸发结晶系统大部分产水满足表 7-22 产水水质 1 要求，当系统产水个别指标无法满足产水水质 1 要求时，应满足产水水质 2 相关指标，用于循环水补充水。

表 7-22 蒸发结晶系统产水规格

参数	产水水质 1	产水水质 2
pH 值	6.5～7.2	6.5～8.5
电导率/(μS/cm)	≤200	≤600
总溶解固体(TDS)/(mg/L)	≤150	≤350
浊度/NTU	≤0.3	≤5
总悬浮固体(TSS)/(mg/L)	≤0.1	≤10
总硬度(CaCO$_3$ 计)/(mg/L)	≤5	≤5
碱度(以 CaCO$_3$ 计)/(mg/L)	≤20	≤20
COD$_{Mn}$/(mg/L)	≤6	≤30
氯化物/(mg/L)	≤15	≤200
硫酸盐(以 SO$_4^{2-}$ 计)/(mg/L)	≤20	≤200
氨氮/(mg/L)	≤3	≤10
硝酸盐/(mg/L)	<6	<20
磷酸盐(以 P 计)/(mg/L)	<0.02	—
硅(以 SiO$_2$ 计)/(mg/L)	<0.4	—
油/(mg/L)	0.3	≤1

7.3.4 蒲城清洁能源化工有限公司煤制烯烃项目

蒲城清洁能源化工有限责任公司 180 万吨/年甲醇、70 万吨/年聚烯烃项目于 2017 年 12 月 21 日顺利通过项目竣工验收,标志着该项目一期基本建设圆满结束。

该公司主要是以煤为原料,经气化制甲醇,由甲醇制取烯烃,烯烃聚合生产聚乙烯和聚丙烯。生产装置规模分别为 180 万吨/年甲醇、70 万吨/年 DMTO、30 万吨/年聚乙烯以及 40 万吨/年聚丙烯。

该公司厂区污水处理系统包括一座污水处理站和一座回用水站。全厂区内的生产废水、生活污水、地面冲洗、污染的初期雨水等均进入污水处理站进行处理,处理后的出水进入回用水站进行深度处理后作为厂内循环冷却系统补充水,回用水水站处理废水过程中产生的浓水进入浓水处理系统处理达标后通过厂区现有排污口排入洛河。

7.3.4.1 污水处理系统

(1) 原水水源

该公司全厂区生产废水、生活污水、地面冲洗水、污染的初期雨水等均进入污水处理站进行处理,其中生产废水主要包括气化废水、硫回收含硫废水、碱洗塔废碱液、切粒机排水、切粒水罐排水、蒸汽废水等。

(2) 处理规模及处理工艺

污水处理站处理规模为 1300t/h,生产废水与生活污水混合均质后进行混凝沉淀,随后再进入两级生化处理工段，两级生化处理采用 SBR 工艺，处理后废水全部送至回用水处理站进行深度处理。

（3）主要设计指标

污水处理站主要设计进出水指标详见表 7-23。

表 7-23　污水处理站主要设计进出水指标

项目	pH 值	COD/(mg/L)	BOD_5/(mg/L)	SS/(mg/L)	NH_3-N/(mg/L)
进水	6～9	≤1200	≤600	≤100	≤300
出水	6～9	≤50	≤20	≤70	≤12

7.3.4.2　回用水系统

（1）原水水源

原水为污水处理站出水、循环水系统排水和锅炉排污水这三股水。

（2）处理规模及处理工艺

回用水处理站处理规模为 2500t/h。回用水处理主要处理工艺过程：混凝沉淀＋过滤＋超滤＋反渗透。污水处理站排水、循环水系统排污水和锅炉排污水均排入回用水站，作为回用水处理站的中水水源，进水在经过深度处理后全部回用于厂区循环冷却水系统，作为其系统补水。回用水处理系统产生的超滤浓水返回水站均质池进行后续深度处理；反渗透装置产生的浓水及脱盐水站浓排水进入回用水站浓水处理系统处理后排出厂区排入洛河。

（3）主要设计指标

回用水站进水及出水情况见表 7-24。

表 7-24　回用水站进水及出水情况统计

项目	进水	出水	项目	进水	出水
pH 值	8.2～8.43	7.54～7.6	挥发酚/(mg/L)	0.6	0.064
COD/(mg/L)	618	48	石油类/(mg/L)	0.67	0.11
BOD_5/(mg/L)	170	14.5	硫化物/(mg/L)	0.005	0.005
氨氮/(mg/L)	261.8	20	动植物油/(mg/L)	0.87	0.15
SS/(mg/L)	47	18			

7.3.5　大唐内蒙古多伦煤化工有限责任公司煤制烯烃项目

大唐内蒙古多伦煤化工有限责任公司煤制烯烃装置设计产能为甲醇 168 万吨/年、聚丙烯 46 万吨/年。装置于 2011 年 6 月投入试运行后，污水系统出现处理能力不足的问题。为此，公司于 2012～2014 年间针对煤制烯烃装置污水处理及中水回用系统先后实施了多项技改，取得了显著效果。

大唐多伦项目水处理系统含低盐污水处理系统、浓盐污水处理系统、蒸发结晶系统三个系统。

7.3.5.1 低盐污水处理系统

低盐污水处理系统产水量为 $670m^3/h$，所产中水 COD 含量平均在 $10\sim20mg/L$ 之间，含油量在 $2.0mg/L$ 以下，中水水质优于一级排放指标。部分运行数据见表 7-25。

表 7-25 低盐污水处理系统运行数据

项目	设计值	运行数据		
		13 日	14 日	15 日
进水量/(m³/h)	670～700	675	682	690
生化调节池 COD/(mg/L)	1000	1107	1046	1714
气浮出水含油量/(mg/L)	20	6.88	8.00	6.95
MBR 池出水 COD/(mg/L)	60	10.00	9.53	5.53
回用水碱度/(mg/L)	≤200	192	183	198
回用水池 Cl⁻/(mg/L)	≤200	86.1	99.4	85.2
回用水池氨氮/(mg/L)	≤5	—	—	—
回用水池 pH 值	6.5～8.5	8.2	8.4	8.5
回用水池 COD/(mg/L)	≤20	8.9	9.1	5.1

7.3.5.2 浓盐污水处理系统

实际运行中，气化废水的水质、水量均有较大波动，浓盐污水处理系统设计最大处理负荷达到了设计值的 120%，平均出水量为 $200m^3/h$，出水 COD 含量为 $5\sim10mg/L$，二级 RO 产水 TDS $\leqslant60mg/L$。部分运行数据见表 7-26。

表 7-26 浓盐污水处理系统运行数据

项目	设计值	运行数据		
		13 日	14 日	15 日
进水量/(m³/h)	200	242	240	245
软化水池 COD/(mg/L)	300	476	595	377
软化水池 TDS/(mg/L)	12000	11367	10775	18040
MBR 产水 COD/(mg/L)	80	20.1	30.8	37.6
二级 RO 产水 COD/(mg/L)	6	5.3	6.0	5.4
二级 RO 产水电导率/(μS/cm)	50	16.7	17.1	18.0
二级 RO 产水 pH 值	6～9	7.1	7.0	7.1
二级 RO 产水 TDS/(mg/L)	≤60	50	56	54
脱硫产水池 COD/(mg/L)	≤20	20	11	18

7.3.5.3 蒸发结晶系统

蒸发结晶系统总产水量约为 $63.2m^3/h$。蒸发工序产水 COD 含量<20mg/L、总碱

度＜20mg/L、悬浮物含量＜10mg/L、盐含量40～120mg/L；结晶工序的处理量为15m³/h，结晶盐产出量约为4.7t/h。部分运行数据见表7-27。

表7-27　蒸发结晶系统部分运行数据

项目	设计值	运行数据		
		13日	14日	15日
蒸发进水量/(m³/h)	70	45	50	45
蒸发进水 TDS/(mg/L)	49900	12780	12420	12520
蒸发进水 SO_4^{2-}/(mg/L)	1203	1917	1916	1636
蒸发进水 HCO_3^-/(mg/L)	27	2351	1737	2209
蒸发进水 Ca^{2+}/(mg/L)	1300	785	646.8	769.7
蒸发进水 Cl^-/(mg/L)	28875	5070	5245	5220
结晶进水 Mg^{2+}/(mg/L)	685	1209	3677	4404
结晶进水 TDS/(mg/L)	242265	144560	276720	263360
系统蒸馏水 COD/(mg/L)	20	2	9	11
系统蒸馏水氨氮/(mg/L)	≤5	2.28	2.42	1.71
系统蒸馏水含盐量/(mg/L)	≤400	111	66	48

从以上数据可以看出，新增污水处理装置的总处理量达到了950m³/h，浓盐污水处理系统处理后其二级RO产水TDS降至了60mg/L以下，蒸发结晶系统的高浓盐水处理后其蒸馏水TDS降至了400mg/L以下，有效解决了原污水系统处理能力不足和无法处理高含盐污水的问题。

参考文献

[1] 胡迁林，赵明."十四五"时期现代煤化工发展思考[J].中国煤炭，2021，47（3）：5-7.
[2] 韩洪军，麻微微，方芳，等.煤制烯烃废水处理与回用技术解析[J].环境工程，2017，35（2）：24-27.
[3] 叶飞，李成，朱德汉.煤制烯烃工艺污水生化处理系统常见问题及应对措施[J]煤炭加工与综合利用，2019（9）：45-51.
[4] 李成，魏江波，贺飞，等.浅析煤制烯烃污水生化系统常见问题及解决措施[J]神华科技，2019，17（6）：82-87.
[5] 崔恒玲.煤制烯烃项目生产废水的水质特点和处理研究[J].科技视界，2014（24）：245-246.
[6] 崔恒玲.煤制烯烃项目生产废水处理新技术的应用[J].中国化工贸易，2013（4）：365.
[7] 吴秀章.煤制低碳烯烃工艺与工程[M].北京：化学工业出版社，2014.
[8] 李成，杜善明，王立新，等.某大型煤制烯烃项目污水处理工程的设计方案[J]煤炭加工与综合利用，2017（8）：20-27.
[9] 北京飞燕石化环保科技发展有限公司.中安联合煤化工有限责任公司煤制170万吨/年甲醇及转化烯烃项目竣工环境保护验收监测报告[R].2020-09.
[10] 陕西中绘工程技术有限公司.蒲城清洁能源化工有限责任公司回用水站外排水提标综合改造项目环境影响报告书[R].2020-07.
[11] 胡毅.460kt/a煤制烯烃装置污水处理及中水回用技改总结[J].中氮肥，2016（1）：43-46.

8

焦化废水处理技术

8.1
概述

　　焦化过程是以煤为原料，在焦炉中温度处于 950～1050℃ 并在隔绝空气状态下，经过干燥、热解、熔融、黏结、固化、收缩等阶段最终制成焦炭，同时获得煤焦油、煤气并回收其他化工产品的一种重要的煤转化工艺。

　　截至 2020 年底，我国现有常规有机炉 1156 座，焦炭产能为 5.5 亿吨/年，产量为 4.71 亿吨/年，其产量占世界总产量的 67%。同时，焦化产业焦炉煤气制甲醇总能力达到 1400 万吨/年，焦炉煤气制天然气能力超过 60 亿 m^3/a 以上，苯加氢精制总能力达到 600 万吨/年。由焦化厂的排污特征及能源-物料平衡（图 8-1）可知，在焦化生产过程中，产生的大量废水需要治理，防止对环境造成污染和危害。

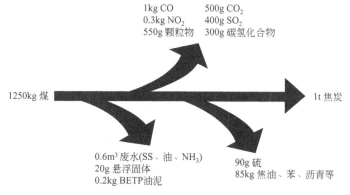

1kg CO　　500g CO_2
0.3kg NO_2　　400g SO_2
550g 颗粒物　　300g 碳氢化合物

1250kg 煤　　　　　　　　　1t 焦炭

0.6m^3 废水(SS、油、NH_3)　　90g 硫
20g 悬浮固体　　　　　　85kg 焦油、苯、沥青等
0.2kg BETP油泥

图 8-1　焦化厂的排污特征及能源-物料平衡

8.1.1 废水来源

焦化企业常规生产过程，可以分为煤的准备、炼焦、煤气净化、煤气回收、化学产品精制等五个主要部分。大部分焦化企业产生的污水数量及性质，跟生产的工艺和最终产品性质有关。当前我国焦化生产工艺过程及废水来源见图8-2。

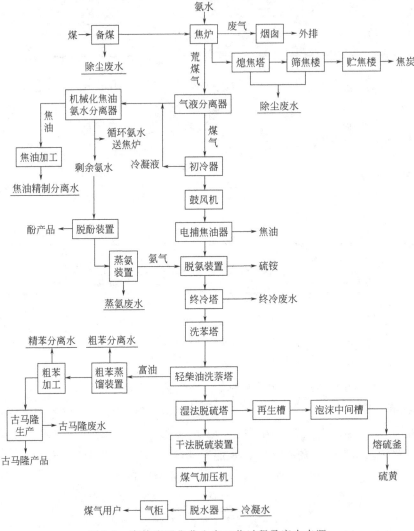

图8-2 当前我国焦化生产工艺过程及废水来源

从图8-2中可以看出焦化废水主要来自三个方面：

① 煤高温裂解和荒煤气冷却产生的剩余氨水废液，其水量占焦化废水总量的一半以上，是焦化废水的主要来源。

② 在煤气净化过程中产生出来的废水，如煤气终冷水和粗苯分离水等。

③ 在焦油、粗苯等精制过程中以及其他工艺过程所产生的废水。其中，煤气净化和产品精制过程中，从工艺介质中分离出来的其他高浓度污水要与剩余氨水混合处理，经过除油除尘和蒸氨预处理后送往焦化厂污水处理站处理。而对于焦油蒸馏和酚精制蒸

馏中，分离出来的某些高浓度有机污水，因其中含有大量不可再生和生物难降解的物质，一般要送焦油车间管式焚烧炉焚烧。

8.1.2 废水组成

（1）炼焦煤中表面水及化合水形成的废水

炼焦煤经过洗选处理，炼焦过程中，一般装炉煤水分含量约10%，该10%的水量会在炼焦过程中挥发逸出；煤料在炉子中受热裂解，析出一部分化合水。这两部分水蒸气随粗干馏煤气从焦炉中一起引出，水蒸气经过初冷器冷却形成的冷凝水，通常也称剩余氨水；该部分废水含有高浓度的酚、氨、氰化物、有机油、硫化物等，这是焦化废水处理项目的主要水来源。

（2）生产过程中引入的生产废水和蒸汽等形成的废水

洗选煤、物料冷却、换热、熄焦、冲洗地坪、补充循环水系统、化验、冲洗地坪、水封等场所是生产过程中引入废水的主要来源，该废水分为生产废水和生产净排水两部分。蒸汽冷凝水和间接冷却水排水基本不含污染物，为生产净排水。

生产废水主要分为三类：一是接触焦、煤粉尘物质的废水，主要有炼焦煤储运、转运、破碎和加工过程中产生的除尘洗涤水；焦炉装煤或出焦时产生的除尘洗涤水；湿法熄焦时产生的废水；焦炭转运、筛分和加工过程的除尘洗涤水。该部分水污染物是高浓度的固体悬浮物，经过混凝沉淀澄清后一般可以再次循环利用。

二是含有硫化物、有机油类、酚、氰的废水，直接冷却水由煤气终冷段产生；蒸汽冷凝分离水由精苯加工及焦油精制加工过程产生；水封水由煤气管道产生。该部分污水含有硫化物、石油、酚氰类，与剩余氨水一起通称酚氰废水。该废水水量大、成分复杂、有危害性，属于焦化废水治理的重点。

三是生产古马隆树脂过程中的洗涤废水，该类废水主要是古马隆树脂水洗废液。废水水量很小，只有少部分古马隆生产的焦化厂产生。废水为白色乳化状态，含有酚、油及其他难处理污染因子。焦化废水组成见图8-3。

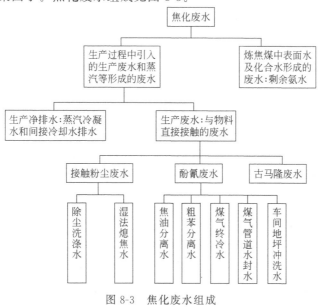

图 8-3　焦化废水组成

8.1.3 焦化废水水质

各焦化厂采用的煤的来源、各设计工艺流程、各原水水质不同，相应产生的废水水质也不同。表 8-1 为焦化厂各排污点主要污水的水质情况。

表 8-1 焦化废水水质 单位：mg/L

项目排水点	pH 值	挥发酚	氰化物	油	挥发氨	COD
蒸氨塔后（未脱酚）	8～9	500～1500	5～10	50～100	100～250	4000～6000
蒸氨塔后（已脱酚）	8	300～500	5～15	2500～3500	100～250	1500～4500
精苯分离水	7～8	300～500	100～350	150～300	50～300	1500～2500
终冷排污水	6～8	100～300	200～400	200～300	50～100	1000～1500
焦油加工分离水	7～11	5000～8000	100～200	200～300	1500～2500	15000～20000
硫酸钠污水	4～7	7000～20000	5～15	1000～2000	50	30000～50000
煤气水封槽排水	—	50～100	10～20	10	60	1000～2000
酚盐蒸吹分离水		2000～3000	微量	4000～8000	3500	30000～80000
泵房地坪排水		1500～2500	10	500	—	1000～2000
化验室排水		100～300	10	400	—	1000～2000
洗罐站排水		100～150	10	200～300	—	500～1000
古马隆洗涤污水	3～10	100～600		1000～5000	—	2000～13000
古马隆蒸馏分离水	6～8	1000～1500		1000～5000	—	3000～10000

焦化废水组成复杂而多变，其污染因子组成与煤种、炉型、炉内温度及后续气化及化工产品有关。有机物和无机物为污染源主要组成部分，无机物一般以各类铵盐形式存在，如 $(NH_4)_2CO_3$、NH_4HCO_3、NH_4CN、$(NH_4)_2SO_4$、NH_4SCN、NH_4Cl 等。有机物由酚类、脂肪族、杂环类、多环芳香烃等组成。

由于现有焦化厂装备水平不一，蒸氨废水的水质与蒸氨前废水的组成、煤气净化与化工产品精制工艺及生产产品种类等因素有关，如剩余氨水中有无掺入化工产品精制过程中分离水，是否进行溶剂脱酚，氨的回收采用何种工艺以及蒸氨是否脱除固定氨等。因此煤气净化与化工产品精制工艺不同，排入酚氰废水处理站蒸氨废水水质差别较大。

焦化废水水质特征可归纳为："五高、一低、一难"。其中，"五高"主要指高COD、高氨氮、高酚、高油、高色度；"一低"主要指 BOD 低，且 B/C≤0.25；"一难"指焦化废水是成分极其复杂、氨氮浓度极高的难降解煤化工废水。

神华蒙西焦化厂 6 个月的水质（蒸氨脱酚后）跟踪数据见表 8-2，主要检测 COD、氨氮及挥发酚指标，指标月份不同有一定的波动。

表 8-2　神华蒙西焦化废水数据检测表（平均值）　　　　　单位：mg/L

时间	COD	氨氮	挥发酚
2014 年 1 月	7898.8	63.9	1328.63
2014 年 2 月	7486.6	47.8	1192.54
2014 年 3 月	7938.4	58.6	1007.08
2014 年 4 月	6542.3	60.2	953.82
2014 年 5 月	6256.6	65.5	913.85
2014 年 6 月	6391.4	84.4	1009.8

　　焦化废水站不仅要处理蒸氨脱酚的产水，还要处理甲醇、粗苯分离水及生活污水，根据各来水状况，该焦化废水处理站设计组成水质见表 8-3。山西潞宝焦化废水站水质见表 8-4。

表 8-3　神华蒙西焦化废水站最终设计组成水质

序号	分项	水量 /(m³/h)	COD_Cr /(mg/L)	BOD_5 /(mg/L)	NH_3-N /(mg/L)	SS /(mg/L)	油/(mg/L)	挥发酚 /(mg/L)	氰化物 /(mg/L)
1	蒸氨脱酚	35	6972	2231	64	100	100	1051	20
2	制甲醇工序单元部分废水	2	800	350	15	100	8	1	1
3	粗苯分离水	1	10000	2000	100	200	5	0	0
4	生活污水	20	300	135	100	100	5	0	0
5	总计	58	4511	1439	75	102	62	634	12

表 8-4　山西潞宝焦化废水站水质

序号	项目	现有生产装置数值	序号	项目	现有生产装置数值
1	水量/(m³/h)	560	6	挥发酚/(mg/L)	50
2	COD_Cr/(mg/L)	3000	7	氰化物/(mg/L)	50
3	BOD_5/(mg/L)	1000	8	硫化物/(mg/L)	50
4	SS/(mg/L)	65	9	油/(mg/L)	350
5	NH_3-N/(mg/L)	300	10	pH 值	6～9

8.2
焦化废水深度处理的研究进展

8.2.1　深度处理的作用

　　由于焦化废水非常复杂，要想实现废水处理回用与零排，宜采用"化工工艺物化处理＋预处理＋生化处理＋深度净化处理"的联合处理工艺，技术路线如图 8-4 所示。

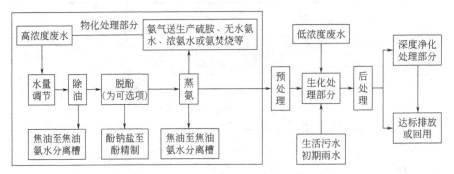

图 8-4　焦化废水处理技术路线

　　研究表明，焦化废水经预处理和生化处理后，生化合格产水中还含有一定的污染物，污染物主要有长链烷烃、各种酚、环烃、苯胺类及卤代物类等成分，基本都具有持久性有机污染物和内分泌干扰素特性，环境内分泌干扰物如邻苯二酸、烷基酚都能在合格产水中检测到，大部分环烃类污染物也属于持久性有机污染物。焦化废水合格的生化出水分析化验结果见表 8-5。

表 8-5　焦化废水生化出水中有机物类别及含量

序号	物质类别	质量分数/%	生物降解难易程度	COD 浓度/(mg/L)
1	苯酚类及其衍生物	4.85	易	13
2	喹啉类化合物	30.66	难	82.1
3	苯类及其衍生物	3.51	难	9.4
4	吡啶类化合物	4.56	较难	12.2
5	吲哚类	4.03	难	10.8
6	咔唑类	0.51	难	1.36
7	长链烃类	20.24	难	54.2
8	酸、酯类	25.32	较难	67.8
9	其他	6.32	较难	16.93
	总计	100		267.79

　　由表 8-5 可知，合格产水中污染因子有机物以含共轭 π 键的环状有机物为主，大部分具有降解惰性和极强的生物毒性。

　　《炼焦化学工业污染物排放标准》（GB 16171—2012）于 2012 年正式颁布，除了新增对氮、磷、硫化物要求外，对其他污染因子悬浮物、挥发酚、氨氮、氰化物、COD等指标更严格，规范要求单位产品基准排水量为每吨焦炭 0.4m³，实际调研现状发现，大部分焦化企业原污水处理站产水与新规范要求还有一定差距，实际产水氨氮、化学需氧量浓度过高，产水很难达到标准，增加了水处理系统的难度。节能减排、治理污染方面国家技术标准用干熄焦逐步取代原来的湿法熄焦处理技术。面对焦化企业原水成本较高、废水排放难的问题，各企业需要稳定可靠的废水深度处理技术，对焦化废水进行资源化回收利用。《炼焦化学工业污染物排放标准》（GB 16171—2012）焦化废水污染物排放限值见表 8-6。

表 8-6　《炼焦化学工业污染物排放标准》（GB 16171—2012）焦化废水污染物排放限值

序号	污染物项目	限值		污染物排放监控位置
		直接排放	间接排放	
1	pH 值	6～9	6～9	独立焦化企业废水总排放口或钢铁联合企业焦化分厂废水排放口
2	悬浮物/(mg/L)	50	70	
3	化学需氧量(COD$_{Cr}$)/(mg/L)	80	150	
4	氨氮/(mg/L)	10	25	
5	五日生化需氧量(BOD$_5$)/(mg/L)	20	30	
6	总氮/(mg/L)	20	50	
7	总磷/(mg/L)	1.0	3.0	
8	石油类/(mg/L)	2.5	2.5	
9	挥发酚/(mg/L)	0.30	0.30	
10	硫化物/(mg/L)	0.50	0.50	
11	苯/(mg/L)	0.10	0.10	
12	氰化物/(mg/L)	0.20	0.20	
13	多环芳烃(PAHs)/(mg/L)	0.05	0.05	车间或生产设施废水排放口
14	苯并[a]芘/(μg/L)	0.03	0.03	
单位产品基准排水量/(m³/t 焦)		0.40		排水量计量位置与污染物排放监控位置相同

焦化废水深度处理方式多种多样，各方法优缺点如表 8-7 所示。根据实际工程效果来看，单一的焦化废水深度产水效果略差，所以在实际工程应用中常常将多种方法组合使用，保证产水水质中污染因子达标。

表 8-7　焦化废水深度处理方法优缺点比较

方法	化学絮凝法	湿式催化氧化法	超声波空化法	超滤技术	臭氧氧化法	纳滤技术
去除物质	悬浮物、部分有机物	有机物	有机物	悬浮物、部分有机物	有机物	盐分、硬度
优点	造价低、运行费用低	设备占地少、操作简单、能够去除大部分有机物	设备占地少、操作简单、能够去除大部分有机物	占地面积小、自动化程度高、运行费用低、处理效果好	设备占地小、操作简单	占地面积小、自动化程度高、运行费用低、处理效果好
缺点	占地面积大、去除部分悬浮物	设备价格高、运行费用高、效率低、技术不成熟	设备价格高、运行费用高、效率低、技术不成熟	造价较高	去除部分有机物、造价高	造价较高

焦化废水深度处理的关键作用就是确保处理后的排出水能达到国家相关标准和规范要求，使焦化产业实现绿色化生产。

8.2.2 深度处理新技术

为了提高我国焦化废水深度处理技术水平，不断提高其效率降低成本，近些年来，研究者进行了深入系统研究，取得了一些成果，在此仅对 2020～2021 年期间的研究动态作以概述。

8.2.2.1 改进膜技术

贺志勇等根据焦化废水降解难、成分复杂的特性，采用预处理加膜工艺对某企业焦化废水进行深度处理，经过在线分析及试验分析检测产水中总硬度、总碱度、浊度、pH 值、COD 和电导率等数值，研究最终的产水污染因子成分。大量的数据汇总表明，采用膜法处理工艺对化学需氧量的去除率可达 99.7%，钙镁总硬度去除率约为 99.4%，总碱度的去除率达到 99.0% 以上，浊度的去除率较高，处理后基本检测不到，电导率下降也较多，可达 99.6%。经过改进工艺深度处理后，总硬度、总碱度、浊度、pH 值、COD 和电导率远超国家要求的各类循环水水质标准，可达到除盐水水质标准。超滤对 SS 去除效果显著，对总碱度、总硬度、COD、电导率处理效果较差，部分甚至基本无效果，纳滤对总碱度、总硬度、COD、电导率均有一定效果，具有一定的去除率，但是相对反渗透来说，处理效果还有一定的差距。

在工程实践过程中，采用某焦化废水处理站生化系统二沉池出水，其水质如表 8-8 所示。

表 8-8 某焦化废水生化系统出水水质

项目	pH 值	电导率 /$(\mu S/cm^3)$	COD_{Cr} /(mg/L)	NH_3-N /(mg/L)	浊度/ NTU	总硬度 /(mg/L)	总碱度 /(mg/L)	Cl^- /(mg/L)
数值	6.5～7.5	4000～6500	100～170	15～25	10～28	850～1200	900～1500	300～500

根据生化处理站出水特点，采取超滤＋纳滤＋反渗透三膜组合工艺对该焦化废水进行深度处理，其处理过程如图 8-5 所示。

采用三膜法深度处理工艺的主要效果：

整个处理工艺后，COD 去除率达到 99.7%，电导率下降 99.6%，总碱度去除率达到 99.0% 以上，总硬度去除率达到 99.4%，浊度基本完全去除。经过 NF＋RO 二级处理后，相关污染因子基本能去除干净，仅存微量。

经过预处理系统，SS、总碱度、总硬度、COD 完全能达到国家要求的各类循环水水质标准。对于 SS，经 RO 处理后不仅远低于国家要求的循环水水质标准，甚至能达到除盐水水质标准，电导率经过一级 RO 产水即可满足各类循环水水质标准，再经过二级 RO 深度脱盐后，完全满足除盐水水质标准，直接应用于企业各脱盐水用水端。超滤膜分为外压式超滤膜和内压式超滤膜，内压式过滤，水流方向为原水在中空纤维内部，其内部流道小，膜通道易堵塞。内压式过滤一般用于精处理或用来处理水质好的来水和污水回用处理。外压式过滤采用高强纤维增强超滤膜，膜之间有宽阔的流道，不会堵塞，更便于任何形式的清洗。这种膜最初是专为污水处理开发的，一般用来直接处理高达 10000mg/L 含固量的工业和市政污水。

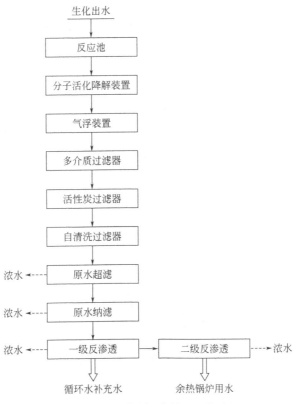

图 8-5　改进膜法深度处理工艺过程

　　根据国内外实际工程应用情况和相关的经验，以下对不同的外压式和内压式中空纤维超滤膜的技术特性进行简要对比分析（见表 8-9）。

表 8-9　超滤膜的技术特性对比分析

比较内容	内压式	P 公司外压式	O 公司外压式	Memcor 外压式
膜材料	聚醚砜	聚偏氟乙烯（PVDF）	聚偏氟乙烯	聚偏氟乙烯（PVDF）
膜产地	德国	日本	中国	澳大利亚
单个膜元件过滤面积/m²	55	50	44	38.1
膜元件结构形式	膜壳膜芯一体化	膜壳膜芯一体化	膜壳膜芯一体式	膜壳膜芯分离式
膜装置构造形式	膜壳机架排列	膜壳机架排列	膜壳机架排列	膜堆（阵列）
膜前预处理	砂滤＋100μm 过滤	300μm 粗过滤	300μm 粗过滤	300μm 粗过滤
反洗方式	清水反冲洗	清水反洗空气擦洗	清水反洗空气擦洗	清水反洗空气擦洗
擦洗空气压力/kPa	无	200	100	30
单膜每次反洗量/L	110～180	100	100～220	46
水回收率/%	90	93	90	96
膜组件进水方式	下部进水	下部进水	下部进水	上下同时进水
产水方式	顶端产水	顶端产水	顶端产水	上下同时产水
膜的使用寿命/a	3～5	5～8	5～8	5～8

　　中空纤维膜丝的外径大于内径，所以在同样的体积内装填同样外径的膜丝时，外压式膜组件装填膜面积大大高于内压式膜组件。通过膜的运行工艺及业绩来看，外压式适

合于受污染严重的地表水、废水处理及中水回用系统；内压式在国际和国内市场主要用于原水水质较好的饮用水的生产。焦化水处理站的产水中 COD、SS 含量较高，还有一定量的油，经过砂滤后，产水水质依然较差。所以必须采用投资不高和占地不大、更耐污染、方便清洗的外压式超滤（更适合焦化废水处理）。

焦化废水中有机物、硬度、含盐量比较高，DK8040F 纳滤膜元件为特种分离膜，可以耐受高达 1000mg/L COD 浓度，所以，其应用于焦化废水深度处理领域是可行的，且得到了唐山中润焦化废水深度处理工程、攀枝花攀煤焦化废水深度处理工程、河北峰煤焦化废水深度处理工程、唐山达丰焦化废水深度处理工程、内蒙古东方能源焦化废水深度处理工程、山西潞宝集团焦化废水深度处理工程等多个项目的验证。

DK8040F 特种分离纳滤膜模型及原子力显微镜照片分别见图 8-6、图 8-7。

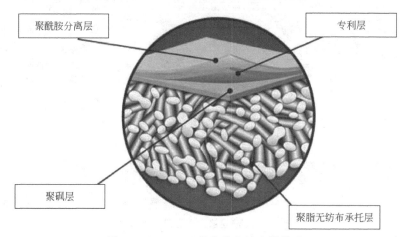

图 8-6　DK8040F 特种分离纳滤膜模型

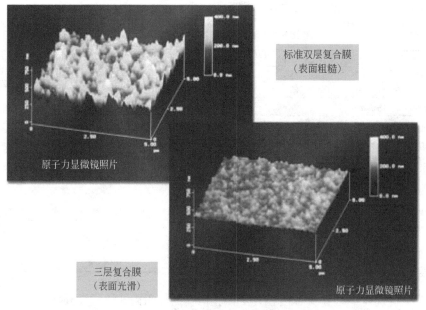

图 8-7　DK8040F 特种分离纳滤膜原子力显微镜照片

关于 DK8040F 特种分离膜独特的浓水流道，在设计浓缩分离膜系统时，只考虑膜表面的抗污染能力是不够的，还应该考虑以下因素：料液的品质、料液在膜表面的切向流速、膜元件的浓水流道结构。多年实践证明，膜的浓水流道结构对膜的抗污染能力影响极大，因此对膜元件浓水流道的结构和厚度都进行改进，研发出多项专利：

① 浓水流道结构：菱形浓水流道和平行浓水流道；

② 浓水流道厚度：28mil、34mil、47mil、83mil 等。

当采用传统的菱形浓水流道时，污染物极易在菱角处积累，从而导致浓水流道堵塞，浓水侧压损增加。而采用平行浓水流道时，即可消除污染物在菱角处积累的现象，减轻浓水流道堵塞的程度，这样浓水在 NF 膜管中更加均匀地分配。当采用更厚的浓水流道时，可防止较大污染颗粒在浓水流道中卡塞的现象，同时由于浓水流道加厚，浓水切向流量和流速也都相应地增加，这样一来将增加浓水侧的紊流程度，从而减少膜元件的污堵。

8.2.2.2 臭氧催化氧化技术

贾彪等采用剩余活性污泥、过渡金属盐类、钢渣、黏土以及粉煤灰为基本原料，制得一部分催化剂，该催化剂为陶粒状，制备方法为固相混合法，利用此催化剂及臭氧发生器产生的臭氧对污水处理站的产水进行催化氧化研究。

该试验主要数据为 COD，主要测量 COD 的去除率，研究催化剂的焙烧温度，臭氧的投加比例量，催化剂活性组分种类、质量分数及质量浓度等工艺条件对水中化学需氧量数值的影响。

经过大量的实验数据汇总整理，实验废水 pH 值为 7.0，催化剂焙烧温度为 1110℃左右，TiO_2-Mn 双活性组分质量分数为 8.1%，陶粒催化剂浓度为 20g/L，臭氧投加量为 5.8mg/min 时，对污水的处理效果相对较好。来水的 COD 从 100mg/L 降至 44mg/L，去除率高达 56%，实验产水水质完全达到国家新标准规范对产水的要求。陶粒催化剂重复使用多次，实验过程数据显示活性衰减不明显，化学需氧量的去除率可达 49%以上。

在实验过程中，废水取自湖北某焦化公司生化后的达标出水，废水的化学需氧量为 100mg/L 左右，pH 值为 7 左右。催化剂的工业制作流程如下：将烘干后的粉煤灰、黏土、污泥、钢渣及其他活性组分根据多次实验总结的数据比首先经过粉碎机粉碎，全部粉碎均匀后进入下一步圆盘造粒过程，圆盘造粒完成后通过筛分得到粒径约 4mm 的生料球，将生料球进行下一步烘干处理。烘干处理达标后，将约 4mm 生料球进行高温焙烧处理，焙烧处理在管式炉或其他合适炉型中进行，经过一定时间的焙烧处理合格，冷却得到合格的水处理用陶粒催化剂。

臭氧处理一般分为接触氧化和催化氧化两种，其中催化氧化技术的核心是催化剂，负载的活性组分对催化剂的性能至关重要，对臭氧具有较好催化作用的有铁、铜、锰、钛等盐类和过渡金属氧化物。活性组分为重要关键因素，为比较不同金属活性组分的催化能力，固定催化剂中 TiO_2、铁盐、铜盐和锰盐的质量分数均为 8%左右，实验过程中对其他参数保持各类条件不变化，得到的臭氧催化氧化结果如图8-8所示。

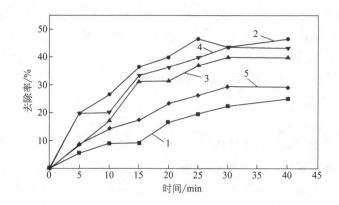

图 8-8　单活性组分的催化效果

1—臭氧；2—锰盐＋臭氧；3—铁盐＋臭氧；4—TiO₂＋臭氧；5—铜盐＋臭氧

由图8-8可知，采用唯一臭氧氧化方式处理效果有限，经过逐步反应曲线变化依旧缓慢，到达反应时间30min时化学需氧量的去除率仅为20%。通过添加活性组分至催化剂内部后，臭氧的催化氧化效果逐步增强。分别以锰盐、铁盐、铜盐、TiO₂为活性组分，与臭氧组合，实验效果分析见图8-7，在30min相同时间内对污水COD去除率分别提升至43%、38%、25%和43%，锰盐及TiO₂的催化氧化实验结果最好，铁盐的催化氧化实验结果次之，铜盐的催化氧化实验结果最差。为得到更好的催化剂配比效果，实验过程中将各类有效活性组合两两混合，将TiO₂、铁盐、锰盐等按质量比（1∶1）两两混合，但混合过程中控制活性组分总含量为8%不变，进行双活性组分陶粒催化剂的制备，制备过程控制在相同的工艺条件下，实验的双活性组分催化效果汇总如图8-9所示。

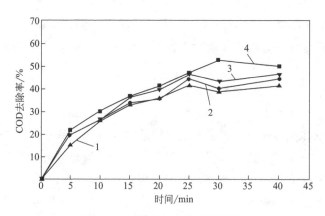

图 8-9　双活性组分的催化效果

1—铁盐＋TiO₂；2—锰盐＋铁盐；3—锰盐；4—锰盐＋TiO₂

由图8-9可知，锰盐＋铁盐和铁盐＋TiO₂双活性组分的COD降解曲线位于锰盐单活性组分曲线的下方，说明锰盐＋铁盐和铁盐＋TiO₂催化活性不仅没有提高，反而还略有降低。而锰盐＋TiO₂复合陶粒催化剂表现出明显的协同作用，催化活性最好。

8.2.2.3 Fe/GO-粉煤灰技术

刘丽娟等以焦化废水污水处理站运行的产水为实验原水，以化学需氧量为主要的检测数据及指标，深入研究粉煤灰-Fe/GO（GO为氧化石墨烯的简写）混合物对废水的深度处理效果的影响。经过大量的实验及数据汇总，污水处理的最优条件为pH＝3左右，Fe/GO-粉煤灰每升水中总投料量10g（其中改性粉煤灰与Fe/GO的质量比为1∶4，复合物中GO与Fe的质量比为1∶2），需氧曝气时间大约1h。在最优控制条件下，化学需氧量的去除率数值可达到65％，产水COD含量50mg/L左右，符合GB 16171—2012《炼焦化学工业污染物排放标准》中的炼焦废水直排各类标准，COD达标后的污水pH值调节至7左右后可直接排放。

在实验中采用粉煤灰-Fe/GO混合物处理焦化废水的主要原理如下：

① 氧化石墨烯化学活性高、比表面积大，其表面由环氧基、羟基、羧基等其他基团组成，多种有效基团与芳香环在水中容易发生强烈的静电作用及π-π堆积作用，在以上两种作用引导下，氧化石墨烯吸附废水中的部分有机物，有机物富集在石墨烯表面，减少了污水中有机物的含量，起到水质净化作用，使污水中污染因子指标进一步降低。

② 海绵铁是以多孔材料为主要组成成分，多孔材料主要含有铁与零价铁的氧化物，该物质具有溶铁速度快、比表面能高、氧化还原剂物理吸附性强、比表面积大、电化学富集等五大优点，所以对污水处理站产水中的重金属离子及有机废物有非常有效的处理效果。

③ Fe₂O₃、SiO₂、Al₂O₃等物质组成的多孔颗粒俗称粉煤灰，属于化工生产过程中的废料，粉煤灰加入污水中以后可通过絮凝、吸附等物理化学作用，减少有机物及重金属离子在污水中的含量，尤其粉煤灰经过活化改性后，大量实际观察数据表明，活化改性后吸附能力可提高20％～30％。

④ 铁碳微电解反应在污水预处理及深度处理中应用广泛，石墨烯和海绵铁在污水中也会发生铁碳微电解作用。通过絮凝吸附、电富集作用、氧化还原反应，使水中的污染物分解氧化去除，使水中一部分难降解的有机物消减。在污水处理中，碳基与铁基相当于在水中存在的大量微型原电池，不停地在发生氧化还原反应，将有机物氧化分解，降低污染因子，海绵铁在处理废水中，弱酸性条件下部分海绵铁会生成一部分Fe²⁺，经过氧化曝气二价铁转化为三价铁，其中三价铁是良好的絮凝剂，对水质及悬浮物进行混凝沉淀净化处理。

该焦化废水深度处理的工艺过程如图8-10所示。

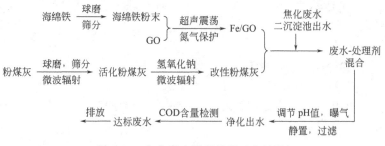

图 8-10　焦化废水深度处理工艺过程

8.2.2.4　催化超临界水氧化处理技术

张春雨等采用催化超临界水氧化技术对武汉某焦化废水进行了处理研究，超临界氧化催化剂成分由堇青石及 Ir-Ta 组成。催化剂的制备如下：取一定质量氯铱酸（$H_2IrCl_6 \cdot 6H_2O$）和氯化钽（$TaCl_5$），二者分别加到正丁醇 $[CH_3(CH_2)_3—OH]$ 中进行搅拌溶解，溶液中成分铱和钽的摩尔比为 7∶3，然后搅拌混合、静置、烘干、焙烧。堇青石/Ir-Ta 催化剂的反应温度为 $380\sim460℃$，反应压力为 $22\sim30MPa$，过氧比为 $0\sim4$，反应时间为 $20\sim100s$；用化学需氧量的去除率表示超临界水氧化降解有机物的进程对其进行动力学分析。实验数据汇总分析表明，添加催化剂后的超临界反应后，检测到有机物去除效果明显高于无催化剂时；过氧比、反应压力、时间、温度等影响因素与氨氮和化学需氧量去除率相关。在加入催化剂后，过氧比控制为 200%，反应压力控制在 24MPa 时，反应的活化能是 46.26kJ/mol，频率因子为 $73.20s^{-1}$。对焦化废水化学需氧量 COD 的去除率见表 8-10。

表 8-10　不同实验条件下超临界水氧化降解焦化废水的 COD 去除率

时间/s	COD 去除率/%				
	380℃	400℃	420℃	440℃	460℃
20	87.39	92.90	95.32	96.87	97.78
40	90.79	95.40	97.24	98.89	98.88
60	92.90	97.23	98.49	99.29	99.51
80	94.77	98.21	98.86	99.61	99.69
100	95.78	98.24	99.29	99.80	99.79

8.3
焦化废水处理工程实例

肖秀伟等在实际的工作中，通过现场调研得知，目前国内在焦化处理工艺中，其中的生化段采用 A/O 工艺及 A/O 改良版的 SDN 工艺，深度处理段采用双膜或三膜工艺，详见表 8-11。

表 8-11 主要焦化厂废水流程及规模

序号	项目名称	主工艺	设计废水规模/(m³/h)
1	河北唐山达丰焦化有限公司焦化废水处理站工程	A/O-混沉	45
2	河北邢台钢铁有限责任公司焦化废水处理站工程	A/O-混沉	45
3	河北邯钢矿业分公司焦化项目污水处理装置	A/O-混沉	52
4	河北唐山开滦精煤公司焦化废水处理站工程	A/O-混沉	136
5	河北邯钢结构优化产业升级总体规划新区焦化工程配套酚氰废水处理工程	A/O-混沉	190
6	河北唐钢焦化厂焦化废水改造工程	A/O-混沉	120
7	河北唐山达丰焦化有限公司二期焦化工程配套酚氰废水处理工程	A/O-混沉	50
8	河北唐山德盛煤化工有限公司焦化废水处理工程	A/O-混沉	60
9	冀中能源峰峰集团焦化废水改扩建工程	A/O-混沉	210
10	内蒙古包头钢铁有限责任公司焦化厂酚氰废水处理系统扩建工程	SDN-混沉	350
11	内蒙古伊泰煤制油有限责任公司煤基合成油污水处理站工程	SDN-混沉	100
12	神华蒙西焦化一厂新建生化水处理工程	SDN-混沉-催化臭氧-BAF	100
13	内蒙古呼和浩特中燃城市燃气发展有限公司焦化污水处理站工程	SDN-混沉	100
14	内蒙古庆华煤化有限公司三期焦化废水生化处理站工程	SDN-混沉	80
15	云南昆明焦化制气厂城市煤气改扩建工程焦化废水处理站总承包工程	A/O-混沉	80
16	云南曲靖焦化制供气有限公司焦化废水处理工程	A/O-混沉	30
17	云南云维集团焦化废水处理站工程	A/O-混沉	150
18	云南昆明焦化制气厂焦化废水处理站改扩建工程	A/O-混沉	42
19	山西临汾同世达实业有限公司焦化废水处理站工程	A/O-混沉	40
20	山西金晖煤焦化有限公司焦化废水处理站改造工程	A/O-混沉	55
21	山西长治钢铁(集团)有限公司焦化废水治理工程	A/O-混沉	75
22	山西潞宝兴海新材料有限公司化工生产废(污)水处理及再生资源化利用项目	SDN-混沉-紫外臭氧	560
23	山东莱钢焦化厂焦化废水处理站工程	A/O-混沉	70
24	山东荣信煤化有限责任公司焦化污水处理站工程	A/O-混沉	150
25	山东菏泽富海能源发展有限公司焦化废水处理工程	A/O-混沉	90

序号	项目名称	主工艺	设计废水规模/(m³/h)
26	内蒙古庆华集团焦化废水深度处理工程	UF+NF+RO	UF:2×100； NF:2×90； RO:140
27	冀中能源峰峰集团煤化工项目生化污水深度处理工程	UF+NF+RO	UF:3×120； NF:3×108； RO:90
28	唐山中润煤化工焦化废水深度处理工程	UF+NF	UF:3×100； NF:3×90
29	攀枝花攀煤联合焦化有限公司焦化废水深度处理工程	UF+NF	UF:2×50； NF:2×45
30	达丰焦化厂焦化废水深度处理回用工程	UF+NF+RO	UF:3×50； NF:3×48； RO:3×42.5

在深入调研的基础上，对焦化废水处理的部分典型工程实例作以下概述。

8.3.1 SDN+高级氧化工艺

潞宝工业园区位于山西省潞城市店上镇，由山西潞宝集团焦化有限公司初创，被省政府批准园区管理建制。园区规划的主要生产经营项目是煤焦化工产品的生产和销售。规划的焦化能力 1000 万吨。以煤焦化为基础，利用煤焦油、焦化粗苯、焦炉煤气等焦化副产品为原料，生产煤焦油加工产品、甲醇、合成氨、双氧水、环己烷、环己酮、己内酰胺、硫酸铵、甲醇制烯烃类等多种化工产品。

已经建成的项目及其产能规模：洗煤 150 万吨/年，捣固焦化 345 万吨，煤焦油加工 15 万吨/年，焦炉煤气制甲醇 20 万吨/年，甲醇尾气制合成氨 10 万吨/年，4×75t/h 循环流化床锅炉，560t/h 焦化废水生化处理与回用设施等。

8.3.1.1 进出水水质

SDN+高级氧化工艺进出水水质分别见表 8-12、表 8-13。

表 8-12 进水水质

序号	项目	现有生产装置数值	序号	项目	现有生产装置数值
1	水量/(m³/h)	245	6	挥发酚/(mg/L)	50
2	COD_{Cr}/(mg/L)	3000	7	氰化物/(mg/L)	50
3	BOD_5/(mg/L)	1000	8	硫化物/(mg/L)	50
4	SS/(mg/L)	65	9	油/(mg/L)	350
5	NH_3-N/(mg/L)	300	10	pH 值	6~9

表 8-13 出水水质

序号	项目	限值	序号	项目	限值
1	pH 值	6~9	4	NH$_3$-N/(mg/L)	25
2	SS/(mg/L)	70	5	挥发酚/(mg/L)	0.5
3	COD$_{Cr}$/(mg/L)	150	6	氰化物/(mg/L)	0.2

8.3.1.2 工艺过程

该焦化废水处理的工艺过程如图 8-11 所示。

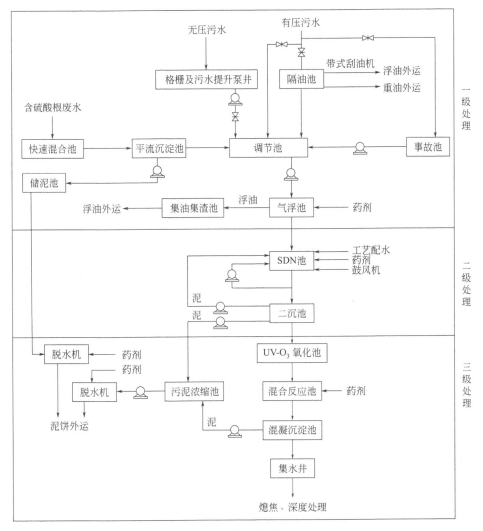

图 8-11 焦化废水处理工艺过程

（1）格栅及污水提升泵井

格栅井与污水提升泵井联建，钢混结构，平面尺寸为 4.5m×2.6m。进格栅井的无压来水设计水量按 $Q=80\text{m}^3/\text{h}$ 设计。格栅井内设提篮格栅 1 台，用于对污水中较大悬浮物的截取，保护提升泵的正常运行。污水提升泵井内设 3 台污水提升泵，2 用 1 备，将格栅出水提升至综合调节池。配 1 辆栅渣小车，用于外运栅渣。

（2）隔油池

设计隔油沉淀池 8 座，单座设计处理能力为 $50m^3/h$，平面尺寸为 $L \times B = 12.5m \times 6m$，钢混结构。主要作用是去除来水中含有的焦油，保证生化阶段微生物的正常生理活动。

设置带式刮油机 8 台（配套废油收集桶 16 个），将隔油池中的浮油收集外运。

重油在隔油池的泥斗中集合后外运处理，分离出的污水进入调节池。

（3）调节池、事故池

蒸氨废水和无压废水在调节池混合，进行均质、均量的处理，为生化段处理保持稳定的条件，避免受废水高峰流量和浓度的影响。事故池是接受事故排水，然后小流量缓慢抽入调节池中，防止综合水质出现较大波动。

设计调节池 1 座，平面尺寸为 $L \times B = 49.0m \times 47.0m$，钢混结构。调节池内设潜水搅拌机 8 台（安装 6 台，库房备用 2 台），以提高调节池的混合效果，充分发挥均衡水质的功能；设潜污泵 3 台（2 用 1 备），将出水提升至气浮设备；另设管道混合器 8 台，设置电动葫芦一台。设计事故池 1 座，平面尺寸为 $L \times B = 49.0m \times 47.0m$，钢混结构。事故池内设潜水搅拌机 1 台。内设潜污泵 1 台，将出水提升至调节池，并配套设置电动葫芦 1 台。

（4）加药间、集油集渣池

设计加药间 1 座，与隔油池、调节池、事故池、集油集渣池联建，内设有 PAC 加药系统、PAM 加药系统及加碱系统。另外配套移动式排污泵 1 台，轴流风机 2 台。

在加药间的上方设有涡凹气浮设备 4 套，配套控制箱、曝气机、链条式刮渣机、螺旋输送机，并加入 PAC 及 PAM，除去水中的浮油、乳化油及部分悬浮物。涡凹气浮的原理是曝气机利用底部散气叶轮的高速转动，在水中形成一个真空区，并将水面上的空气通过抽风管转移到水下去填空，产生微气泡。具有运行费用低廉、处理效果显著、操作简单等优点。

涡凹气浮产生的浮渣和浮油经刮泥系统刮至集油集渣槽，并经无轴螺旋输送机送至立管，进而排入集油集渣池。设集油集渣池 1 座，池内油渣抽送至焦化厂的相关车间回收利用。气浮出水自流进入生化处理系统，进行后续处理。

（5）SDN 池

焦化废水中 $NH_3\text{-}N$、COD、氰化物、挥发酚等对生化微生物具有危害性的物质含量较高，很容易影响生化系统的正常运行，需对该部分物质浓度进行控制，调节池进生化池的污水 COD 按 $1500 \sim 2000mg/L$ 来控制从本污水系统外引入工艺配水，工艺配水可采用化产车间地坪冲洗水、水封水、甲醇废水、化验水、生活污水、循环水排污水或生产消防水等。

前部 A 为缺氧池，后部 O 为好氧池，利用反硝化菌，将各类混合液中的硝酸根及亚硝酸根转变成氮气，同时去除大部分 COD 物质；好氧段进行硝化反应和含碳物质的降解。设计 SDN 池 A、O 二段合建，分为两组，SDN 池总平面尺寸为 147.9m×98.45m，钢混结构。O 段又分为 2 段，分别为 O_1 段、O_2 段，根据生化系统内需氧量呈递减的实际状况，在好氧段中沿水流方向逐步减少曝气量。为了使缺氧池内污水达到充分混合的效果，A 段设搅拌机 16 台，每组放置 8 台，另外库备 2 台。O 段采用鼓风曝气，曝气头选用氧转移效率较高的硅橡胶管式微孔曝气器共 6924 套，并库备 20 套。鼓风机输送的空气通过微孔曝气器向好氧池鼓入，为生化部分的微生物提供氧同时对混合液进行搅拌。

由于煤化工污水中表面活性剂较多，为抑制曝气池中泡沫的产生，消泡水管沿曝气池隔墙表面设置一圈。好氧池出水部分混合液用泵回流至 SDN 池前端。混合液回流量比 100%～400% 范围内可调，设回流泵 8 台。

为了补充硝化反应过程消耗的碱度，在加药间内设加碱装置 1 套。

（6）鼓风机房及变配电间

鼓风机房与变配电间联建，砖混结构，平面尺寸为 36.0m×9.9m。

鼓风机房设 4 台鼓风机，3 用 1 备，提供 O 池曝气系统所需风量。鼓风机房内设电动单梁起重机 1 台，方便设备的安装和维护。

（7）二沉池及集泥井 1

二沉池用于 SDN 池出水的泥水分离。设计中心进水的辐流式沉淀池 2 座，直径 28m，钢混结构，单池内设全桥式周边传动刮吸泥机 1 台，用于二沉池的排泥。二沉池出水自流进入混凝反应池及混凝沉淀池进行深度处理。二沉池的浮渣排至浮渣池，定期外运。二沉池污泥排至集泥井 1。单座二沉池设集泥井 1 座，平面尺寸 5.0m×4.0m，与二沉池联建。在集泥井 1 中设污泥泵，一方面用于将泥回流至 A/O 池，另一方面将剩余污泥提升至污泥浓缩池。

（8）UV-O_3 系统

UV-O_3 氧化池用于二沉池出水的进一步处理。设计 UV-O_3 氧化池 2 座（各分 3 格），采用方形钢混结构，池顶分别加集气罩用于收集尾气。设臭氧发生器 5 台，紫外灯模块 6 组，配套微孔纯钛曝气盘 6 套。O_3 机房 1 座，与 UV-O_3 变配电间合建，砖混结构。

（9）混凝系统

设混凝反应池 2 座，单座平面尺寸为：6.0m×6.0m。反应池为钢混结构，池内设搅拌机 1 台。单座反应池前设混合池 1 座，钢混结构，池内设置搅拌机 1 台。混凝反应池出水进入混凝沉淀池。混凝沉淀池中进行泥水分离，保障后续臭氧系统进水合格。设中心辐流式混凝沉淀池，直径 28m，钢混结构。单池内各设全桥式周边传动刮吸泥机 1 台，用于混凝沉淀池的排泥。设集泥井 2 座，平面尺寸为 4.0m×4.0m；集泥井 2、集水井、混凝反应池与混凝沉淀池联建，混凝沉淀池的化学污泥排至集泥井 2，单座集泥井 2 内设化学污泥泵 2 台，将泥送至污泥浓缩池。混凝沉淀池出水自流进入集水井。内设回用水泵 4 台，用于将出水提升至回用水处理站；设熄焦用水泵 2 台，用于将出水送至熄焦用水点。

（10）污泥浓缩池

设污泥浓缩池1座，直径14m，钢混结构，用于污泥的预浓缩。单池内设中心传动浓缩刮泥机1台。

8.3.1.3 主要构筑物及设备一览表

主要构筑物及设备详见表8-14、表8-15。

表8-14 构筑物及设备一览表

序号	构筑物名称	结构形式	数量	单位	长/m	宽/m	备注
1	格栅及提升泵井	钢混	1	座	4.5	2.6	
2	隔油池	钢混	8	座	12.5	6	
3	加药间	钢（砖）混	1	座	—	—	
4	调节池	钢混	1	座	49.0	47.0	
5	事故池	钢混	1	座	49.0	47.0	
6	集油集渣池	钢混	1	座	—	—	
7	A/O(SDN)池	钢混	1	座	147.9	98.45	
	混合液回流井	钢混	2	座	8.4	2.5	
8	鼓风机房及变配电间	砖混	1	座	36.0	9.9	
9	二沉池	钢混	2	座	$\phi=28.0$		
10	UV-O_3氧化池	钢混	2	座	13.6	4.3	
11	O_3机房	砖混	1	座	27.0	12.0	
12	UV-O_3变配电间	砖混	1	座	12.0	10.0	
13	混凝反应池	钢混	2	座	6.0	6.0	
14	混凝沉淀池	钢混	2	座	$\phi=28.0$		
15	集水井	钢混	2	座	6.0	4.0	
16	集泥井1	钢混	2	座	5.0	4.0	
17	集泥井2	钢混	2	座	4.0	4.0	
18	污泥浓缩池	钢混	1	座	$\phi=14.0$		
19	综合工房	砖混	1	座	24.0	12.0	
	污泥棚	框架	1	座	4.5	4.5	

表 8-15　设备一览表

序号	单体名称	设备名称	型号规格及主要技术参数	数量	单位
1	格栅及提升泵井	提篮格栅	栅隙 10mm	1	台
2		栅渣小车	$V=0.3m^3$	1	台
3		提升泵	$Q=80m^3/h, H=20m$	3	台
4	隔油池	带式刮油机	吸油量 $15\sim150kg/h$	8	台
5		废油收集桶		16	个
6	调节池事故池	搅拌机	$N=10kW$	9	台
7		管道混合器	DN200	8	台
8		调节池提升泵	$Q=280m^3/h, H=15m$	3	台
9		涡凹气浮设备	$Q=150m^3/h$	4	套
10		电动葫芦	$T=1.0t, H=9m$	1	台
11		事故池提升泵	$Q=40m^3/h, H=10m$	2	台
12	加药间、集油集渣池	PAC 加药系统	配套计量泵、溶药罐、搅拌机	4	套
13		PAM 加药系统	配套螺杆泵、溶药罐、搅拌机	4	套
14		NaOH 加药系统	配套加药螺杆泵	1	套
16		轴流风机	$Q=2681m^3/h, P=186.6Pa\ N=0.25kW$	2	台
17		移动排污泵	$Q=10m^3/h, H=10m$	1	台
18	A/O 池	潜水搅拌机	$N=10kW$	18	台
19		硅橡胶膜管式曝气器	$L=1000mm, q=4\sim8m^3/(h\cdot个)$	6944	套
20		混合液回流泵	$Q=540m^3/h, H=9m$	8	台
21		电动葫芦	$T=1.0t, H=12m$	1	台
22		出水堰板		1	套
23	鼓风机房及配电室	鼓风机	$Q=250m^3/min, H=6.5mH_2O$	4	台
24		电动单梁起重机	$T=10t, N=(0.8\times2+13+0.8\times2)kW$	1	台
25	二沉池及集泥井 1	全桥式周边传动吸泥机	池直径 28m	2	台
26		回流污泥泵	$Q=140m^3/h, H=22m$	8	台
27		电动葫芦	$T=0.5t, H=9m$	2	台
28	O₃ 氧化池及 O₃ 机房	臭氧发生器	氧气源,臭氧产量 100kg/h	5	台
29		臭氧尾气破坏器	加热催化型	2	套
30		微孔纯钛曝气盘		6	套
31		紫外灯管模块		6	套
32	混凝反应池	混合搅拌机	$n=101r/min, N=1.5kW, 380V$	2	台
33		反应搅拌机	$n=3.8r/min, N=1.1kW, 380V$	2	台
34	混凝沉淀池	全桥式周边传动刮吸泥机	池直径 28m	2	台
35	集泥井 2	化学污泥泵	$Q=40m^3/h, H=13m$	4	台
36		电动葫芦	$T=0.5t, H=9m$	2	台

序号	单体名称	设备名称	型号规格及主要技术参数	数量	单位
37	集水井	回用水泵	$Q=240m^3/h,H=25m$	4	台
38		回用水泵	$Q=80m^3/h,H=25m$	2	台
39		电动葫芦	$T=1t,H=9m$	1	台
40	污泥浓缩池	中心传动浓缩刮泥机	直径14m	1	台
41		三角堰板		1	套
42	综合工房	混凝剂加药系统	配套加药螺杆泵、搅拌机	2	套
43		PAM加药系统	配套加药螺杆泵、搅拌机、配药罐	2	套
44		带压机及配套系统柜	$B=1500mm$	2	套
45		空压机	$Q=0.3m^3/min,N=3kW,P=0.7MPa$	2	台
46		反冲洗水泵	$Q=14m^3/h,H=60m$	2	台
47		反冲洗水箱	$1820mm×1220mm×1500mm$	2	个
48		无轴螺旋输送机	$Q=7m^3/h,L=13m$	2	台
49		输泥螺杆泵	$Q=4\sim15m^3/h,H=4m$	3	台
50		轴流风机	$Q=2681m^3/h,P=186.6Pa,N=0.25kW$	2	台
51		换气扇	$Q=520m^3/h,N=0.028kW$	2	台
52		移动排污泵	$Q=10m^3/h,H=10m$	1	台
53		阀门及其他配套设备、管件等		1	批

8.3.2 O/A/O/O 工艺

某焦化厂原有污水站1座,设计处理废水规模为200m³/d,焦化废水经蒸氨预处理后,采用A^2/O^2生化处理为主体的工艺,原工程已经运行多年,满足不了《炼焦化学工业污染防治可行技术指南》HJ 2306—2018中的要求。因此,经过考察调研将A^2/O^2工艺流程调整改造为O/A/O/O工艺流程,原工程实际进出水水质指标及新排放标准如表8-16所示。

表8-16 原工程实际进出水水质及新排放标准

序号	项目	进水	出水	标准
1	pH值	7.5~8.5	6.5~7.5	6~9
2	$COD_{Cr}/(mg/L)$	2200~2600	21~114	≤80
3	氨氮/(mg/L)	90~110	6~15	≤10

改造后的O/A/O/O工艺为:建造1座容积为2.0m³、半地下砖混结构的污泥储存池,并采用2台1.1kW的自吸泵将污泥回流到预曝气池,对化学需氧量COD去除率进行提高。改造后的处理工艺过程见图8-12,改造完运行后,各构筑物的控制参数见表8-17。

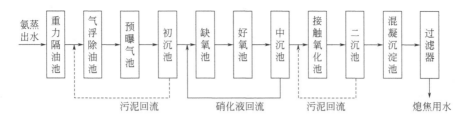

图 8-12　改造后处理工艺过程

表 8-17　各构筑物的控制参数

名称	控制参数
气浮池	气浮池要保证 24h 常开的状态
预曝气池＋初沉池	预曝气池设计的停留时间为 20h,保证 $\rho(DO)>4mg/L$。改造后的预曝气池＋初沉池对废水的 COD 去除率达到 30％～40％。早中晚三班各开一次污泥回流,回流体积大约为 $4m^3$。运行中,控制曝气量,不让泡沫溢流出来
缺氧池	缺氧池的进水量控制在 $10～16m^3/h$,$\rho(DO)<0.5mg/L$,温度为 25～35℃
好氧池	控制 DO 质量浓度为 5～7mg/L,温度为 25～35℃,pH 值为 8～9,污泥龄为 15～20d,沉降比在 25％左右
接触氧化池	控制 DO 质量浓度为 6～8mg/L,pH 值为 8～9
混凝沉淀池以泥代药回流泵	3h 开一次,每次时间为 30min,回流量为 $20m^3/h$
过滤器	滤料改为焦渣,粒径为 2～4mm,反冲洗周期为 2 次/周

采用 O/A/O/O 工艺后,实际运行效果表明化学需氧量 COD 去除率提高不少,可达到 39％,氨氮去除提高 9％～10％,污水中具有极强危害性的氰化物和硫氰化物被基本去除,保障了后续生化系统的稳定运行。经过工艺全方位优化改造后,生化系统运行更加稳定,运行成本节约可达 23％以上,出水水质非常稳定,完全符合《炼焦化学工业污染防治可行技术指南》HJ 2306—2018 中的各项排放要求。

8.3.3　预曝气+A/O+深化处理

陕西某焦炭厂年产焦炭约 40 万吨,根据该工程实际的运行参数,一年从工艺装置排出 $150000m^3$ 的焦化废水。该厂已经建立生化处理系统,因设计不完善及日常维护管理不到位,废水处理站产生的最终排放水难以达到排放标准。根据实际情况需新建一个污水处理站,污水处理站的设计规模为 $30m^3/h$,设计用于处理高浓度污染物的蒸氨废水,依据《炼焦化学工业污染物排放标准》GB 16171—2012 中的间接排放标准要求,设计进出水水质(见表 8-18)。

表 8-18　焦化废水进出水水质

序号	项目	进水	出水
1	pH 值	7～9	6～9
2	COD_{Cr}/(mg/L)	7500	150
3	挥发酚/(mg/L)	800	0.5
4	氨氮/(mg/L)	150	25
5	氰化物/(mg/L)	20	0.2
6	悬浮物/(mg/L)	200	70

该工艺采用"预曝气＋A/O 生化处理＋深度处理"工艺,其蒸氨废水首先进入重力除油池,通过重力去除重油、撇油机去除浮油后,进入调节池,保证进入生化处理之前废水的油类指标达到要求。废水进入调节池均值均量后由提升泵输送至预曝气池,在预曝气池中去除废水中的 CN^-、酚类、SCN^-,上述成分在生化反应中抑制硝化及反硝化菌生长。预曝气池中降低废水的 COD 浓度,为后续工序的稳定有效处理打下良好基础。预曝气池出水进入缺氧池发生反硝化反应并降低部分 COD,然后进入好氧池中发生硝化反应并去除大部分 COD。剩余的部分有机物为难降解有机物,该部分继续生化处理已无效果,经过强力的芬顿氧化反应后才能进一步去除残留的难生物降解污染物,使产水水质达到国家熄焦水标准,产水由泵提升进入熄焦系统。该污水主要处理单元如表 8-19 所示。

表 8-19　主要处理单元

序号	名称	台数和尺寸
1	调节池及事故池	调节池有效容积为 1165m³,共 1 座,事故池 1 座,尺寸有效容积约为 850m³
2	预曝气池和一级沉淀池	预曝气池共 2 座,单座设计尺寸 5.1m×6.05m×8.10m,总有效容积约为 480m³。一级沉淀池 2 座,设计尺寸为 Φ5.0m×6m,表面负荷为 0.76m³/(m²·h)
3	A/O 池	缺氧池 2 座,单座设计尺寸 16.20m×5.10m×7.80m,总有效池容为 1173.2m³。好氧池 2 座,单池设计尺寸 24.55m×5.10m×7.70m,有效池容 1688.92m³
4	二级沉淀池	二级沉淀池 2 座,设计尺寸为 Φ5.0m×6m,表面负荷为 0.76m³/(m²·h)
5	混凝反应池和 Fenton 氧化池	混凝反应池 2 座,设计尺寸为:1 级混凝反应池 1m×1m×3.5m,2 级混凝反应池 1m×1m×3.5m。Fenton 氧化池设计尺寸如下:混合池 1.57m×1.60m×3.2m
6	混凝沉淀池和 Fenton 氧化沉淀池	混凝沉淀池 2 座,设计尺寸为 Φ5.0m×3.5m,表面负荷为 0.76m³/(m²·h);Fenton 氧化沉淀池的设计尺寸及参数参照混凝沉淀池

由表 8-20 中的生产运行数据可以看出,出水水质均优于 GB 16171—2012《炼焦化学工业污染物排放标准》熄焦水标准。

表 8-20　废水处理系统出水水质及标准

项目	COD/(mg/L)	氨氮/(mg/L)	挥发酚/(mg/L)	氰化物/(mg/L)	悬浮物/(mg/L)	pH 值
出水	105	2	0.15	0.18	50	7.5
标准	150	25	0.5	0.2	70	6~9

8.3.4　UF+NF+RO 三膜工艺

唐山达丰焦化厂焦化废水深度处理回用工程，要求对生化处理后的焦化废水进行深度处理，处理后的出水达到当时标准 GB 50050—2007《工业循环冷却水处理设计规范》规定的工业循化冷却水水质标准，系统所设计的总处理规模为 100m³/h。项目水总回收率≥83%，处于国际领先水平。

8.3.4.1　进出水水质

该工艺进出水水质分别见表 8-21、表 8-22。

表 8-21　进水水质表

项目	数值	项目	数值
pH 值	6.0~9.0	氨氮/(mg/L)	<10
电导率/(μS/cm)	<4000	总氰/(mg/L)	<10
油/(mg/L)	<10	挥发酚/(mg/L)	<0.5
浊度/NTU	<13.3	COD/(mg/L)	<150
总硬度/(mg/L)	<294	总碱度/(mg/L)	<300
Ca²⁺/(mg/L)	<187	SS/(mg/L)	<50
硫/(mg/L)	<0.5	BOD₅/(mg/L)	<20
Cl⁻/(mg/L)	<850	总磷/(mg/L)	<0.5
镁/(mg/L)	<10.6	Ba²⁺/(mg/L)	<0.13
Sr²⁺/(mg/L)	<1.12	总 Fe	<1.75
Mn/(mg/L)	<0.048	F⁻/(mg/L)	<52
活性硅/(mg/L)	<21.8	胶体硅/(mg/L)	<6.4
硫酸根/(mg/L)	<872	磷酸盐/(mg/L)	<2.97
HCO₃⁻/(mg/L)	<108		

表 8-22　出水水质表

项目	标准值	项目	标准值
pH 值	7.0~8.5	Cl⁻/(mg/L)	≤60
SS/(mg/L)	≤1	浊度/NTU	≤0.5
钙硬度/(mg/L)	≤30	Fe/(mg/L)	≤0.05
总碱度/(mg/L)	≤30	Mn/(mg/L)	≤0.05
BOD_5/(mg/L)	≤5	氨氮/(mg/L)	≤3
COD/(mg/L)	≤30	总磷/(mg/L)	≤0.3
TDS/(mg/L)	≤150	粪大肠菌群/(个/L)	≤1000
油/(mg/L)	≤1		

8.3.4.2　工艺流程

根据以上进水水质及出水水质要求，确定该废水主要特征为 COD、SS、含盐量比较高，所以处理该废水适合采用物化结合处理工艺，而纳滤技术在去除水中的 SS、高含盐量和硬度方面技术先进、应用广泛。因此方案采用三模组合技术，以达到处理效果最优、工程造价较低、运行费用较低的要求。所以该工程采用以超滤＋纳滤＋反渗透三膜法为核心的全膜法废水处理工艺。

工艺过程（见图 8-13）如下：100m³/h 生化二沉池出水经混凝沉淀后进入深度处理调节池，均值、均量后经过过滤去除悬浮物，出水经过管道至中间水池，砂滤产水经过离心泵提升后进入不锈钢自清洗过滤器，自清洗过滤器根据压力状况自动运行，全自动控制，清洗过滤器产水直接进入超滤系统，经过过滤后大约 93％的产水进入后端的超滤产水池，超滤产水经过离心泵提升进入管道混合器，在管道混合器中依次投加还原剂、阻垢剂、非氧化性杀菌剂，其中非氧化杀菌剂为间歇投加处理，加药后进入不锈钢保安过滤器，保安过滤器采用大通量折叠滤芯。保安过滤器出水经高压泵再次提升增压后进入纳滤系统，纳滤膜的产水以 95m³/h 进入纳滤产水池，纳滤产水经过反渗透高压泵增压后进入后续反渗透系统，83m³/h 反渗透产水回用。20m³/h 砂滤、超滤反洗水经反洗水池调节水量后进入混凝反应池，重新进入系统。

8.3.4.3　设计单元简述

（1）原水调节池

原水调节池用于调节深度处理单元进水水质和水量。

主要设备：砂滤给水泵

数量：2 台，1 用 1 备

流量：100m³/h

扬程：25m

功率：11kW

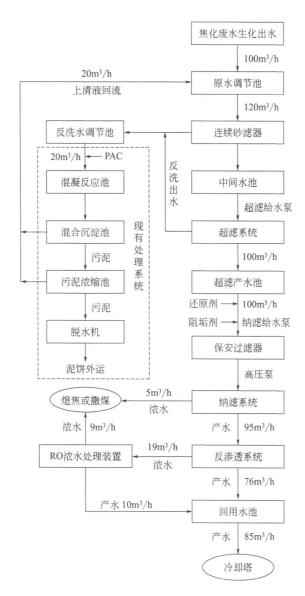

图 8-13　工艺过程

过流材质：不锈钢

阀门附件：一批

仪表：原水调节池内设超声波液位计 1 台，采用高、中、低三个液位控制。

（2）连续砂滤器

砂滤器作为超滤的预处理单元，主要用于去除水中的大颗粒悬浮物。该项目吸取其他项目的经验，砂滤单元采用连续砂滤器，其主要优点为：无须间断反洗而打断运行，操作运行方便，具有高的过滤能力，可保证稳定优质出水，系统配置简单，运行费用低。

连续砂滤器结构见图 8-14。

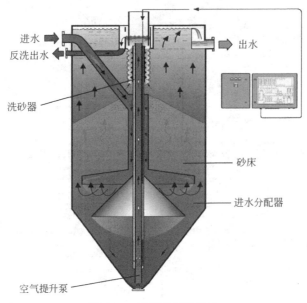

图 8-14　连续砂滤器结构

连续砂滤器

数量：3 套（2 用 1 备）

参数：$Q=70\text{m}^3/\text{h}/$套

单套尺寸：$\Phi3000\text{mm}$

填料：粒状石英砂

（3）中间水池

砂滤出水进入中间水池，中间水池经泵提升后进入超滤系统。

主要设备：超滤给水泵

流量：$Q=60\text{m}^3/\text{h}$

扬程：$H=25\text{m}$

功率：$N=5.5\text{kW}$

数量：3 台（2 用 1 备）

仪表：产水池内设超声波液位计 1 台，采用高、中、低三个液位控制。

（4）超滤设备

超滤是种能将溶液净化、分离和浓缩的膜法分离技术。超滤能截留 $0.002\sim0.1\mu\text{m}$ 之间物质。超滤膜截留蛋白质胶体、微生物、大分子有机物，小分子物质和溶解性固体可以通过，超滤系统与传统预处理工艺比较优点如下：

① 超滤设备简单，能进行 PLC 自控运行，膜架面积小，模块根据水量设计可灵活调节；

② 高抗污染的聚偏氟乙烯（PVDF）膜材料，耐一定 pH 及氧化；

③ 外压膜具有在线气水双洗方法，清洗后膜通量恢复率较好；

④ 运行成本价格较低；

⑤ 产水水质高：浊度≤0.5NTU，SDI≤3，悬浮物＜1mg/L。

为了防止细菌和微生物的繁殖滋生，污染纳滤膜，在污水进入超滤系统前需投加杀菌剂来降低原水的微生物含量。所加药量适当过量，以抑制菌类、有机物在后续处理设备中再生长。杀菌剂加药系统设置加药箱1台，加药计量泵2台。应配套加药附件等。

该工程超滤系统由3套超滤主机构成（2用1备），每套主机由1400m² 超滤膜、自动阀门和仪表等组成。超滤系统有反洗水泵、化学反洗加药装置及化学清洗装置，可以对超滤膜进行清洗，保证超滤设备的产水水质和产水量稳定，用自产水进行反洗，保证产水水质。

由于超滤系统可以截留细菌、微生物等物质，单用水反洗较难将其去除，同时由于污染物的污堵，膜通量降低，透膜压差逐渐升高，较高的透膜压差导致超滤膜容易被压实，降低了膜的使用寿命，为了提高膜通量，降低透膜压差，超滤装置在运行一段时间后（通常为1～3天）就进行一次清洗（CEB），以次氯酸钠作为清洗剂。

超滤装置运行一段时间后（通常为1～3个月）需要进行一次清洗（CIP）以提高超滤的使用性能，清洗系统同CEB系统一样，都是对超滤膜进行化学清洗，只是CEB系统只使用了次氯酸钠，对超滤膜进行短暂的清洗，而CIP是对超滤装置进行一次彻底的化学清洗，清洗使用药剂为次氯酸钠、氢氧化钠、盐酸，清洗时间为6h左右，而CEB为30min左右。

该工程超滤系统采用错流过滤运行方式。同时，该方案超滤反洗设计为自产水反洗，充分保证超滤产水水质。超滤系统根据运行实际状况需进行化学清洗，清洗频率根据水质、水量及实际操作状况确定。

超滤流程见图8-15。

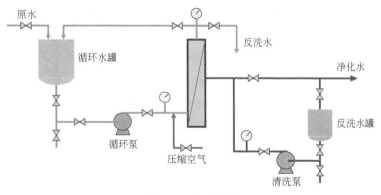

图 8-15　超滤流程

超滤系统主要组成设备如下：
① 自清洗过滤器
数量：2套
处理能力：100m³/h
② 超滤主体装置3套（2用1备）
③ 膜元件

数量：$1400 \times 3m^2$

单支膜面积：$50 \sim 70m^2$

④ 超滤反洗水泵

数量：1台

流量：$75m^3/h$

扬程：25m

⑤ CIP 保安过滤器

型式：垂直圆筒

设备出力：$80m^3/$（h·台）

数量：1台

⑥ 次氯酸贮存箱

数量：1台

容积：$3.0m^3$

⑦ 加次氯酸钠计量泵

数量：2台

流量：85L/h

⑧ CIP 加 NaOH 清洗水箱

数量：1台

容积：$4.0m^3$

⑨ CIP 加 HCl 清洗水箱

数量：1台

容积：$4.0m^3$

⑩ CIP 加次氯酸钠系统

加次氯酸钠计量泵

数量：2台

流量：85L/h

⑪ CIP 给水泵

数量：2台

流量：$30m^3/h$

扬程：25m

（5）纳滤设备

纳滤装置是该系统中最主要的脱盐装置，纳滤系统利用纳滤膜的特性来除去水中绝大部分可溶性盐分、胶体、有机物及微生物。

为了还原水中的氧化剂，防止其氧化纳滤膜，采用在水中投加还原剂。还原剂投加系统的控制采用自动控制，药液的投加量可以根据系统的原水流量变化自动调节，以保证系统 24 小时连续稳定工作。投加还原剂的成分为亚硫酸氢钠。阻垢剂加药系统，阻垢剂加药装置的作用是在经预处理后的生水进入纳滤之前，加入高效率的专用阻垢剂，以防止纳滤浓水侧产生结垢。为了防止有机物、微生物在纳滤膜表面繁殖、滋生，在水进入系统前需投加非氧化性杀菌剂。给水泵的作用是为后续水处理系统提供稳定的压力和水量。$5\mu m$ 保安过滤器的作用是截留生水带来的大于 $5\mu m$ 的颗粒，以防止其进入反渗透系统。这种颗粒经高压泵加速后可能击穿纳滤膜组件，造成大量漏盐的情况，同时划伤高压泵的叶轮。切线方向进水，提供旋转水流及离心力，从而可在滤芯外侧去除一部分杂质颗粒。过滤器中的滤元为熔喷式 PP 滤芯，该滤芯的绝对精度为 $5\mu m$，采用独特密封方式，不会发生短路或泄漏，且易于更换，当过滤器进出口压差大于设定的值（通常为 $0.07\sim0.1MPa$）时，应当清洗或更换。根据纳滤的配置，本系统中设置 2 台出力为 $60m^3/h$、扬程为 150m 的不锈钢高压泵。

该项目设置 3 套纳滤设备（2 用 1 备），每套纳滤装置回收率为 95%，纳滤膜采用美国进口抗污染膜。该纳滤膜在 100psi（$1psi=6894.76Pa$）操作压力、温度 25℃、2000mg/kg 的 $MgSO_4$ 溶液测试中，产水量为 $30.24m^3/d$，回收率为 15%，运行 24h 后测试，$MgSO_4$ 截留率平均值为 98%。根据在其他焦化厂现场中试试验以及公司多年的纳滤设备设计经验，当设计温度为 $20\sim30℃$，纳滤装置的回收率为 95% 时，每套配置 78 支纳滤膜元件，膜元件安装在 13 根压力容器内。纳滤总产水量为 $95m^3/h$，浓缩液量为 $5m^3/h$。

由于纳滤脱盐是一个物理化学过程，系统的污染是不可避免的，当纳滤进水压力上升 15% 以上，则需进行化学清洗。一般 $3\sim6$ 个月清洗一次。具体何时以及如何清洗需参考相应控制指标。

纳滤系统主要组成设备如下：

① 还原剂计量泵

数量：2 台（1 用 1 备）

流量：50L/h

② 阻垢剂计量泵

数量：2 台

流量：9L/h

③ 非氧化性杀菌剂计量泵

数量：2 台（1 用 1 备）

流量：50L/h

④ 还原剂计量药箱（配液位变送器）

数量：1 个

型号：$1m^3$

⑤ 阻垢剂计量药箱（配液位变送器）

数量：1 个

型号：$1m^3$

⑥ 非氧化性杀菌剂计量药箱（配液位变送器）

数量：1 个

型号：1m³

⑦ 纳滤给水泵

数量：3台，2用1备

流量：50m³/h

扬程：30m

⑧ 精密过滤器

数量：3套，2用1备

规格：Φ350mm

⑨ 过滤芯

数量：2支/套

精度：5μm

⑩ 高压泵

数量：3台

流量：50m³/h

扬程：100m

⑪ 膜元件

数量：78×3支

膜材质：聚酰胺复合膜

膜尺寸：直径20.02cm，长度101.6cm

单支膜面积：32.52m²

单支膜标准脱盐率：98%（$MgSO_4$）

⑫ 压力容器

数量：13×3支

型号：8040×6

材质：FRP

承受压力：300psi

（6）反渗透设备

反渗透装置是主要的脱盐装置，利用反渗透膜的特性来除去水中可溶性盐分、胶体、有机物及微生物。RO加药系统，为了还原水中的氧化剂、杀菌剂，防止其氧化反渗透膜，采用在水中投加还原剂方法。还原剂投加系统的控制采用自动控制，药液的投加量可以根据系统的原水流量变化自动调节，以保证系统24小时连续稳定工作，亚硫酸氢钠为还原剂主要成分。阻垢剂加药位置在进入反渗透之前，主要目的是防止反渗透浓水侧产生结垢。

RO给水泵为系统进水提供稳定的压力和水量。不锈钢保安过滤器的作用是截留生水带来的大于5μm的颗粒，以防止其进入反渗透系统。切线方向进水，提供旋转水流及离心力，从而可在滤芯外侧去除一部分杂质颗粒。过滤器中的滤元为熔喷式PP滤芯，该滤芯的绝对精度为5μm，采用独特密封方式，不会发生短路或泄漏，且易于更换，当过滤器进出口压差大于设定的值（通常为 0.07～0.1MPa）时，应当清洗或更换。高压泵为反渗透本体装置提供足够的进水压力，反渗透膜推动力需大于渗透压，才能达到设计的产水量。根据膜比例设计，经专用软件计算后，在设计水温为 25℃时，系统三年后要求提供的进水压力不小于 1.60MPa。反渗透装置设置 3 台流量为 50m³/h，扬程为 150m 的不锈钢高压泵，每 1 台为一套反渗透装置提供压力。

RO 本体装置，该项目设置 3 套反渗透设备（2 用 1 备），回收率设置为 80%，反渗透膜组件均采用的 TFC 型复合膜（为世界最先进的），单根膜稳定脱盐率达 99.5%，当设计温度为 20～30℃，反渗透装置的回收率为 80% 时，每套反渗透装置配置 54 根反渗透膜组件，分别安装在 9 根压力容器内。项目设置 2 套反渗透浓缩液处理装置（1 用 1 备），每套反渗透浓缩液处理装置回收率为 50%。每套反渗透浓缩液处理装置配置 18 根美国陶氏 BW30-365-FR 反渗透膜组件，分别安装在 3 根压力容器内。最终反渗透总产水量为 83m³/h，浓水量为 9m³/h。由于反渗透脱盐是一个物理化学过程，系统的污染是不可避免的，当反渗透进水压力上升 15% 以上，则需进行化学清洗。一般 3～6 个月清洗一次。具体何时以及如何清洗需参考相应控制指标。

反渗透系统主要组成设备如下：

① 阻垢剂计量泵

数量：1 台

流量：9L/h

② RO 给水泵

数量：3 台，2 用 1 备

流量：50m³/h

扬程：30m

③ 精密过滤器

数量：2 套

规格：Φ350mm

④ RO 高压泵

数量：3 台

流量：50m³/h

扬程：150m

⑤ 膜元件

数量：54×3 支

膜材质：聚酰胺复合膜

标准脱盐率：99.75%

⑥ RO 压力容器

数量：9×3 支

型号：8040×6

膜材质：FRP

承受压力：2067kPa

⑦ RO 浓缩液处理装置 2 套（1 用 1 备）

⑧ 膜元件

数量：18×2 支

膜材质：聚酰胺复合膜

标准脱盐率：99.75%

⑨ RO 压力容器

数量：3×2 支

型号：8040×6

（7）化学清洗系统

膜组件长期运行后，部分污染物难以冲洗掉，特别是微量盐分结垢和有机物的积累易造成膜组件性能的下降，运行压力升高频率愈来愈快，需进行化学处理，使膜恢复能力。膜元件的清洗应根据产水量、脱盐率、段间压差等指标综合判断污染因子的特性，根据不同的污染性质选取不同的药剂进行清洗。配制一定浓度的特定的清洗溶液，清除膜中的污染物质，以恢复膜的原有特性。无论预处理如何彻底，纳滤膜、反渗透膜经过长期使用后，膜表面仍会受到各类物质的污染。所以设置一套化学清洗系统，当纳滤膜、反渗透膜组件反馈受到污染后，随时停机进行化学清洗。清洗系统主要有：5μm 碳钢衬胶保安过滤器，2 台不锈钢清洗泵，1 台玻璃钢清洗箱及配套清洗附件。

（8）设备间

设备间主要用于放置超滤、纳滤、反渗透及附属设备。

结构形式：框架结构，尺寸为 80.0m×12m×7.2m，轴流风机，流量为 $Q = 19626m^3/h$，数量为 12 台。

8.3.4.4　主要构筑物及设备一览表

主要构筑物见表 8-23，主要设备见表 8-24。

表 8-23　主要构筑物一览表

序号	名称	数量	单位	结构形式	长/m	宽/m	高/m
1	原调节池	1	座	钢混	7	10.0	2.8
2	中间水池	1	座	钢混	7	5.0	2.8
3	超滤产水池	1	座	钢混	7	10.0	2.8
4	反洗水调节池	1	座	钢混	7	5.0	2.8
5	回用水池	1	座	钢混	7	10.0	2.8
6	综合泵房	1	座	钢混	30	2.0	2.8
7	设备间	1	座	框架	80	12	7.2

表 8-24 主要设备一览表

设备名称	规格型号	单位	数量
预处理系统			
砂滤给水泵	$100m^3/h,0.25MPa$	台	2
砂滤器	$\Phi3000$ 碳钢防腐	台	3
板式换热器	304 不锈钢	台	2
超滤系统			
超滤给水泵	$60m^3/h,0.25MPa$	台	4
自清洗过滤器	$100m^3/h,200\mu m$ 网格式不锈钢	套	2
超滤膜组件	外压式,膜孔径 $0.1\sim0.01\mu m$	m^2	$\geqslant4200$
超滤滑架	304 不锈钢	台	3
反洗水泵	$75m^3/h,0.2MPa$	台	2
CEB 加酸装置	含药箱及加药泵	套	1
CEB 加次氯酸钠装置	含药箱及加药泵	套	1
CEB 加氢氧化钠装置	含药箱及加药泵	套	1
CIP 系统	含药箱及加药泵	套	1
CIP 加次氯酸钠	含药箱及加药泵	套	1
CIP 加 HCl	含药箱及加药泵	套	1
CIP 给水泵	$30m^3/h,0.25MPa$	台	1
清洗泵	$50m^3/h,0.3MPa$	台	1
清洗过滤器	$\Phi350$ 不锈钢	台	1
纳滤系统			
还原剂加药装置	含药箱及加药泵	套	1
阻垢剂加药系统	含药箱及加药泵	套	1
非氧化性杀菌剂加药系统	含药箱及加药泵	套	1
纳滤给水泵	$50m^3/h,0.3MPa$	台	3
精密过滤器	$\Phi350mm$,不锈钢	套	3
高压泵	$50m^3/h,1.0MPa$	台	3
纳滤膜	直径 $8''$,芳香族聚酰胺复合膜	支	234
纳滤膜壳	$2.1MPa$ 玻璃钢	支	39
反渗透系统			
反渗透给水泵	$50m^3/h,0.3MPa$	台	3
精密过滤器	$\Phi350mm$,不锈钢 316	套	3
高压泵	$50m^3/h,1.5MPa$	台	3
反渗透膜	直径 $8''$,芳香族聚酰胺复合膜	支	162
膜壳	$2.1MPa$ 玻璃钢	支	27

设备名称	规格型号	单位	数量
其他辅助系统			
工艺用空气储罐	$4.0m^3$,Q235-B	台	1
仪表用空气储罐	$4.0m^3$,Q235-B	台	1
电动葫芦	$G_n=1t$,起升高度:4m	台	2
回用水泵	$100m^3/h$,0.3MPa	台	2

8.3.5 除油+蒸氨脱酚+A/O

焦化废水含有大量酸性气体硫化氢、二氧化碳等,还含有氨(游离氨、固定氨)、苯酚、多元酚(邻、间、对等)及其他有机污染物,如油类、脂肪酸等。焦化废水的物化处理包括除油、除尘(去除废水中的悬浮物)、蒸氨汽提等,目的是去除部分对生化处理中的微生物有毒害作用的污染物,从而为后续的生化处理创造条件,提高废水的可生化性。

8.3.5.1 进出水水质

内蒙古某焦化厂有机废水进水水质见表8-25,出水水质见表8-26。

表8-25 有机废水进水水质

序号	名称	数值
1	COD_{Cr}/(mg/L)	45000
2	挥发酚/(mg/L)	4500
3	氨氮/(mg/L)	3500
4	石油类/(mg/L)	3000
5	总酚/(mg/L)	12000
6	SS/(mg/L)	1500
7	pH值	7.5~10

表8-26 有机废水出水水质

项目	pH值	油类/(mg/L)	SS/(mg/L)	COD/(mg/L)	NH_3-N/(mg/L)	总酚/(mg/L)	挥发酚/(mg/L)
装置污水	7.5~10	≤3000	≤1500	≤45000	≤3500	12000	≤4500
预处理出水	7.5~10	≤500	≤200	≤45000	≤3500	≤12000	≤4500
进酚氨回收废水	7.5~10	≤500	≤200	≤45000	≤3500	≤12000	≤4500
酚氨回收出水	6~8	≤150	≤100	≤4000	≤220	≤900	≤300
生化处理进水	6~9	≤50	≤80	≤4000	≤220	≤900	≤300
终端产水	6~9	≤1.0	≤50	≤150	≤25	≤0.5	≤0.3

8.3.5.2　工艺流程

处理采用除油＋蒸氨脱酚＋A/O 为主体的工艺，其中除油段主要采用聚结除油工艺，酚氨段主要采用单塔汽提同时脱酸脱氨工艺，生化段主要采用 A/O 工艺。

（1）除油

油类物质在水中的存在形式可分为浮油、分散油、乳化油和溶解油 4 大类，项目除油工艺采用润湿聚结除油技术。油水分离器是利用了油与水相对于某种材料的吸附性差别，以这种材料作为固定相制作出了分离柱。含油污水通过分离柱时，污水中的油颗粒（乳化状及溶解状）在固定相表面进行着动态的、不间断的吸附及解吸附，因此油颗粒通过固定相的速度要远小于水，污水通过固定相时，油颗粒则不断地在固定相中滞留并聚集，当聚集体逸出分离柱时便成大的油颗粒，并上浮或下沉实现分离。

该项目焦化含油废水通过系统管道输送至一级设备中，通过一级设备实现初步油水分离，去除大部分的悬浮油。一级设备出水进入二级设备进行深度油水分离，二级设备主要去除分散油。二级设备出水经过三级设备进一步除油净化处理，三级设备出水透亮干净，三级设备出水送至后酚氨回收工序。除油设备的轻油收集至轻油罐，重油收集至重油罐。

聚结除油工艺流程见图 8-16。

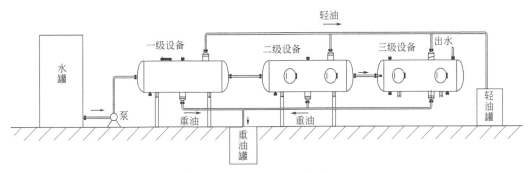

图 8-16　聚结除油工艺流程

（2）蒸氨脱酚

传统蒸氨脱酚处理方式为脱酸＋脱酚＋蒸氨工艺，经过项目的实际运行，蒸氨脱酚段出现不少问题，主要问题如下：脱酸塔对酸性气体（CO_2 和硫化氢）脱除率低，致使污水中 CO_2 含量约 2000mg/L，碳铵结晶严重；酚氨回收处理后的污水总酚含量介于 1100~1300mg/L；处理后的污水 COD 高达 6000~7000mg/L，需要水量稀释污水进生化处理；原料水 pH 值 7.5~10，脱酸后进入萃取塔的废水 pH 值进一步提高，而溶剂萃取 pH 值通常希望低于 8，二异丙醚对多元酚萃取分配系数非常低。蒸氨脱酚传统工艺流程见图 8-17。

项目蒸氨脱酚工艺流程（见图 8-18）为：废水经过除油之后，进入脱酸脱氨塔塔顶脱除酸性气，侧线采出氨水汽，通过三级冷凝得到氨气，进入氨气净化塔净化后经由氨吸收塔回收得到浓氨水外售。塔釜废水脱除硫化物及氨氮后进入萃取塔，通过选择性良好的有机溶剂萃取脱除水中酚类及其他有机物。脱除酚类及其他有机物后的污水再进入溶剂回收塔汽提回收溶解的少量有机溶剂，有机溶剂回收循环利用，塔底的污水经生化系统处理达到环保排放要求后外排或再循环利用。萃取塔采出的富含酚类及其他有机物的有机溶剂进入溶剂回收塔，将有机溶剂进行回收并循环利用，塔底采出经济价值较高的酚油类物质。

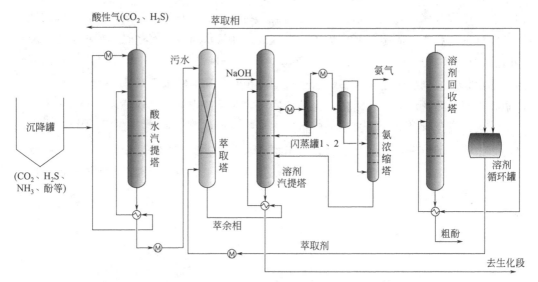

图 8-17　蒸氨脱酚传统工艺流程

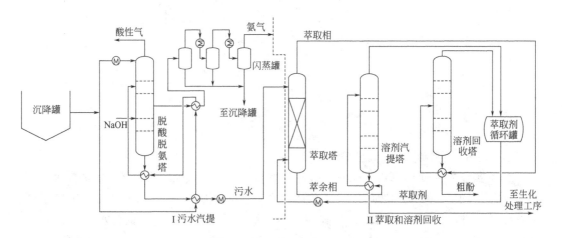

图 8-18　蒸氨脱酚工艺流程

①脱酸脱氨：原料废水经过除油之后，进入脱酸脱氨塔内经过分离，使酸性气体在塔顶采出，进入硫回收装置进行回收（或进入火炬燃烧）。侧线采出氨水汽进入三级分凝系统提高氨气纯度，经过净化后吸收得到浓氨水。脱酸脱氨后的废水进行降温后送入萃取塔。②萃取：来自脱酸脱氨塔釜液物料经过冷却降温之后进入萃取塔。同时按比例控制进溶剂，气动调节阀的开度由流量计控制，对进入萃取塔溶剂量进行调节。溶剂与

污水在萃取塔充分接触后，酚类及大部分油进入溶剂中，油相和水相存在密度差，油相上升至萃取塔上部，然后进入萃取物罐。③溶剂回收：萃取后污水因溶有部分溶剂，需进入溶剂回收塔处理，塔顶采出气相进入溶剂回收塔顶冷凝器冷凝后，再经分水后的油相进入溶剂循环罐循环利用。塔釜采出废水经降温后送入生化工段进一步处理。④酚回收：萃取后溶剂内富含油类及酚类物质，需要进行分离。富溶剂进入酚塔，在酚塔内进行分离，塔顶采出溶剂循环利用，塔釜采出粗酚产品。⑤氨净化吸收：脱酸脱氨塔侧采出的氨气经过三级分凝提高纯度后进入氨净化吸收系统，首先进入氨净化塔脱除大部分水、H_2S 等杂质，然后进入氨吸收塔进行吸收，得到浓度 15% 以上的氨水。

单塔加压脱酸脱氨＋脱酚处理，并采用 MIBK 作为萃取剂。MIBK 对单元酚和多元酚的分配系数都远大于 DIPE，MIBK 沸点高，具有宽广的萃取操作温度，如 80～90℃，而 DIPE 通常需要控制在 60℃ 以下。萃取操作温度高，意味着脱酸脱氨降低到萃取温度所需的冷能少（循环水用量少）。同时萃取后萃余相和萃取相进入水塔和酚塔所需的蒸汽耗量少（蒸汽用量少）。MIBK 与水在 87.9℃ 共沸，因此在水塔中易于回收。

单塔脱酸脱氨技术要点：将脱氨提至萃取前，脱酸脱氨后为萃取脱酚营造了优良的 pH 环境；单塔工艺较好地完成了脱酸脱氨的任务，相对双塔来说更为节能；塔顶酸性气中，氨含量得到控制，减少塔顶管线出现碳铵结晶等问题；塔釜液中酸性气体和氨的含量较低，因而氨的收率较高；随着粗氨气进入三级分凝系统的部分挥发酚和煤焦油，经油水分离器从系统中分离出来。脱氨塔前提，与脱酸塔共同组成酸水汽提单塔，在脱酸脱氨时使用新型萃取溶剂，新型萃取剂对单元酚、多元酚萃取分配系数更高。采用新型萃取剂后，出水 COD 从 6000mg/L 降低到 2500mg/L，总酚从 1100mg/L 降低到 250mg/L，CO_2 从 2000mg/L 降低到痕量级。

（3）生化

生化主要工艺流程为：酚氨产水＋隔油沉淀池＋调节池＋加药混合反应池＋气浮机＋A/O 池＋二沉池＋混合反应池＋混凝沉淀池＋集水池＋产水外用。

经过预处理的废水进入 A 池中，同时还有一部分通过好氧处理的硝化液（混合液）回流到缺氧池，在缺氧池内进行反硝化。反硝化菌氧化有机物的同时，将混合液中的亚硝态氮和硝态氮还原为氮气而除去。反硝化过程是在缺氧条件下，异养型反硝化细菌将废水中 NO_3^--N，还原为 N_2 的过程，其生物化学反应式为：

$$6NO_3^- + 2CH_3OH \longrightarrow 6NO_2^- + 2CO_2 + 4H_2O$$

$$6NO_2^- + 3CH_3OH \longrightarrow 3N_2 + 3CO_2 + 3H_2O + 6OH^-$$

在好氧池中，好氧微生物充分对有机物进行降解，大部分有机物在好氧池中去除。在好氧池中，废水中的氨氮经过氨化处理被硝化菌氧化为亚硝酸盐和硝酸盐，通过硝化后另一部分混合液经二沉池进行固液分离。污水中的氨氮，在充分好氧条件下，自养型亚硝化菌与硝化菌将其氧化为 NO_3-N 的过程，是生物脱氮过程中的重要一步，反应式为：

$$2NH_4^+ + 3O_2 \longrightarrow 2NO_2^- + 2H_2O + 4H^+$$

$$2NO_2^- + O_2 \longrightarrow 2NO_3^-$$

8.3.5.3 主要设备一览表

主要设备见表 8-27。

表 8-27　主要设备一览表

设备名称	规格	台数
汽提塔	变径塔 Φ1600mm/2200mm/2600mm×50000mm,板间距 600mm,操作温度 40～165℃,设计温度 220℃,操作压力 0.51～0.54MPa,设计压力 0.78MPa。介质:酚水、低压蒸汽。10m填料,50块塔板	1
萃取塔	Φ2200mm/2400mm×32000mm,操作温度 40～80℃,设计温度 150℃。操作压力:满流操作;设计压力 0.66MPa。介质:酚水、MIBK。5段填料	2
酚塔	Φ2000mm×34000mm,操作温度 80～220℃,设计温度 260℃,操作压力 0.01～0.1MPa(底部),设计压力 0.2MPa。介质:粗酚、MIBK。浮阀塔板 35块	1
水塔	Φ2600mm×30000mm,操作温度 65～107℃,设计温度 160℃,操作压力 0.01～0.1MPa,设计压力 0.2MPa。介质:酚水、蒸汽。塔盘 29块	1
粗精制塔	Φ1400mm×22000mm,操作温度 65～107℃,设计温度 160℃,操作压力 0.01～0.1MPa,设计压力 0.2MPa。介质:酚水、蒸汽。塔盘 29块	1
碱洗塔	Φ1600mm×22000mm,操作温度 65～107℃,设计温度 160℃,操作压力 0.01～0.1MPa,设计压力 0.2MPa。介质:酚水、蒸汽。塔盘 29块	1
酸性气分凝器	Φ1400mm×4200mm,$V=6.5m^3$,操作温度 50℃,设计温度 160℃,操作压力 0.3～0.55MPa,设计压力 0.8MPa。介质:酸性气凝液	1
配碱槽	Φ2000mm×6000mm,$V=18m^3$,操作温度 20～60℃,设计温度 80℃,操作压力:常压。设计压力:常压。介质:碱液(20%～40%NaOH)	1
碱液槽	Φ2000mm×6000mm,$V=18m^3$,操作温度 20～45℃,设计温度 60℃。操作压力:常压。设计压力 0.2MPa。介质:碱液(20%～40%NaOH)	1
一级闪蒸罐	Φ2000mm×5000mm,$V=13.5m^3$,操作温度 125～160℃,设计温度 180℃,操作压力 0.35～0.55MPa,设计压力 0.65MPa。介质:氨蒸气,凝液	1
二级闪蒸罐	Φ1800mm×5000mm,$V=10m^3$,操作温度 40～100℃,设计温度 180℃,操作压力 0.25～0.55MPa,设计压力 0.65MPa。介质:氨蒸气,凝液	1
三级闪蒸罐	Φ1600mm×4000mm,$V=8m^3$,操作温度 40～100℃,设计温度 180℃,操作压力 0.25～0.55MPa,设计压力 0.65MPa。介质:氨蒸气,凝液	1
1#油水分离器	Φ2200mm×8000mm,$V=30m^3$,操作温度 40～100℃,设计温度 180℃,操作压力 0.2～0.4MPa,设计压力 0.65MPa。介质:氨蒸气,冷凝液	1
轻油储罐	Φ1600mm×4500mm,$V=7m^3$,操作温度 40～80℃,设计温度 180℃,操作压力 0.2MPa,设计压力 0.61MPa。介质:轻油	1
氨水罐	Φ1800mm×6000mm,$V=15m^3$,操作温度 40～80℃,设计温度 160℃。操作压力:常压。设计压力 0.2MPa。介质:稀氨水	1
粗酚储罐	Φ2400mm×7400mm,$V=31m^3$,操作温度:80℃,设计温度 260℃。操作压力:常压。设计压力 0.2MPa。介质:粗酚	2

设备名称	规格	台数
溶剂循环槽	$\Phi5000mm\times10000mm$，$V=200m^3$，操作温度 $40\sim80℃$，设计温度 $100℃$。操作压力：常压。设计压力 $0.2MPa$。介质：MIBK	1
萃取物槽	$\Phi2400mm\times8000mm$，$V=33m^3$，操作温度：$40\sim50℃$，设计温度 $150℃$。操作压力：常压。设计压力：$0.4MPa$。介质：MIBK，粗酚	1
溶剂储槽	$\Phi6000mm\times12000mm$，$V=320m^3$，操作温度 $40\sim80℃$，设计温度 $100℃$。操作压力：常压。设计压力 $0.2MPa$。介质：MIBK	2
油水分离器	$\Phi2200mm\times8000mm$，$V=30m^3$，操作温度 $40\sim100℃$，设计温度 $180℃$，操作压力 $0.2\sim0.4MPa$，设计压力 $0.65MPa$。介质：氨蒸气，冷凝液	1
冷进料冷却器	$65m^2$，管壳式换热器。介质：原料酚水/循环水	1
汽提塔再沸器	$700m^2$，立式管壳式换热器。介质：酚水/MIBK/蒸汽	3
水塔再沸器	$300m^2$，立式管壳式换热器。介质：酚水/MIBK/蒸汽	2
一级换热器	$600m^2$，管壳式换热器。介质：酚水/原料酚水	2
二级换热器	$650m^2$，管壳式换热器。介质：酚水/原料酚水	2
三级换热器	$800m^2$，管壳式换热器。介质：酚水/原料酚水	2
酸性气冷凝器	$120m^2$，立式管壳式换热器。介质：酸性气体/循环水	1
一次冷却器	$180m^2$，管壳式换热器。介质：氨气/循环水	1
二次冷却器	$180m^2$，管壳式换热器。介质：氨气/循环水	1
闪蒸罐下冷却器	$120m^2$，管壳式换热器。介质：氨凝液/循环水	1
浓氨水冷却器	$80m^2$，管壳式换热器。介质：浓氨水/循环水	1
酚塔进料换热器	$220m^2$，管壳式换热器。介质：萃取物/酚水	1
酚水循环水冷却器	$1600m^2$，立式管壳式换热器。介质：酚水/循环水	2
酚塔再沸器	$300m^2$，立式管壳式换热器。介质：中压蒸汽/MIBK	
呼吸气冷凝器	$600m^2$，管壳式换热器。介质：MIBK 蒸汽/循环水	1
水塔塔顶冷凝器	$120m^2$，管壳式换热器。介质：稀酚水/萃取物	1
水塔进水换热器	$400m^2$，管壳式换热器。介质：稀酚水/萃取物	1
净化水冷却器	$350m^2$，管壳式换热器。介质：酚水/循环水	2
粗酚冷却器	$150m^2$，管壳式换热器。介质：粗酚/循环水	1
酚塔顶部冷凝器	$260m^2$，管壳式换热器。介质：MIBK 蒸汽/循环水	1
冷却吸收器	$260m^2$，管壳式换热器。介质：氨气/水/循环水	2
原料水进料泵	$220m^3/h$，$H=70m$。介质：酚水	2

设备名称	规格	台数
脱氨后废水泵	$220m^3/h, H=75m$。介质:酚水	2
轻油泵	$5m^3/h, H=70m$。介质:铵盐	2
高浓废水泵	$35m^3/h, H=100m$。介质:氨凝液	2
氨盐液泵	$5m^3/h, H=120m$。介质:铵盐	2
碱液循环泵	$5m^3/h, H=102m$。介质:20%~40%碱液	2
稀氨水泵	$15m^3/h, H=70mm$。介质:稀氨水	2
氨水送出泵	$6m^3/h, H=70m$。介质:稀氨水	2
原碱液泵	$3m^3/h, H=100m$。介质:20%~40%碱液	2
碱液泵	$3m^3/h, H=120m$。介质:20%~40%碱液	2
萃余相泵	$220m^3/h, H=70m$。介质:酚水	4
溶剂进料泵	$50m^3/h, H=112m$。介质:MIBK	2
溶剂补充泵	$15m^3/h, H=50m$。介质:MIBK	2
萃取物泵	$150m^3/h, H=50m$。介质:MIBK	2
净化水泵	$220m^3/h, H=70m$。介质:酚水	2
净化水去生化泵	$220m^3/h, H=70m$。介质:酚水	2
粗酚泵	$20m^3/h, H=76m$。介质:粗酚	2
水塔回流泵	$50m^3/h, H=70m$。介质:酚水	2
调节池提升泵	$Q=100m^3/h, H=10m$	3
事故池提升泵	$Q=50m^3/h, H=10m$	2
气浮装置	$Q=100m^3/h$	2
$FeSO_4$加药系统	罐体 $\Phi1500mm×1500mm$	2
$FeSO_4$计量泵	$Q=420L/h$	2
PAC加药系统	罐体 $\Phi1500mm×1500mm$	2
PAC计量泵	$Q=300L/h$	3
K_2HPO_4加药系统	罐体 $\Phi1500mm×1500mm$	2
K_2HPO_4计量泵	$Q=300L/h$	2
铸铁方形闸门	SFZB600mm×600mm	2
手动启闭机	QSL-600	2
潜水搅拌机	$\Phi=1100mm$	16

设备名称	规格	台数
管式曝气器	$q=4\sim8m^3/(h\cdot个)$	2300
混合液回流泵	$Q=170m^3/h,H=8m$	8
刮吸泥机	$\Phi16m$	2
集水池提升泵	$Q=80m^3/h,H=30m$	6
回流污泥泵	$Q=60m^3/h,H=8m$	6
剩余污泥泵	$Q=45m^3/h,H=15m$	2
化学污泥泵	$Q=45m^3/h,H=15m$	2
移动式排污泵	$Q=10m^3/h,H=10m$	2
电动葫芦	$T=1.0t,H=6m$	2
Na_2CO_3 加药系统	$\Phi2000mm\times1800mm$	1
Na_2CO_3 加药螺杆泵	$Q=1000\sim1500L/h$	4
NaOH 加药系统	$\Phi2000mm\times1800mm$	1
NaOH 加药螺杆泵	$Q=1000\sim1500L/h$	4
M180 加药系统	$\Phi2500mm\times2000mm$	2
M180 加药螺杆泵	$Q=2000\sim2500L/h$	4
PAM 一体化加药	投加量 3.0kg/h	1
PAM 计量泵	$Q=1500L/h$	4
电动葫芦	$T=1.0t,H=6m,N=(1.5+0.2)kW$	1
带压机	$B=1500mm,N=(1.5+0.37)kW$	2
空压机	$Q=0.3m^3/min,P=0.7MPa$	2
无轴螺旋输送机	$Q=3m^3/h,L=6.0m$	2
污泥斗	$V=6m^3$	2
反冲洗水泵	$Q=18m^3/h,H=60m$	1
反冲洗水箱	$V=3.6m^3$	1
输泥螺杆泵	$Q=25m^3/h,,H=20m$	4

参考文献

[1] 杨文彪.我国炼焦产业现状及绿色发展研究 [J].煤炭经济研究，2019，39 (8)：4-14.

[2] 郝馨，付绍珠，于博洋，等.焦化废水处理难点、新型技术与研究展望 [J].土木与环境工程学报 (中英文)，2020，42 (6)：153-164.

[3] 廖侦君.焦化废水深度处理技术 [J].中国资源综合利用，2020，38 (6)：186-187.

[4] 肖秀伟，陈迪勤，吴迪，等.山西潞宝兴海新材料有限公司化工生产污水处理及再生资源化利用项目施工总结报告 [R].2018-09-01.

[5] 肖秀伟，苏志广，刘晓静，等.神华蒙西煤化股份有限公司焦化一厂焦化废水项目施工总结报告 [R].2017-08-01.

[6] 肖秀伟，齐亚博，高兴楼，等.唐山达丰焦化厂焦化废水深度处理工程施工总结报告 [R].2015-07-01.

[7] 陈赟，周志远，钱宇，等.一种处理含高浓度酚氨煤气化污水的方法：CN101665309B [P].2011-05.

[8] 余承烈，韩温堂，李心红，等.O/A/O/O工艺改造处理焦化废水工程实例 [J].工业用水及废水，2019 (6)：64-67.

[9] 王凯，尹春贤，刘杰峰，等.预曝气＋A/O处理高浓度焦化废水的工程实践 [J].燃料与化工，2020 (6)：50-55.

[10] 贺志勇，方志斌，徐自稀，等.改进膜法深度处理工艺对焦化废水的处理效果研究 [J].矿冶工程，2020 (6)：110-115.

[11] 贾彪，颜家保，胡杰，等.臭氧催化氧化法深度处理焦化废水工艺研究 [J].现代化工，2020 (8)：134-138.

[12] 刘丽娟，崔佳宁.Fe/GO-粉煤灰对焦化废水的深度处理研究 [J].河北环境工程学院学报，2020 (6)：48-52.

[13] 张春雨，王黎，李钰琦，等.催化超临界水氧化处理焦化废水 [J].应用化工，2020 (6)：1463-1467.

9

煤制兰炭废水处理技术

经过 20 多年的发展，我国目前兰炭（半焦）的年产量已达 6100 万吨，每年会产生大量生产废水需要进行处理。由于兰炭废水中污染物十分复杂，水质变化幅度大，可生化性差，给其治理造成了困难。为了实现兰炭产业的绿色发展，多年来我国对其进行了系统研究，现已进入工程化应用期，并获得了显著效果。

9.1
兰炭废水的来源和特征

9.1.1 废水的来源

在陕西省质量技术监督局公布的《兰炭工业竣工环境保护验收技术规范》（DB61/T 1057—2016）中，明确指出，低阶煤内热式直立炉热解过程包括备煤、炭化（干馏）、煤气净化、筛焦储集及干馏煤气脱硫五大工段，其工艺过程如图 9-1 所示。

由图 9-1 可知，原煤经除尘后进入炭化炉，在炭化炉中煤热解（600～700℃）产生的荒煤气与进入炉内炭化室的高温烟气混合后，荒煤气经上升桥管进入集气槽，80℃左右的混合气在桥管和集气槽内经循环氨水喷洒被冷却至 70℃ 左右。混合气体和冷凝液送至煤气净化工段。集气槽中的集油和氨水进入气液分离器，然后再将其送入氨水焦油分离池作进一步分离，由此将分离出的焦油送至焦油中间槽，同时将分离出的部分氨水（循环氨水）经氨水中间槽送入桥管进入集气槽。而将另一部分氨水（盈余氨水）送至污水处理站。

由上述可知，兰炭废水的主要来源是：①除尘洗涤水，主要是原料煤在破碎和运输过程中产生的除尘洗涤水、炭化装煤或出兰炭时的除尘洗涤水，以及兰炭装运、筛分和加工过程中产生的除尘洗涤水。这类废水主要含有高浓度悬浮固体煤屑、兰炭颗粒物等，一般经澄清处理后可重复使用。②煤在中低温热解过程中生成的荒煤气，从兰炭炉中带出水汽，然后在荒煤气净化过程中凝结下来，使净化煤气用的循环水（称"循环氨水"）产生盈余（称"盈余氨水"），由于这部分水有氨的气味，俗称含氨废水。

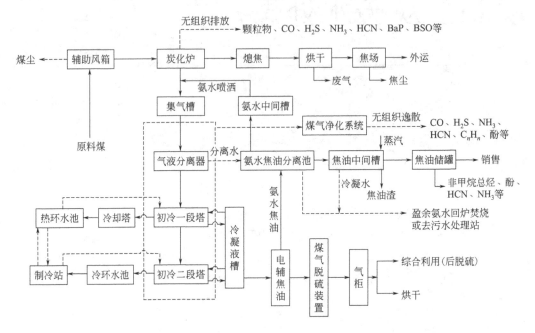

图 9-1　兰炭生产工艺过程

9.1.2　废水的特征

9.1.2.1　兰炭废水与焦化废水的异同

兰炭与焦炭都是煤在一定温度下干馏后得到的产物，其所产生废水的主要污染物组成有很多相似之处，故目前对兰炭废水的处理，主要借鉴焦化废水的处理方法。

然而，生产兰炭和焦炭的煤种的不同以及干馏温度的差异造成了兰炭废水与焦化废水有很大的差异。原料煤种类不同是造成兰炭废水和焦化废水有差别的一个重要原因。兰炭生产以热解温度在 $600 \sim 700℃$ 的中低温干馏为主，而焦炭生产以 $1000℃$ 左右高温干馏为主，故兰炭废水中除含有一定量的高分子有机污染物外，还含有大量的未被高温氧化的中低分子污染物。在高温的条件下，中低分子有机物经化学反应进行选择性结合后形成了大分子有机质，这些有机质或留于焦油，或留存于兰炭。由表 9-1 可知，兰炭废水的浓度要比焦化废水高出很多，兰炭废水成分比焦炭废水更加复杂，在废水的处理上，兰炭废水要比焦化废水更难处理，方法也应该有所不同。

表 9-1　兰炭及焦化废水水质

水质指标	油/(mg/L)	挥发酚/(mg/L)	COD/(mg/L)	NH₃-N/(mg/L)	色度/度
兰炭废水	1000～1500	3000～5000	30000～40000	2500～3000	10000～30000
焦化废水	50～70	600～900	1500～4000	300～600	230～600

9.1.2.2　兰炭废水的组成

在兰炭生产过程中，由于所用原料煤（长焰煤或褐煤）不同，其所产生的废水组成也略有不同。陕西榆林地区的兰炭产量占我国兰炭总产量的 60%，所用原料煤为长焰煤，其兰炭废水的水质如表 9-2 所示。姚珏对榆林地区兰炭废水进行了 GC-MS 分析，分析其所含有机物质，结果见表 9-3。

表 9-2　榆林地区典型兰炭废水主要来源及水质　　　　单位：mg/L

主要排水点	pH 值	挥发酚	氰化物	石油类	氨氮	COD
油水分离排水（剩余氨水）	8～9	2000～4000	90～110	570～700	2650～3200	40000～60000
煤气水封槽排水	—	50～100	10～20	10	60	1000～2000
泵房地平排水	—	1500～2500	10	500	—	1000～2000
化验室排水	—	100～300	10	400	—	1000～2000
循环冷却水排水	—	10	0	20	10	50

表 9-3　兰炭废水的有机物成分

有机物名称	含量/%	出峰时间/min
苯酚	36.67334	13.784
2-甲基苯酚	7.0087	17.279
3-甲基苯酚	21.43015	18.396
2,3-二甲基苯酚	1.10649	21.727
2,4-二甲基苯酚	2.08012	21.816
4-乙甲基苯酚	2.65751	22.843
3,4-二甲基苯酚	1.22305	24.57
1,2-苯二酚	2.98872	25.373
3-甲基-1,2-苯二酚	2.77471	28.432
4-甲基-1,2-苯二酚	2.99212	29.732
4-甲基儿茶酚	3.51037	31.983
2,5-二甲基氢醌	0.98488	32.53

由表 9-3 可知，兰炭废水的主要有机物质为苯酚类物质。

张智芳等对陕北某兰炭厂的废水进行了 GC-MS 分析，其兰炭废水中主要有机物及其相对含量见表 9-4。表 9-4 中，$C_{乙醚}/\%$、$C_{异戊醇}/\%$、$C_{正庚烷}/\%$、$C_{二氯甲烷}/\%$ 分别表示萃取剂为乙醚、异戊醇、正庚烷或二氯甲烷时，萃取相所含有机污染物的质量分数。

表 9-4　兰炭废水中主要有机物及其含量

峰号	化合物	保留时间 t/min	$C_{二氯甲烷}/\%$	$C_{异戊醇}/\%$	$C_{正庚烷}/\%$	$C_{乙醚}/\%$
1	乙苯	3.352	0.82	—	—	—
2	1,3-二甲基苯	3.464	1.45	—	—	—
		3.833	0.59	—	—	—
3	环乙酮	3.878	8.28	—	—	—
4	乙酸乙酯	3.989	—	—	—	2.86
5	异戊醇	3.703	—	5.10	—	—
		3.756	—	3.94	—	—
6	2-氨基异丙醚	4.208	—	—	—	0.98
7	苯酚	5.373	17.58	—	9.14	27.62
		5.558	—	9.73	—	—
8	2-羟基丙酸戊酯	5.708	—	—	—	1.31
9	异戊醚	5.742	—	11.64	1.87	—
		5.926	—	10.48	—	—
10	3-甲基苯酚	6.835	12.11	—	17.35	9.71
		6.935	—	9.56	—	—
		7.273	29.76	—	28.06	24.23
		7.362	—	23.02	—	—
11	2,6-二甲基苯酚	7.947	—	—	1.42	—
		8.836	—	4.58	—	—
12	2-乙基苯酚	8.587	0.88	—	1.89	—
		9.241	4.82	—	—	—
		9.442	0.87	—	—	—
		9.760	1.45	—	—	—
13	2,3-二甲基苯酚	8.794	5.95	—	12.85	4.52
		9.261	—	3.20	—	—
		9.228	5.95	—	8.86	3.83
		9.438	—	—	1.82	—
		9.754	—	—	2.55	1.37
14	3-乙基苯酚	9.183	1.96	—	3.11	1.31
15	邻苯二酚	9.889	2.85	—	—	6.91
		9.929	—	8.14	—	—
16	2-乙氧基-4-甲基苯酚	11.208	—	2.41	—	—
17	草酸-2-异丙基苯基戊酯	10.469	—	—	0.80	—
		10.690	—	—	1.03	—
		10.780	—	—	0.63	—

峰号	化合物	保留时间 t/min	$C_{二氯甲烷}$/%	$C_{异戊醇}$/%	$C_{正庚烷}$/%	$C_{乙醚}$/%
18	1,5,5-三甲基-6-亚甲基-1-环乙烯	11.127	—	—	1.84	—
19	3-甲醇苯酚	11.194	3.02	—	—	—
20	4-庚氧基-1-乙醛基苯	11.300	—	—	1.00	—
21	4-甲基邻苯二酚	11.187 11.774	— 3.27	— —	— —	1.09 1.84
22	对苯酚	11.640	—	2.46	—	3.35
23	2-乙氧基-4-甲基苯酚	11.795	—	3.52	—	—
24	2-甲基-1,3-苯二酚	11.874 12.565	— 3.02	— —	— —	1.91 1.22
25	对丙烯苯酚	12.366	—	—	0.78	—
26	1-羟基茚满	12.802	—	—	1.07	—
27	4-丙烯苯酚	12.817	1.10	—	—	—
28	2,6-二甲基-1,4-苯二酚	13.046	0.82	—	—	—
29	4-乙基-1,2-苯二酚	13.649	1.40	—	—	—
30	3-羟基-D-酪氨酸	13.707	—	—	—	0.83
31	9-十八烯-2-苯基-1,3-二氧戊环甲酯	13.784	—	—	—	1.16
32	丁酸-4-辛酯	13.858	—	0.97	—	—

由表 9-4 可知，兰炭废水中的有机污染物约有 30 多种，其中主要污染物为酚类及其衍生物，占检测到有机物的 74.92%，其中苯酚和甲基苯酚的浓度最高；其次是烷烃类、酯类化合物，所占比例为 23.58%；此外还含有少量的酸、茚满等化合物。

通过对热解废水中有机化学成分进行 GC-MS 分析，共分离出 32 种组分以及少量的未知物。热解废水中主要污染物为酚类及其衍生物，占所检测出有机物的 74.92%。

李若征等以褐煤为原料生产兰炭，所产废水的特征如表 9-5 所示。

表 9-5 内蒙古锡林浩特褐煤热解废水水质　　　　　　　　单位：mg/L

项目	pH 值	COP_{Cr}	BOD_5	NH_3-N	SS	挥发酚
数值	6～10	2500～3500	1000～1200	100～200	300～500	400～600

9.1.2.3 兰炭废水的特点

由表 9-2～表 9-5 可知，煤热解废水的主要特点是：

（1）成分复杂

废水中所含的污染物可分为无机污染物和有机污染物两大类。

无机污染物一般以铵盐的形式存在，包括（NH$_4$）$_2$CO$_3$、NH$_4$HCO$_3$、NH$_4$HS、NH$_4$CN、（NH$_4$）$_2$S、（NH$_4$）$_2$SO$_4$、NH$_4$SCN、（NH$_4$）$_2$S$_2$O$_3$、NH$_4$Fe(CN)$_3$、NH$_4$Cl等。

有机物除酚类化合物以外，还包括脂肪族化合物、杂环类化合物和多环芳烃等。其中以酚类化合物为主，占总有机物的85%左右，主要成分有苯酚、邻甲酚、对甲酚、邻对甲酚、二甲酚、邻苯二甲酚及其同系物等；杂环类化合物包括二氮杂苯、氮杂联苯、氮杂芑、氮杂蒽、吡啶、喹啉、咔唑、吲哚等；多环类化合物包括萘、蒽、菲、苯并［a］芘等。

（2）水质变化幅度大

废水中氨氮变化系数有些可高达2.7，COD变化系数可达2.3，酚、氰化物浓度变化系数为3.3和3.4。

（3）含有大量难降解物，可生化性差

废水中有机物（以COD计）含量高，且由于废水中所含有机物多为芳香族化合物和稠环化合物及吲哚、吡啶、喹啉等杂环化合物，其BOD$_5$/COD值低，一般为0.3～0.4，其有机物稳定，微生物难以利用，废水的可生化性差。

（4）废水毒性大

废水中的氰化物、芳环、稠环、杂环化合物都对微生物有毒害作用，有些甚至在废水中的浓度已超过微生物可耐受的极限。

9.2
兰炭废水处理技术研究

多年来，我国对兰炭废水进行处理的思路如图9-2所示。

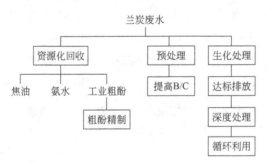

图9-2　兰炭废水处理思路

9.2.1　废水的预处理

通常兰炭废水中的总油含量为≤2000mg/L，由于其含油量会造成换热器和蒸氨塔及相关设备的严重堵塞，缩短设备的使用寿命，增加生产成本，恶化处理效果，因此，在兰炭废水脱氨和脱酚之前应先进行除油。

9.2.1.1　除油技术

赵玉良等对兰炭废水气浮除油技术的特点作了比较（见表 9-6）。

表 9-6　各种气浮除油技术比较

名称	气泡直径/μm	除油效率/%	特点
涡凹气浮	700～1500	70～85	无须压缩气,气泡直径大,操作便捷,适用于高浓度含油有机废水
溶气泵气浮	20～40	80～95	无须压缩气,系统简便,气泡直径小,分离效果好
浅层气浮	5～10	93～95	表面处理负荷大,处理时间短,适用于大水量,但系统较复杂,控制要求高
电化学气浮	—	90～95	除油、降 COD 和 SS 效果好,综合处理能力强,适合处理高浓度含油有机废水
加压溶气气浮	20～100	60～85	稳定性好,能耗高,系统附件多,操作复杂
旋流气浮一体化	—	＞90	整体较为紧凑,可除分散油和部分乳化油,处理量较小
叶轮气浮	500～1000	75～85	无须压缩气、系统简单,旋转功耗大,气泡均匀性差
射流气浮	100～500	65～80	无须压缩气,文丘里射流器噪声大,气泡均匀性差
超声波气浮	≤5	—	除油、降 COD 和 SS 效果好,可改善生化性能,适合处理高浓度及难降解有机废水

结合生产实践,对表 9-6 进行分析认为:

① 由于超声波气浮技术不仅除油效果好,而且可分解废水中的大分子有机污染物,同时还可改善废水的可生化性能,因此,可作为兰炭废水预处理的常用方法之一。

② 由于兰炭废水中环状羧基化合物含量较高,难以与气泡结合,加之油-水复杂的混合存在形式,通常单独用气浮除油难以满足除油要求,必须采取各种除油方法组合使用措施。

③ 为了获得良好的除油效果,在除油过程中还应向废水中添加破乳及减黏类助剂,其作用是可降低界面张力提高废水中油水分离效果。

9.2.1.2　除氨氮技术

兰炭废水中氨氮含量为 2500～3000mg/L,为了脱除其中的氨氮,吕永涛等采用吹脱法处理兰炭废水,氨氮去除率可达 88%。崔崇等的研究表明,吹脱法可使兰炭废水进水中氨氮由 2500mg/L 降低到 630mg/L。但由于吹脱法 COD 的去除率只有 26%,因此制约了其在兰炭废水中的应用。

目前在兰炭废水脱氨氮处理中,多采用蒸馏法,该方法具有脱出效率高、易操作、可回收氨水或液氨、无二次污染的优点。近年来研究者对液膜法脱除兰炭废水中氨氮也进行了研究,并认为随着支撑液膜稳定性的不断提高,新型表面活性剂和破乳技术研究的不断发展,液膜分离技术在兰炭废水处理方面将具有广阔的应用前景。

除上述外,童三明等采用氨氮吹脱＋生物絮体吸附＋混凝沉淀＋改性兰炭吸附的组合工艺对兰炭废水中的氨氮去除效果进行了研究，并进行了现场试验。结果表明：在 pH＝11，温度为 35℃，气液比为 6000 的条件下，氨氮的吹脱去除率为 85%；投加活性污泥，控制废水 MLSS 为 5g/L，连续曝气 12h，控制聚合硫酸铁投加质量浓度为 1.0～1.5g/L，pH 值为 6.5～7.5，氨氮去除率为 80%；沉淀后出水用改性兰炭吸附，出水氨氮降至 10～20mg/L，氨氮去除率可达到 99.5%。

9.2.1.3 脱酚技术

兰炭废水中含有 3000～5000mg/L 难以生化降解的酚类化合物，为了使其得以回收利用并确保后续的生化处理能有效顺利地进行，必须在预处理过程中将其脱除。目前其脱酚方法主要有：溶剂萃取法（物理萃取和络合萃取）、吸附法（活性炭吸附、树脂吸附和活性焦吸附）、乳液液膜法。但在已建成的兰炭废水处理项目的预处理工艺中，主要采用的是物理萃取法和活性焦吸附法，其他方法仍在继续研究中。

9.2.2 废水生化处理

何斌等为了开发高效且低成本的兰炭废水处理新技术，采用蒸氨＋脱酚＋SBR 结合的处理工艺进行实验。

（1）废水来源

废水取自某兰炭厂炼焦废水，其主要指标见表 9-7。

表 9-7 废水主要指标

项目	COD/(mg/L)	氨氮/(mg/L)	酚/(mg/L)	色度/度	油/(mg/L)	pH 值
数值	28648	2309	5952.5	2000～3000	760	8.1

（2）预处理

表 9-8 为先蒸氨后脱酚与先脱酚后蒸氨对废水处理后的实验数据。

表 9-8 污染物数据   单位：mg/L

项目	COD	氨氮	酚
原水	28648	2309	5952.5
先蒸氨后脱酚混合液	2647.7	134.51	361.49
先脱酚后蒸氨混合液	5998.0	114.09	987.63

由表 9-8 中各项数据对比可以看出，先蒸氨后脱酚对废水的处理效果明显优于先脱酚后蒸氨。故在该实验中采用先蒸氨后脱酚工艺对兰炭废水进行了预处理。

（3）生化处理

兰炭废水经预处理后，在 SBR 反应器中进行生化处理，其实验结果见图 9-3～图 9-5。

由图 9-3 可以看出，随着时间延长 COD 值不断减小，但 36h 后降幅很小，可以认为 36h 是最佳水力停留时间。COD 去除率在 36h 时为 91%。

由图 9-4 可以看出，氨氮的降解较慢，且 48h 后降幅很小。氨氮在 48h 时去除率为 37.9%。

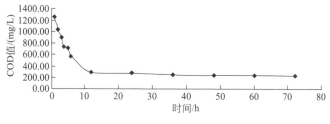

图 9-3　COD 降解曲线

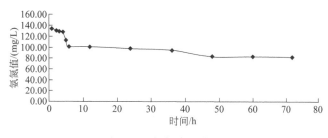

图 9-4　氨氮降解曲线

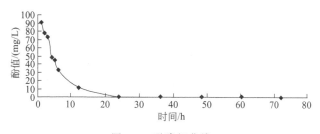

图 9-5　酚降解曲线

由图 9-5 可以看出，酚的降解效果很好，在 24h 后降幅很小。酚在 24h 时去除率为 99.8%。

由上述实验可知，SBR 法结合前期物化法预处理对兰炭废水的处理效果明显，尤其对酚的去除效果极佳，COD 和氨氮的去除效果良好。在实际工程应用中完全可以达到国家要求的排放标准。

9.2.3　废水深度处理

兰炭废水经生化处理后为了使其达到中水回用的目的，刘羽等采用混凝沉淀＋活性炭吸附的方法对兰炭废水的生化处理出水进行深度处理研究。其研究结果认为：①经混凝处理后，COD_{Cr} 和色度的去除率分别为 61.8% 和 84.7%；②经活性炭吸附处理后，色度和 COD_{Cr} 的去除率分别达到 70.8% 和 74.5%。

目前在兰炭废水深度处理中，已获得实际生产应用的主要有：A/O＋活性焦、FBR 氧化法＋过滤器＋超滤/反渗透、BAF 池＋过滤器、多介质过滤＋臭氧催化氧化和 P-

MBR膜池＋反渗透等五种工艺。以上五种工艺存在差异的主要原因是：①兰炭废水进水组成和前序处理技术的不同；②深度处理后出水的用途不同（如用于熄焦或中水回用等）。

9.2.4 中水回收利用

苏志强对兰炭废水处理中水回用工艺进行了系统研究，研究结果表明，兰炭废水经处理后，能够实现中水循环利用。

（1）兰炭废水设计进水水质标准

兰炭废水设计进水水质标准见表9-9。

表 9-9 含酚、含油、生活污水设计指标　　　　　单位：mg/L

指标	高浓度含酚污水	含油污水	生活污水
pH 值	6~9	6~8	6~8
COD_{Cr}	4500~6500	≤1000	≤300
BOD_5	未给出	≤230	≤135
氨氮	300	≤60	≤25
总酚	2000	未给出	未给出
挥发酚	300	≤40	≤20
硫化物	20	≤30	未给出
油	500	≤500	≤20
悬浮物	200	≤200	≤100
TDS	未给出	≤1000	未给出

（2）废水设计出水水质标准

设计标准按照梯级处理、分质回用的原则。生化污水经深度处理，再经超滤、纳滤、反渗透处理后，满足《炼油化工企业污水回用管理导则》中初级再生水水质指标，用于全厂的循环水、除盐水补水。纳滤的浓液进行催化氧化降低有机物浓度后，可以满足《炼焦化学工业污染物排放标准》（GB 16171—2012）熄焦用水标准。反渗透浓水、除盐水系统排污水和循环水厂排污水进入含盐处理系统。

（3）兰炭废水中水回用处理技术工艺

兰炭污水采用"预处理→一次氧化处理→一次生化处理→二次氧化处理→二次生化处理→深度处理→中水回用处理→高盐水处理系统"工艺，对废水进行综合处理（见图9-6）。

经研究分析和技术优化，对兰炭废水采用的主要技术如表9-10所示。

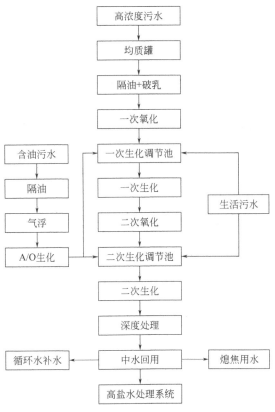

图 9-6　废水中水回用处理工艺过程

表 9-10　兰炭废水处理主要技术

序号	工艺过程	技术
1	除油＋破乳	强化破乳法
2	一次氧化	催化氧化
3	一次生化	两级 A/O
4	二次氧化	臭氧氧化
5	二次生化	A/O＋MBR(膜生物反应器)
6	深度处理	活性炭过滤
7	中水回用	超滤＋纳滤＋反渗透

按表 9-11 中的技术要求，以 5L/h 的兰炭废水规模进行 4 天的中水回收实验。由实验可知当兰炭废水量为 100％负荷时，再进入二级氧化（400mg/L），进入二级生化时 COD_{Cr} 为 240mg/L，去除率为 40％，二级生化处理后出水 COD_{Cr} 为小于 60mg/L；对于油指标则用 UV_{254} 来指示，小试进水油在 35～45mg/L，实验结果达到小于 0.5 的效果（见表 9-11）。

表 9-11　废水小试 100%负荷时的污水处理各段水质指标　　　单位：mg/L

项目	油(UV₂₅₄)	COD$_{Cr}$	氨氮	总氮	pH 值	电导	总酚	挥发酚
一次氧化进水	35～45	7000 左右	300～400	300～400	8～9	1000	2000～2300	300～400
一次生化进水	15	4500	200	350～400	8.4	1600	150～200	20
二次氧化进水	0.5	400	未检出	30	6.8	1500	10	0.5
二次生化进水	未检出	240	未检出	未检出	7.0	1500	<0.5	未检出
二次生化出水	未检出	<60	未检出	未检出	7.0	1450	未检出	未检出

9.2.5　资源化利用

毕可军等以 600kt/a 兰炭生产装置水平衡和兰炭生产废水分析指标为依据，提出兰炭生产废水资源化利用的理念，并进行兰炭生产废水资源化利用技术分析，指出兰炭生产废水资源化利用是兰炭生产废水处理技术发展的必然趋势。

（1）兰炭废水分析指标及水平衡

由表 9-12 可见，兰炭生产废水是一种高 COD、高酚类、高氨氮、难降解的有机废水，在此以 600kt/a 兰炭生产装置为例，其水平衡见图 9-7。

表 9-12　兰炭生产废水分析指标　　　单位：mg/L

项目	分析数据范围	设计基准
总酚	8000～14000	1200
单元酚	2000～4000	4000
多元酚	4000～8000	8000
总氨	2000～4000	4000
二氧化碳	500～1000	1000
硫化物	50～100	100
氯离子	100～414	414
石油类物质	2000～4000	3000
悬浮物	500～1000	1000

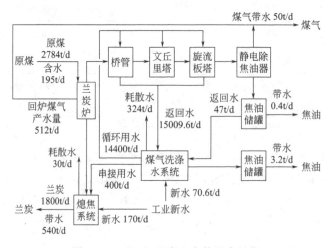

图 9-7　600kt/a 兰炭生产装置水平衡

（2）兰炭生产废水资源化利用工艺

由图 9-7 可看出，600kt/a 兰炭生产装置是无盈水系统的。系统中耗散水量比较大，一部分是蒸发、飞散等，另一部分是熄焦后由兰炭吸附而耗散。

兰炭生产废水资源化利用技术的重点是采用物理或化学分离的方式脱除并回收废水的煤焦油、酚和氨类物质，从而降低废水中的 COD，提高兰炭生产废水的可生化处理性。经分析和优化认为采用图 9-8 所示的工艺过程是合理可行的。

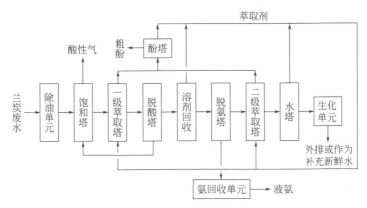

图 9-8　兰炭废水资源化利用工艺过程

兰炭生产废水经资源化利用后，出水可达到化学工业污染物排放标准的要求，再用作兰炭生产熄焦工艺水或作为补充工业新水，从而达到清洁生产的目的。例如，1 个 15t/h 兰炭生产废水资源化利用项目可回收煤焦油 0.8t/d、总酚 4.0t/d，具有一定的经济效益，可提高兰炭企业的竞争力，促进企业的清洁生产。因此，兰炭生产废水资源化利用是兰炭生产废水处理技术发展的必然趋势。

安路阳等针对高浓度、难降解兰炭废水，采用复合除油＋强化脱酸脱氨＋离心脱酚＋高级氧化＋高效菌种生化处理＋膜处理这一组合工艺，实现对兰炭废水中焦油、氨水及工业酚类产品的资源化回收，同时实现深度净化废水的目的。经生化处理后出水水质指标达到《炼焦化学工业污染物排放标准》（GB 16171—2012）要求，与膜处理技术组合使用最终出水水质满足当时工业循环冷却水处理设计规范（GB 50050—2007）要求。

9.3
兰炭废水处理工程实例

周秋成对我国兰炭废水处理技术工艺项目（含兰炭废水处理的现状）进行了调研（见表 9-13），在其报告中认为，国内兰炭废水处理技术主要借鉴煤气化废水处理工艺路线，且多数技术提供单位均已在煤气化废水处理中取得了成功经验。除陕西恒源焦化公司采用催化氧化＋生化处理技术进行兰炭废水处理，其他基本都采用相似的除油＋蒸氨脱酚＋生化处理技术路线，但其工艺过程和装置不同。

表 9-13 我国兰炭废水处理项目

序号	单位	地址	项目情况	废水处理装置建成时间
1	锡林浩特国能能源科技有限公司	内蒙古锡林浩特	兰炭 50 万吨/年	2012 年
2	神木天元化工有限公司	陕西榆林	兰炭 135 万吨/年＋焦油加氢 50 万吨/年	2015 年
3	神木富油能源科技有限公司	陕西榆林	兰炭 60 万吨/年＋焦油加氢 17 万吨/年	2015 年
4	陕西陕北乾元能源化工有限公司	陕西榆林	兰炭 50 万吨/年	2016 年
5	陕西东鑫垣化工有限公司	陕西榆林	兰炭 180 万吨/年＋焦油加氢 50 万吨/年	2016 年
6	新疆广汇煤炭清洁炼化公司	新疆哈密	兰炭 1000 万吨/年	2017 年
7	河北龙城煤综合利用有限公司	河北唐山	兰炭 1000 万吨/年	2018 年
8	陕西恒源焦化公司	陕西榆林	兰炭 60 万吨/年	2018 年
9	陕西昊田煤电冶化科技公司	陕西榆林	兰炭 120 万吨/年	2020 年
10	陕西精益化工有限公司	陕西榆林	兰炭 60 万吨/年＋焦油加氢 50 万吨/年	建设中
11	新疆天雨煤化集团有限公司	新疆托克逊	兰炭 120 万吨/年＋煤焦油加氢 30 万吨/年	2020 年
12	神木电石集团能源发展有限责任公司	陕西榆林	兰炭 80 万吨/年	建设中

9.3.1 活性焦吸附生化降解耦合技术

北京国电富通科技发展有限公司开发的活性焦吸附生化降解耦合技术，于 2012 年在内蒙古锡林浩特国能能源科技有限公司建成褐煤热解废水处理装置（5m^3/h）。随后于 2016 年在陕西陕北乾元能源化工有限公司建成 5m^3/h 兰炭废水处理装置。

在进一步研究和总结生产实践的基础上，李若征等提出了系统的兰炭废水处理路线。

9.3.1.1 废水指标和处理标准

结合陕北地区兰炭炉废水和锡林浩特褐煤干馏炉废水的水质特性及处理工艺，其设计进水水质如表 9-14 所示。

表 9-14 设计进水水质 　　　　　　　　　单位：mg/L

项目	数值	项目	数值
pH 值	6～9	NH$_3$-N	2600
COD$_{Cr}$	35000	SS	500
BOD$_5$	3000	挥发酚	4000

处理后的出水水质执行《炼焦化学工业污染物排放标准》（GB 16171—2012）。

9.3.1.2 关键技术

(1) 酚氨回收技术

根据酚、油在萃取剂中的溶解度大于在水中溶解度的特性，利用溶剂萃取法来萃取脱除废水中的酚类物质。采用精馏方法分离萃取相中的粗酚和溶剂，其中溶剂循环回用；采用汽提的方式回收废水中残留的溶剂。工艺系统主要包括：萃取脱油脱酚、脱酸、脱氨、溶剂汽提、溶剂回收、溶剂贮存等系统。所用萃取剂为甲基异丁基甲酮（MIBK）。MIBK在多元酚的脱除能力上优于二异丙醚，因而能取得更好的萃取效果，并且MIBK比较适合油类的萃取脱除。溶剂与水相采用逆流接触的方式，其技术特点如图9-9所示。

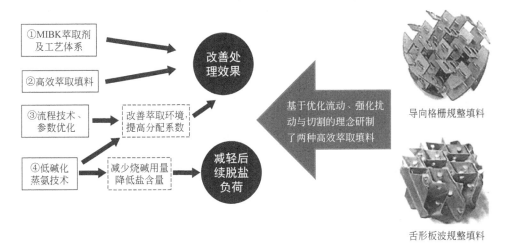

图 9-9　酚氨回收技术特点

(2) 活性焦生物强化处理技术

活性焦是用褐煤/长焰煤为主要原料，并与无烟煤配煤混掺，经特殊炭化、活化工艺生产出的一种新型的活性炭类吸附剂，具有中孔发达、价格低廉的特点。研究表明，活性焦（见图9-10）的内部孔隙结构和表面官能团特别适合废水中大分子污染物的吸附。

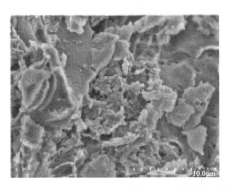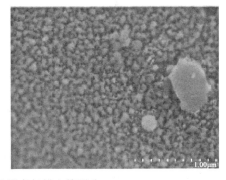

图 9-10　活性焦高分辨率扫描电镜图片

活性焦产品相对于普通活性炭，其比表面积比活性炭略小，但其独特的中孔结构使其在大分子难降解有机污染物的去除效果方面具有很大的优势。

① 与活性炭相比，微孔少、中孔多，孔径分布主要集中在 $4\sim20nm$，其孔径分布与煤化工废水中大分子难降解有机污染物的分子直径相匹配，选择性吸附能力更强。

② 与活性炭相比，活性焦对煤化工废水中的有机污染物吸附容量大，COD_{Cr} 静态吸附量 $\geqslant500mg/g$，在难降解有机物去除效果方面具有很大的优势。

③ 活性炭投加到生化 A/O 池内，可以起到强化作用，利用活性焦的吸附性能，形成生物膜与高效菌胶团共同体，强化污染物作用时间，发挥生化效果最大化。

9.3.1.3 除油技术

废水中的油类污染物质，除重焦油的相对密度较高外，其余的相对密度都小于 1。油类物质可分为四部分：

① 浮上油。油滴粒径一般大于 $100\mu m$，易浮于水面。

② 分散油。油滴粒径一般介于 $10\sim100\mu m$ 之间，悬浮于水中。

③ 乳化油。油滴粒径小于 $10\mu m$，一般为 $0.1\sim2\mu m$，能稳定地分散于水中。

④ 溶解油。油滴粒径比乳化油还小，有的可小到几纳米，是溶于水的油微粒。

根据油的不同特性，设置三级除油装置。一级为重力除油，二级为焦炭过滤器，三级为除油装置。除油装置采用改性聚结材料聚结除油，提升含油污水在油水分离器中的分离效率，设置油水分离器，满足后续酚氨回收油指标要求。

9.3.1.4 酚氨回收工艺

酚氨回收工艺流程如图 9-11 所示。

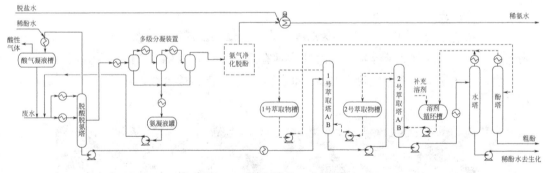

图 9-11 酚氨回收工艺流程

（1）脱酸脱氨

废水分成两路，一路经换热器与循环水换热冷却至 $30\sim40℃$，作为脱酸塔填料上段冷进料，以控制塔顶温度；另一路经换热后，作为脱酸塔的热进料，进入脱酸塔的第一块塔盘上。塔顶出来的酸性气经冷却器冷却、分液罐分液（非正常工况时，若温度控制好时，可不经冷却和分液）。分液后的酸性气体送入焚烧装置，分凝液返回大罐。当塔顶采出的气相中含水量和含氨量较低时，也可不经冷却送出。脱酸脱氨塔侧线采出的粗氨气进入一级分液罐进行气液分离，气氨从上部出去，经二级冷凝冷却器与循环水换热冷却后进入二级分液罐进行气液分离，气氨从上部出去，经三级冷凝冷却器与循环水换热冷却后进入三级分液罐。三级分凝器上部出来的富氨气进入氨净化装置进行氨净化后，进入氨吸收器吸收成稀氨水。三个分液罐下部的液相出料进入氨凝液罐，然后氨凝液由泵升压后，循环回大罐或原料水泵入口。脱酸脱氨塔塔底废水经换热器冷却后，进入后续萃取装置。

（2）萃取

脱酸脱氨塔或脱氨塔塔底废水经冷却至 35～65℃，从上部进入 1 号萃取塔，由 2 号萃取物槽泵送来的萃取物也由下部进入 1 号萃取塔，废水与萃取物在 1 号萃取塔中逆流接触，完成第一步萃取。1 号萃取塔上部溢流出的萃取物进入 1 号萃取物槽；1 号萃取塔底部出来的废水由泵送至 2 号萃取塔上部，由溶剂循环槽泵送来的溶剂由下部进入 2 号萃取塔。废水与溶剂在 2 号萃取塔中逆流接触，完成第二步萃取。在 2 号萃取塔内萃取后，萃取物由萃取塔的上部溢流口溢流入 2 号萃取物槽。水相由萃取塔塔底经泵送至溶剂汽提塔回收溶剂。1 号萃取物槽的萃取物被泵送至溶剂回收塔分离溶剂和粗酚。

（3）溶剂回收

1 号萃取物槽中的萃取物由泵经换热器预热后，送至溶剂回收塔中进行精馏分离。其中溶剂作为轻组分从塔顶采出，经塔顶冷凝器冷却后进入溶剂循环槽。粗酚作为重组分从塔底采出，经冷却器冷却后进入粗酚罐。溶剂回收塔的塔顶回流来自溶剂循环槽。

（4）溶剂汽提

萃取脱酚后的废水中既有溶解溶剂，也有夹带溶剂。萃取后废水自萃取塔塔底经泵送出，经换热器预热后，送至溶剂汽提塔，脱除水中溶解和夹带的溶剂。脱溶剂后的净化水由塔底净化水泵经换热器冷却至 35～45℃后，泵入生化段。溶剂汽提塔塔顶采出的溶剂和水的混合蒸气经冷凝器冷凝后，进入油水分离器进行油水分离，上层溶剂相溢流进入溶剂循环槽中；下层水相由泵送至溶剂汽提塔中进行汽提。

（5）氨脱酚

由三级分凝来的粗氨气中含有大量的酚、油、无机硫和有机硫等杂质，采用的氨脱酚装置包括强化氨洗涤、碱洗等环节，可保证去氨液化装置的氨气纯度满足使用要求，大幅度降低氨中硫化物、酚、油的含量，使净化后的氨气吸收成稀氨水。

（6）出水指标（见表 9-15）

表 9-15　废水经酚氨回收后的出水指标　　　　　　　　单位：mg/L

项目	数值	项目	数值
pH 值	6～7.5	总酚	≤500
CO_2	≤200	石油类	≤100
COD_{Cr}	≤3000	氨	≤200

（7）副产品

① 稀氨水：酚氨水处理单元的氨经设置的净化装置净化后，加工成稀氨水。稀氨

水浓度可根据要求在15%～22%范围内调节，其硫化物不大于30mg/L，油和酚含量不大于50mg/L。

② 粗酚：酚氨水处理单元的粗酚产品可满足《粗酚》（YB/T 5079—2012）中的要求（粗酚≥60%），但根据废水具体组成情况，同系物含量可能有所变化。

9.3.1.5 生化处理工艺

废水生化处理工艺过程如图9-12所示。

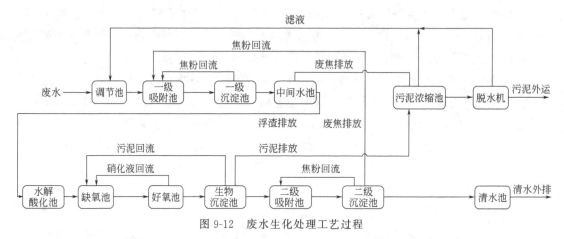

图9-12 废水生化处理工艺过程

废水首先进入调节池，进行水质水量的均衡。调节池中的废水，通过水泵提升到一级吸附池，与二级吸附后回流焦粉进行预吸附，然后提升至水解酸化池，在水解酸化池对水中的有机物进行水解断链，将难降解有机物变成易降解有机物，提高废水的B/C比值。

之后进入缺氧池和好氧池（A/O），通过微生物降解废水中COD和氨氮。好氧池产水进入生物沉淀池进行固液分离。

生物沉淀池的出水，进入高效吸附池，进一步吸附去除在前段未能去除的难降解有机物。产水进入清水池，达标外排或者回用。在生化处理过程中各阶段的去除效果见表9-16。

表9-16 生化处理各阶段去除效果

工艺段	项目	COD	氨氮
调节池	出水/(mg/L)	3000	200
预处理	进水/(mg/L)	3000	200
	出水/(mg/L)	2700	180
	去除率/%	10	10
水解＋缺氧＋曝气池	进水/(mg/L)	2700	180
	出水/(mg/L)	220	25
	去除率/%	91.8	86.1
高效吸附池	进水/(mg/L)	220	25
	出水/(mg/L)	150	25
	去除率/%	16.7	—

9.3.2 高效除油+催化氧化+生化处理+深度处理技术

（1）项目概况

陕西恒源投资集团焦化有限公司兰炭升级改造示范项目是：拆除原有8×7.5万吨/年炭化炉，新建10×12.5万吨/年炭化炉，辅助工程和储运工程及公用工程依托原60万吨/年兰炭综合利用项目，废气治理工程及固体废物暂存为新建，其余均依托原60万吨/年兰炭综合利用项目。该项目的物料平衡见图9-13。

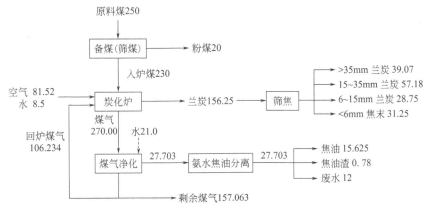

图 9-13　兰炭装置物料平衡（单位：t/h）

该项目新鲜水用水量为96.0m³/h，由园区提供。回用水用水量为24.0m³/h；兰炭废水产生量为12.0m³/h。具体给、排水量见表9-17。

表 9-17　项目给、排水量表

序号	工艺装置	新鲜水/(m³/h)	回用水/(m³/h)	废水/(m³/h)
1	炭化炉补水	5.5	3.0	—
2	净化工段补水	—	9.0	12.0
3	余热锅炉	0.5	0.5	—
4	循环冷却水系统补水	90	11.5	—
	合计	96.0	24.0	12.0

陕西恒源投资集团焦化有限公司委托陕西正盛环境检测有限公司于2019年11月21～25日进行了竣工验收检测取样，该项目废水治理措施见表9-18。并于2019年12月11出具建设项目检测报告（已在网上公布）。

表 9-18　废水治理措施

污染源		主要污染物	治理设施及措施
生产废水	循环水排水	SS	回用于兰炭装置
	余热锅炉	SS	
	剩余氨水	COD、氨氮、酚类、石油类、硫化物	氨水处理车间处理后回用炭化炉作为熄焦用水
生活污水		SS、COD、氨氮	经化粪池预处理后排入园区污水处理厂

兰炭废水（剩余氨水）经氨水站处理后回用于炭化炉作为熄焦用水，根据《炼焦化学工业污染物排放标准》（GB 16171—2012）中"4.1.5 焦化生产废水经处理后用于洗煤、熄焦和高炉冲渣等的水质，其中 pH、SS、COD$_{Cr}$、氨氮、挥发酚、氰化物应满足表 1 中相应的间接排放标准限值要求"规定，废水综合利用，不外排。

（2）废水处理技术

该项目废水产生总量为 12.0m^3/h，废水中的污染物浓度较高，且含有较多的油类、氨、酚等难降解的物质。

该项目预处理段采用 pH 调节池＋高效隔油器＋催化还原氧化反应器＋中和沉淀＋电催化氧化工艺，对油、氨氮和酚都能起到较好的处理效果。生化处理段采用的水解酸化＋两级分离内循环厌氧反应器＋A/O 池对氨氮含量高的高浓度有机废水有很强的针对性。深度处理段采用 FBR 氧化法＋过滤器＋超滤/反渗透，在进一步的去除 COD、氨氮等污染物后通过超滤和反渗透实现废水回用，其浓水回炉参与炭化。

该工艺由南京环保产业创新中心有限公司设计，采用了自主研发的电催化氧化装置（专利号为 CN205328686U 和 CN103755007B）。《陕西恒源投资集团焦化有限公司焦化废水处理中试实验报告》显示，废水 COD 可从 40000mg/L 降至 150mg/L 以下，氨和酚的去除率达到 95% 以上，出水在经过过滤＋超滤＋反渗透后，完全可以作为净化工段补充水回用。因此氨水处理站处理工艺可行。

兰炭废水处理站工艺过程见图 9-14，氨水车间废水监测结果见表 9-19。

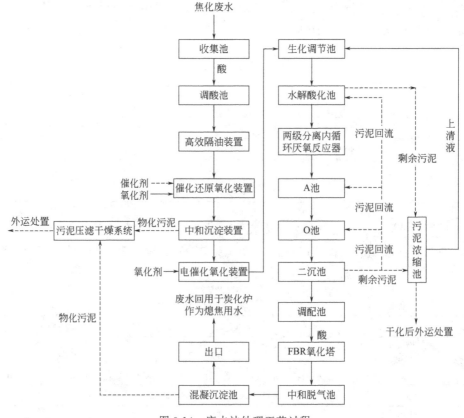

图 9-14　废水站处理工艺过程

表 9-19　氨水车间废水监测结果

单位：mg/L

监测点位	监测日期	pH值				悬浮物(SS)				化学需氧量(COD_Cr)			
氨水车间水处理设施进口	2019.11.21	9.36	9.44	9.34	9.28	227	297	278	251	4.16×10^4	4.16×10^4	4.16×10^4	4.16×10^4
	2019.11.22	9.27	9.31	9.35	9.20	274	256	280	258	4.19×10^4	4.16×10^4	4.16×10^4	4.16×10^4
氨水车间水处理设施出口	2019.11.21	7.01	7.05	7.03	7.06	19	14	16	18	162	160	206	205
	2019.11.22	7.11	7.14	7.06	7.10	21	22	24	21	202	200	204	207
标准限值		6~9				70				150			

监测点位	监测日期	氨氮				氰化物				挥发酚			
氨水车间水处理设施进口	2019.11.21	3274	3299	3236	3258	4.25	4.32	4.35	4.20	3.41×10^3	3.41×10^3	3.41×10^3	3.41×10^3
	2019.11.22	3342	3368	3318	3349	4.14	4.23	4.07	4.11	3.32×10^3	3.32×10^3	3.32×10^3	3.32×10^3
氨水车间水处理设施出口	2019.11.21	331	326	322	328	0.586	0.583	0.576	0.562	0.023	0.019	0.023	0.023
	2019.11.22	337	341	331	335	0.562	0.579	0.558	0.569	0.019	0.023	0.015	0.019
标准限值		25				0.20				0.50			

由表 9-19 可知，验收监测期间，氨水车间水处理设施出口废水化学需氧量（COD_{Cr}）、氨氮、氰化物监测结果超出《炼焦化学工业污染物排放标准》（GB 16171—2012）表 1 规定排放浓度限值。超标原因是氨水处理站过滤器＋超滤/反渗透未建设投入使用。

9.3.3　除油+蒸氨脱酚+生化处理+深度处理技术

9.3.3.1　项目概况

该项目为神木市电石集团能源发展有限责任公司 120 万吨/年电石资源循环综合利用续建项目子项 80 万吨/年兰炭生产装置配套有机废水处理项目。生产过程产生的废水为兰炭装置所产的有机废水、生活污水、零星排污、初期雨水等，共计 $60m^3/h$。

（1）有机废水水量及水质（见表 9-20）

表 9-20　有机废水水量及水质

项目	数值	项目	数值
正常水量/(m^3/h)	45	挥发酚/(mg/L)	≤7000
pH 值	8.5～10	石油类/(mg/L)	≤5000
CO_2/(mg/L)	5000～10000	悬浮物(SS)/(mg/L)	≤1500
COD_{Cr}/(mg/L)	45000～75000	硫化物(S^{2-})/(mg/L)	≤4000
总酚/(mg/L)	8000～15000		

（2）污水流量

兰炭生产装置区内的生活污水、零星排污、初期雨水（非连续），合计平均流量为 $15m^3/h$。

（3）排放要求

兰炭有机废水经过处理后，其水质必须满足国家标准《炼焦化学工业污染物排放标准》（GB 16171—2012）表 2 中间接排放标准要求，该回用水可用于兰炭熄焦、调湿等，如表 9-21 所示。

表 9-21　水污染物排放浓度限值　　　　　　　　　单位：mg/L

序号	污染物项目	限值
1	pH 值	6～9
2	悬浮物	70
3	化学需氧量 COD_{Cr}	150
4	氨氮	25
5	五日生化需氧量 BOD_5	30
6	总氮	50

该兰炭废水处理项目由中化化工科学技术研究总院有限公司负责设计和总承包，其

主要装置见表9-22。

表 9-22 主要装置

序号	子项名称
1	总体
2	酚氨总体
3	除油单元
4	原料水罐单元
5	脱酸脱氨单元
6	萃取塔及水塔单元
7	脱酚及废水回收单元
8	氨酚配电室
9	生化总体
10	生化预处理单元 （包括隔油池、低浓度废水调节池、蒸氨脱酚装置、废水调节池）
11	SBR＋A/O单元（包括SBR-ABCD池、A/O池、泵房）
12	二沉地
13	深度处理单元 （包括SBR产水池＋混凝沉淀池＋中间水池＋BAF水池组合）
14	后处理单元 （包括快速滤池＋清水池＋污泥储池＋反洗水池）
15	臭氧发生间
16	综合工房（包括配电室＋综合工房）
17	污泥脱水间
18	加药间
19	臭气处理单元 （包括废气除臭系统基础、烟筒及引风机基础）

9.3.3.2 废水处理工艺过程

（1）除油工序

分别从一期循环氨水池、二期循环氨水罐过来的废水经过提升泵输送至平流式隔油池，隔油池配水端出水进入油水分离区，由于轻质油、重质油的密度与水较为接近，因此，必须保证足够的水力停留时间，方可保证细小油珠的聚集、成长，从而保证油水分离效果。在隔油区，通过重力选择作用，非乳化态轻质油、水、非乳化态重质油在水平位移过程中逐渐自然分离，依次浮于水面或沉入池底。浮于水面的轻质油由刮油机刮板定期刮入集油管，沉于池底的重质油经刮油机刮板定期刮入集油斗，然后经隔油池抽油泵排入焦油收集罐，定期通过焦油外送泵输送到焦油罐区。

隔油池出水提升泵依次送入一级气浮机及二级气浮机，气浮机内通过破乳、絮凝及混凝等药剂，使水中的乳化油和悬浮固体物（SS）经加压溶气中的空气泡带至水面，通过气浮机刮渣设备刮入气浮油渣池，其他密度较大的颗粒在气浮机底部排入气浮油渣池。在气浮油渣池内经过沉降分离后，由油渣泵将可回收的焦油送往焦油收集罐，其他不可回收的油渣定期送往原煤堆场，入兰炭炉。

气浮机出水进入污水收集池，由污水泵进入下一工序。

（2）酚氨回收工序

从污水收集池送来的污水经污水泵，分成两路进入脱酸塔。一路通过脱氨塔一级冷凝器、脱酸塔进料预热器1、脱酸塔进料预热器2等换热设备后，从中部进入脱酸塔，塔顶酸性气体（CO_2、H_2S等）外送至界区。

脱酸塔塔釜液与脱酸塔进料预热器2换热后，输送至脱氨塔，其塔顶气相经过脱氨塔一级冷凝器后，进入一级分离器，由此分离出的液相经氨凝液冷却器，进入分凝液储罐。

在二级分离器内，气相通过脱氨塔三级冷凝器，进一步降温冷凝后，进入三级分离器，三级分离器内气相去往氨气净化塔。

分凝液储罐内液体一部分去往废水收集池，另一部分通过脱氨塔回流泵返回到脱氨塔内作为精馏段加流液。三级分离器内液相去往废水收集地。

脱氨塔的釜液通过脱酸塔预热器1换热后，从上部进入1♯萃取塔。在1♯萃取塔内被萃取后，萃取相进入萃取物罐，萃余相进入2♯萃取塔继续进行萃取，萃取相进入萃取物罐，萃余相通过水塔进料预热器进入水塔。在水塔内，剩余溶剂油从塔顶出来经过水塔塔顶冷凝器，进入水塔分离器，其油相进入溶剂循环罐，水相进入废水收集罐。

水塔出来的不凝汽油进入尾气冷凝器，塔釜液相经过水塔釜液泵、水塔进料预热器、水塔釜液冷却器，进入生化处理系统的集水池。

萃取物罐中油相从上部经过萃取物泵、酚塔进料预热器进入酚塔，水相进入废水收集罐，废水罐中废水从下部通过废水泵进入水塔进行蒸馏。

在酚塔内，溶剂油被分离出，从塔顶经过酚塔进料预热器、酚塔塔顶冷凝器、酚塔塔顶冷却器进入溶剂循环罐，酚塔底部的酚油经过酚塔釜液泵、酚塔釜液冷却器进入酚油罐，再经酚油泵送往焦油罐区。

来自三级分离器的气态氨直接进入氨气净化塔，塔顶氨气从下部进入脱硫塔，经过两段式脱硫后，进入氨吸收冷却塔，塔釜液经过浓氨水泵，一部分送入浓氨水罐，定期通过浓氨水外送泵送至电厂脱硫脱硝，另一部分返回至氨气净化塔。

氨气净化塔中段水经过中段氨水循环泵进入塔器上部进行循环，下段氨水经过底段氨水循环泵进入塔器中部进行循环。

氨吸收冷却塔内氨气经过制冷水换热冷却后，并在氨吸收塔顶部通入脱盐水，通过特殊的移热内件，从而保证氨吸收塔得到20%质量分数浓氨水。部分作为产品，部分作为净化剂，进入氨净化塔循环利用。

（3）生化处理工序（见图9-15）

生化"前处理"单元：蒸氨脱酚废水经过预处理后的废水汇集至隔油沉淀，经隔油沉降处理后汇集到酚氨废水调节池，经过酚氨废水提升泵输送至溶气浮机（PA），并通过投加破乳、絮凝及混凝等药剂，废水中乳化油和悬浮固体物（SS）经加压溶气中的空气泡带至水面。气浮产水通过重力自流至 SBR，进一步脱除 SS、色度、COD、BOD。焦油用外排泵抽出，定期槽车外运或输送至前级工段除油单元。

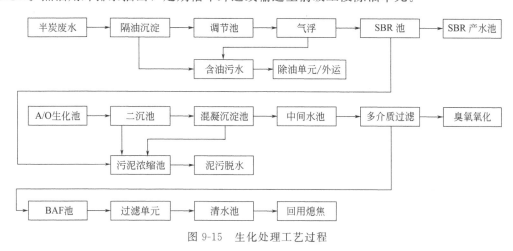

图 9-15　生化处理工艺过程

低浓度废水（生化污水等）进入低浓度废水调节池，经过低浓度废水提升泵 A/B 提升至 A/O 池。

生化 SBR＋A/O：废水在 SBR 池发生生化反应，在进水及反硝化阶段微生物能通过酶的快速转移机理迅速吸附污水中大部分可溶性有机物，经历一个高负荷的基质快速积累过程，对进水水质、水量、pH 值和有毒有害物质起到较好的缓冲作用，同时对丝状菌的生长起到抑制作用，可有效防止污泥膨胀；在主反应区阶段经历一个较低负荷的基质降解过程，完成对污水中有机物质的降解。SBR 工艺同时能够比较充分发挥活性污泥的降解功能，也能够减轻二沉池的负荷，有利于提高二沉池固液分离效果。SBR 工艺集反应、沉淀、排水功能于一体，污染物的降解在时间上是一个推流过程。而微生物则处于好氧、缺氧、厌氧周期性变化之中，从而达到对污染物去除作用，同时还具有较好的脱氮、除磷功能。喷淋泵，通过喷淋可以消除部分泡沫。滗水器按照设定程序运行，清水自流入 SBR 产水池。底部和剩余污泥经过排泥泵进入污泥池。

SBR 产水池经过产水提升泵进入 A/O 池，A/O 工艺将前段缺氧段和后段好氧段串联在一起，A 段 DO 不大于 0.2mg/L，O 段 DO＝2～4mg/L。在缺氧段异养菌将污水中的淀粉、纤维、碳水化合物等悬浮污染物和可溶性有机物水解为有机酸，使大分子有机物分解为小分子有机物，不溶性的有机物转化成可溶性有机物。当这些经缺氧水解的产物进入好氧池进行好氧处理，即在充足供氧条件下，自养菌的硝化作将 NH_3-N（NH_4^+）氧化为 NO_3^-，通过回流控制返回至 A 池，在缺氧条件下，异养菌的反硝化作用将 NO_3^- 还原为分子态氮（N_2）完成 C、N、O 在生态中的循环，实现污水无害化处理。好氧区的部分混合液中带入的 NO_3-N 还原为 N_2 释放至空气，达到脱氮的目的。在好氧区中，有机物被微生物生化降解，氨氮被消化成 NO_3-N。同时聚磷菌进行磷的超量吸收，在排除剩余污泥的过程中被除去，完成生物除磷。

A/O池产水靠重力进入二沉池，经过沉降后，剩余污泥经过剩余污泥泵泵入污泥池。产水进入混凝反应池，同时在混凝反应池中补充烧碱，调节pH值，添加水处理药剂PFS、PAM、硫酸亚铁、氧化剂（双氧水和次氯酸钠），进一步降低COD、SS。下部的污泥经过混凝沉淀排泥泵泵入污泥池，产水靠重力流入中间水池（V-5403），中间水池产水经过中间水池提升泵进入多介质过滤器。

（4）深度处理工序

多介质过滤器产水进入臭氧氧化池，臭氧经过曝气盘进去到臭氧氧化池。臭氧氧化池是针对污水中含有难于降解、难于氧化、一般水处理方法不能奏效的情况下而设计的，适用于处理难生物降解或一般化学氧化难以奏效的有机废水，对有机物色度、臭味、浊度都有很好的去除效果，而且可以大大提高出水的可生化性，有利于后续的二级生化处理。

臭氧氧化出水靠重力进入曝气生物滤池（简称BAF），具有去除SS、COD_{Cr}、BOD、硝化反硝化、脱氮除磷的作用。BAF滤池是通过基于滤料层上附着的生物膜对水中污染物进行去除，属于生物膜法处理的一种。其基本原理为：在滤池中装填一定量粒径较小的颗粒状滤料，滤料表面附着生长生物膜，滤池内部曝气。污水流经时，污染物、溶解氧及其他物质首先经过液相扩散到生物膜表面及内部，利用滤料上高浓度生物膜的强氧化降解能力对污水进行快速净化，此为生物氧化降解过程；同时，因污水流经，滤料呈压实状态，利用滤料粒径较小的特点及生物膜的生物絮凝作用，截留污水中的大量悬浮物，且保证脱落的生物膜不会随水漂出，此为截留作用；运行一定时间后，因水头损失的增加，需对滤池进行反冲洗，以释放截留的悬浮物并更新生物膜，此为反冲洗过程。在生物载体滤料上，可以发生有机物的代谢过程，还可以将生物转化过程产生的剩余污泥和进水带入的悬浮物进一步截流在滤床内，起到生物过滤的作用。

BAF产水靠重力进入快滤池，经过过滤后，快滤池产水进入清水池，经过清水提升泵进入回用系统。

9.3.3.3 主要技术经济指标（见表9-23）

表9-23 有机废水处理站主要经济技术指标

装置名称	数值及单位	备注
生产规模		
有机废水处理站	$60m^3/h$	
主要原料及规格		
有机废水	$45m^3/h$	
零星排污	$15m^3/h$	

装置名称	数值及单位	备注
产品规格		
净化水	58.68m³/h	GB16171-2012
其中		
氨氮	25mg/L	
化学需氧量 COD$_{Cr}$	150mg/L	
挥发酚	0.30mg/L	
轻油和重油	0.2t/h	DB61/T385-2006
酚油	0.52t/h	DB61/T385-2006
氨气	0.22t/h	
酸性气	0.38t/h	
消耗指标		
用电量	1120×10⁴kW·h/a	
新鲜水		间歇
蒸汽	17.2×10⁴t/a	
氮气(标况)	80×10⁴m³/a	
普通压缩空气(标况)	104×10⁴m³/a	
净压缩空气(标况)	156×10⁴m³/a	
主要工艺设备		
脱酸脱氨塔	1套	
萃取塔	1套	
酚塔	1套	
水塔	1套	
生化处理系统	1套	
"三废"排放		
酸性气	3016t/a	至热电厂脱硫脱硝
氨气	1755.2t/a	至热电厂脱硫脱硝
焦油渣	～2t/a	交有资质单位处理
生化污泥	1666.7t/a	掺煤燃烧和交有资质单位处理
装置能耗	(按吨有机污水)	
折标煤(酚氨除油)	1.58kgce/t	
折标煤(生化)	1.39kgce/t	
装置区占地面积	10261m²	
装置总定员(人)(酚氨除油)	10	
装置总定员(人)(生化)	9	

9.3.4 酚氨回收+生化处理+深度处理+中水回用技术

2017 年 11 月 6 日上午，新疆天雨煤化集团有限公司 500 万吨/年煤分质清洁高效综合利用项目及辅助工程开工仪式在托克逊县伊拉湖循环经济产业园区内举行。

天雨煤化工项目建设规模及主要建设内容：一期为 120 万吨/年半焦、30 万吨/年煤焦油加氢装置及相关配套工程；二期为 150 万吨/年半焦及相关配套工程，形成原煤-提质煤-煤焦油-焦炉煤气-制氢-煤焦油加氢一体化综合利用的循环经济产业。项目于 2018 年建成投产。

该项目的废水处理由中国科学院过程工程研究所、北京赛科康仑环保科技有限公司和盛大环境工程有限公司承担，并于 2020 年建成运行。

在生产实践的基础上，经进一步研究和完善，中国科学院工程过程研究所等三个单位，在保证整个处理系统能够长期稳定运行的前提下，提出了兰炭废水处理的工艺过程。

废水处理一期系统（包括酚氨回收＋生化处理单元）：

① 酚氨回收：破乳后重力沉降＋药剂除油＋脱酸蒸氨＋萃取脱酚工艺；

② 生化处理：厌氧＋缺氧＋好氧＋高效混凝沉淀工艺。

废水处理二期系统（包括深度处理＋中水回用处理单元）：

③ 深度处理：多介质过滤＋臭氧催化氧化工艺；

④ 中水回用：MBR＋超滤＋反渗透＋浓水催化工艺。

9.3.4.1 兰炭废水水质和处理目标

（1）废水水质

根据取样分析，兰炭废水的水质指标如表 9-24 所示。

表 9-24　兰炭废水的水　　　　　　　　　　单位：mg/L

序号	名称	数值
1	COD	50000
2	挥发酚	6000～8000
3	BOD	8000
4	石油类	1500
5	氨氮	4500
6	SS	500
7	pH 值	8～9

（2）处理目标

整个废水处理系统按照二期进行设计，其中一期废水处理系统处理出水考虑用于熄焦，按照间接排放标准进行设计。一期废水处理系统主要包括：酚氨回收单元与生化处理单元。其中酚氨回收单元处理出水水质见表 9-25。生化深度处理单元处理出水指标遵循国标《炼焦化学工业污染物排放标准》（GB 16171—2012）中间接排放限值要求，具体限值要求见 9-26。

表 9-25　酚氨回收单元处理后水质　　　　　　　单位：mg/L

序号	名称	数值
1	COD	3500
2	氨氮	≤150
3	挥发酚	≤100
4	石油类	≤100
5	pH 值	6～9

表 9-26　污染物排放限值　　　　　　　　　　单位：mg/L

序号	名称	数值
1	pH 值	6～9
2	SS	70
3	COD_{Cr}	150
4	氨氮	25
5	挥发酚	0.50
6	氰化物	0.20

　　二期处理系统为中水回用系统，通过中水回用处理回收部分淡水，降低外排废水水量，最终产生的外排浓水水量≤30m³/h，外排浓水全部用于企业内部熄焦。外排浓水水质达到国标《炼焦化学工业污染物排放标准》（GB 16171—2012）中相关熄焦或高炉冲渣的水质指标。浓水具体限值要求如表 9-27 所示。

表 9-27　二期处理系统浓水排放限值　　　　　单位：mg/L

序号	名称	数值
1	pH 值	6～9
2	SS	70
3	COD_{Cr}	<150
4	氨氮	<25
5	挥发酚	0.50
6	氰化物	0.20

9.3.4.2　一期废水处理系统

　　一期废水处理系统具体包括酚氨回收处理单元、生化处理单元，酚氨回收单元工艺过程如图 9-16 所示。

　　经过酚氨回收处理后的废水进入生化处理单元，其主要工艺过程如图 9-17 所示。

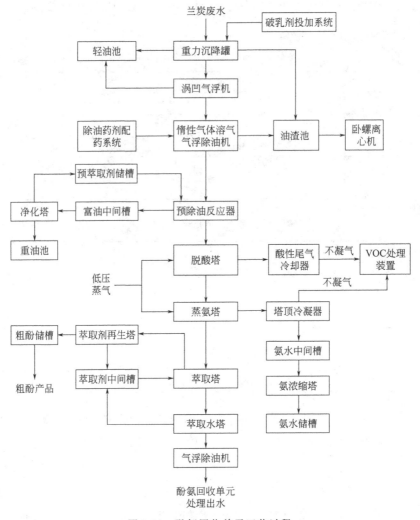

图 9-16　酚氨回收单元工艺过程

（1）酚氨回收单元

酚氨废水首先通过泵加入破乳剂，进入重力沉降罐，废水乳化油破乳后，通过重力沉降脱除废水中的大量悬浮物、重油和部分轻油。随后废水进入涡凹气浮机，通过除油药剂脱除水中残留的油污。从涡凹气浮机出来的废水进入溶气气浮除油机，在药剂和惰性气体（N₂）的作用下，深度脱除废水中的悬浮物、胶质污染物，改善废水的乳化情况。脱油后的废水进入预除油反应器，脱除废水中的焦粉、胶质和轻组分有油污类有机物。经过预除油反应器处理后的废水进入后续的脱酸、蒸氨塔，回收废水中的氨氮并制备成 20% 的氨水外售。经过脱酸蒸氨处理后废水进入萃取塔完成脱酚，脱酚后的富酚有机相进入萃取剂再生系统，通过精馏再生完成萃取剂的循环，获得粗酚产品。从萃取塔出来的废水通过水塔净化，回收废水中溶解的萃取剂，并完成处理送入后续的气浮除油机，通过投加络合脱稳药剂，与极性有机物作用降低其极性通过药剂作用脱除废水中残留的腐殖质、油类等有机污染物，从气浮除油机出来的废水进入生化调节池。

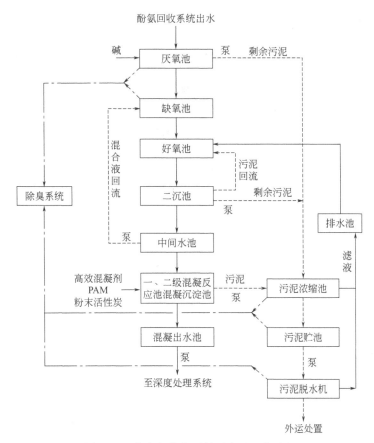

图 9-17　废水生化处理单元主要工艺过程

（2）生化处理单元

生化调节池的废水通过水泵进入厌氧-缺氧池。废水在厌氧池部分通过水解酸化提高废水的可生化性能，在缺氧池部分通过和回流硝化液在缺氧配水渠中混合后，发生反硝化反应进行脱氮，硝态氮变为氮气，有机物作为电子供体得到去除；同时通过反硝化强化，一部分难降解有机物在硝酸盐氧化下转化为相对容易降解的有机物。

厌氧-缺氧池出水进入好氧反应池（活性污泥）后，在好氧异养菌作用下，发生碳氧化反应和硝化反应。出水经过二沉池泥水分离，上清液一部分回流至缺氧提升井，一部分进入后续混凝混合池。好氧池需要补碱，以维持正常的 pH。另外由于废水中磷元素缺乏，因此根据需要向厌氧-缺氧池和好氧池补充磷源。

从二沉池出来的废水进入一级混凝反应池，在一级混凝反应中投加高效混凝剂和助凝剂，将废水残余难降解的水溶性有机物极性和溶解度降低，通过与混凝剂和助凝剂的反应，脱除废水中的悬浮物、污泥颗粒、色度和 COD。混凝反应后的废水进入二级混凝反应池，根据废水水质投加粉末活性炭，深度脱除废水中的有机污染物，确保处理后的废水满足处理要求。从二级混凝反应池出来的废水进入混凝沉淀池完成泥水分离，实现废水的固液分离。分离的上清液进入混凝出水池，污泥送入污泥浓缩池并随后进入污泥脱水车间。

9.3.4.3　二期废水处理系统

生化处理系统出水进入深度和中水回用单元，其工艺过程如图 9-18 所示。

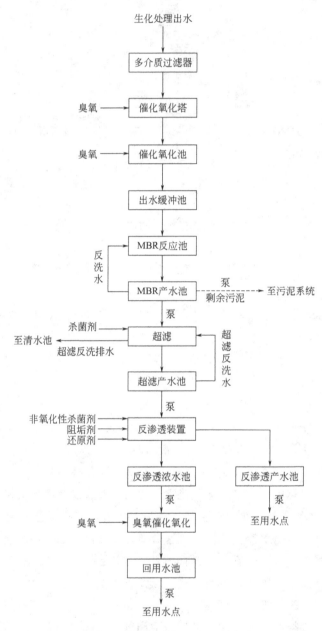

图 9-18　深度处理＋中水回用工艺过程

混凝出水池废水经过泵提升进入多介质过滤器，使悬浮物浓度进一步降低，同时为后续催化氧化起到保安作用。然后依次进入催化氧化塔和催化氧化池中，在催化剂的作用下，通过两级臭氧催化反应，将废水中无法生物降解的有机物用氧化剂氧化成容易生物降解的小分子有机物或部分矿化。催化氧化塔和催化池采用中国科学院过程工程研究所研发的专利臭氧高级氧化技术。在催化剂和臭氧的多相作用下，废水中无法通过生物降解的有机物被降解为小分子或直接矿化，废水得到净化。

催化氧化池出来的废水经缓冲池提升进入 MBR 反应池，在 MBR 反应池内，通过生物代谢，脱除废水中残留的 BOD，进一步降低 COD。并将废水中的悬浮物进行过滤。

MBR 反应池产水进入 MBR 产水池，经泵提升后通过超滤装置，进一步降低悬浮物、细菌及浊度，以保证后续除盐系统稳定运行。超滤装置出水进入超滤产水池，经过反渗透增压泵和高压泵提升后进入反渗透装置脱盐，反渗透产水达到回用标准后输送至用水点；反渗透浓水收集后提升到浓水催化氧化单元，进一步深度脱除 COD、氨氮等污染物，最后处理达标的浓水送入工厂的用水点。

9.3.5 预处理+生化处理+深度处理+中水回用+浓水处理技术

9.3.5.1 项目概况

2017 年 4 月 13 日，新疆广汇煤炭清洁炼化有限责任公司 3000 万吨/年煤炭分级提质综合利用项目的一期工程 1000 万吨/年块煤干馏装置Ⅲ系列炭化炉正式点火，整套装置进入投料试生产阶段。

新疆广汇 3000 万吨/年煤炭分级提质综合利用项目分为两期工程建设，一期工程包括 1000 万吨/年块煤干馏装置、13.5 万 m³/h 荒煤气制氢装置、160 万吨/年粗芳烃加氢装置联合装置（含提酚装置）及相关配套工程；二期工程包括 2000 万吨/年粉煤干馏装置、12 万 m³/h 干馏气制氢装置（含 LNG 装置）、160 万吨/年粗芳烃加氢装置联合装置（含提酚装置）及相关配套工程。

新疆广汇煤炭清洁炼化公司兰炭废水处理系统由北京新源国能科技集团股份有限公司承建并负责运营，时至 2017 年 6 月下旬建成投产，在运营部领导的带领下通过各方人员努力不断地进行调试，经过两个月的试运行，最终酚氨回收及水处理出水的各项处理指标达到国家《污水综合排放标准》中一级排放标准、《炼焦化学工业污染物排放标准》GB 16171—2012 中直接排放标准。

2021 年 1 月公开发布了新疆广汇煤炭清洁炼化有限公司污水装置扩容减项目环境影响报告书，在此对其现有工程（一期工程）废水处理概况作以叙述。

现有工程废水污染源主要为块煤干馏净化鼓冷工段产生的剩余氨水、含油生产污水、生活污水以及热力站、循环水站、原水处理站和其他生产设施产生的清净下水等，废水排放情况见表 9-28。

表 9-28 现有工程废水排放情况

系统	污染源	排水量/(t/h)	污染因子	处理措施	排放情况
块煤干馏净化鼓冷	剩余氨水	296	COD_{Cr}、NH_3-N、挥发酚	进入厂区内污水处理站集中处理	进入污水处理站的废水总量454t/h，采用一段预处理＋二段生化处理＋三段深度处理的处理工艺，处理后的废水（424.4t/h）回用于厂区绿化、循环水系统及其他。经深度处理后的高浓盐水（29.6t/h）送往清洁浓盐水防渗贮存池
	脱硫废液	4	盐类、硫化物		
储运及至火炬、硫回收	含油废水	2.72	COD_{Cr}、BOD_5、SS、油类		
压缩	压缩机冷凝液	15	油类、硫化物、挥发酚、氰化物、COD、氨氮		
洗氨	洗氨排放液	12	油类、挥发酚、氰化物、COD、氨氮		
变换	变换冷凝液	15	COD、硫化物、氨氮		
脱酚塔	含酚废水	7	酚、氨氮、COD		
减压塔	塔底废水	8	COD、石油类、氨氮		
汽提塔	酸性水	4	COD、硫化物、氨氮		
办公生活	生活污水	7.85	COD_{Cr}、BOD_5、SS、NH_3-N		
其他废水	动力站废水	13.98	COD_{Cr}、BOD_5、SS、NH_3-N		
	循环站废水	33.25	COD_{Cr}、BOD_5、SS、NH_3-N		
	原水处理站、脱盐水站废水	35	COD_{Cr}、BOD_5、SS、NH_3-N		
合计		454			

根据验收监测，污水站出水口水质达标。根据验收监测数据并与建设单位核对，现有污水站排污情况及废水中各污染物排放量详见表 9-29 和表 9-30。

表 9-29 现有污水站排污情况

类型	序号	废水类别	产生量	处理/处置措施	最终排放量	备注
废水	1	回用水	424.4t/h	回用于厂区绿化、循环水系统及其他	0	
	2	高浓盐水	29.6t/h	送往清洁浓盐水防渗贮存池自然蒸发	0	
固废	1	生化污泥	1037t/a	脱水后污泥送广汇新能源公司动力站协同处理	0	
	2	隔油浮渣	200t/a	随生化污泥一同处置	0	目前处置方式不符合环保要求，需采取以新带老措施进行整改
	3	清洁浓盐水防渗贮存池盐泥	800t/a	10年一清，目前仅运行3年，待10年清理期交由有资质的单位处置	0	

表 9-30　现有污水站废水中各污染物排放量

废水类别		SS	COD$_{Cr}$	BOD$_5$	氨氮	总氮	总磷	硫化物	石油类
回用水 424.4t/h	浓度 /(mg/L)	26	—	—	1.39	—	—	<0.005	0.07
	量/(t/a)	88.275	—	—	4.719	—	—	0.017	0.238
高浓盐水 29.6t/h	浓度 /(mg/L)	32	44	16	0.859	9.20	0.110	<0.005	<0.06
	量/(t/a)	7.578	10.419	3.789	0.203	2.179	0.026	0.001	0.014
合计/(t/a)		95.853	10.419	3.789	4.923	2.179	0.026	0.018	0.252

9.3.5.2　污水处理工艺过程

现有污水站设计处理能力为 460m³/h，采用"预处理→一次生化处理→二次氧化处理→二次生化处理→深度处理→中水回用处理→浓水处理"的综合污水处理工艺。现有污水站共分五段：预处理段、酚氨回收段、生化处理段、深度处理段、浓盐水处理段。

（1）预处理段（见图 9-19）

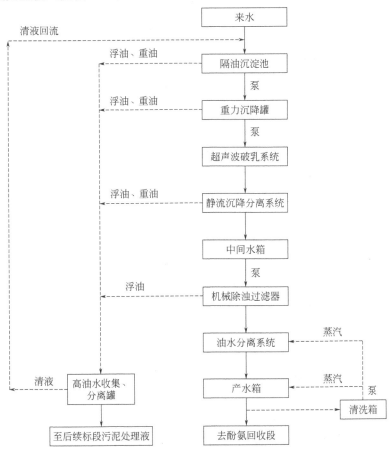

图 9-19　预处理段工艺过程

主要提取废水中的油类物质,降低废水处理的难度,便于后续的生化处理。预处理单元主要对含油污水进行除油,回收废水中的浮油和重油。包括重力罐中罐除油、机械除浊、油水分离等。

(2) 酚氨回收段 (见图 9-20)

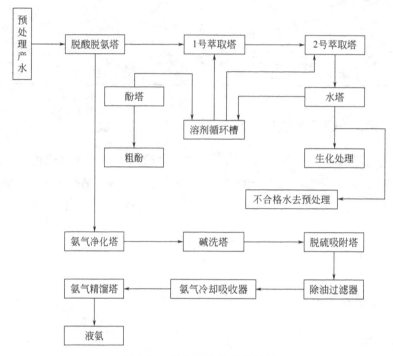

图 9-20 酚氨回收段工艺过程

预处理送来的原料水分成两路进入脱酸脱氨塔,在脱酸脱氨塔加碱将水中的固定氨转化为游离氨,通过蒸汽升温将氨气、酸性气体脱出,氨气从底部进入后续氨气净化塔洗涤脱除酸性气。脱酸后的氨气进入碱洗塔可进一步除去酸性气和酚类物质。较高纯度的氨气从碱洗塔出来经介质过滤器除油后进入氨气冷却吸收器被除盐水吸收制成15%~25%的氨水,稀氨水最终制成液氨。汽提塔塔釜出水冷却至 65℃ 左右进入萃取塔,酚水与从溶剂循环槽送来的溶剂在萃取塔中逆流萃取,上层萃取相溢流进萃取物槽,萃取物自槽中由酚塔进料泵送至酚塔中进行精馏分离,其中溶剂作为轻组分从塔顶采出,经酚塔塔顶冷凝器冷却后进入溶剂循环槽中,粗酚作为重组分从塔底采出;下层水相经水塔回流至水塔中进行汽提,脱溶剂后的稀酚水进入生化段。

(3) 生化处理段 (见图 9-21)

生化处理工艺采用水解酸化及专利技术——P-MBR。通过 P-MBR 缺氧池、好氧池,去除大部分有机物及氨氮。

经预处理后的污水能够满足进入生化处理单元的进水水质要求,同时有机污染物质也能得到部分去除,污水进入水解酸化池在水解酸化池内发生水解酸化反应,将不溶性有机物水解为溶解性有机物,难生物降解的大分子物质转化为易生物降解的小分子物质。水解酸化池出水依次自流进入水解酸化沉淀池、缺氧池、好氧池,废水中的有机物和氨氮在好氧段经好氧硝化反应转化为硝态氮并回流到缺氧段，其中的反硝化细菌对硝态氮和污水中的有机碳进行反硝化反应，使化合氮变为气态氮释放，同时去除 COD 和氨氮。出水进入二沉池进行泥水分离，二沉池出水进入生化段深度处理单元。污泥处理：污泥浓缩接收生化段及二沉池产生的生化剩余污泥及深度生化段高密度沉淀池产生的污泥、沉渣经过浓缩池浓缩之后，上清液回至调节池，浓缩污泥经污泥输送泵送至污泥脱水机进行脱水处理，脱水污泥运送至广汇新能源公司动力站协同处理。

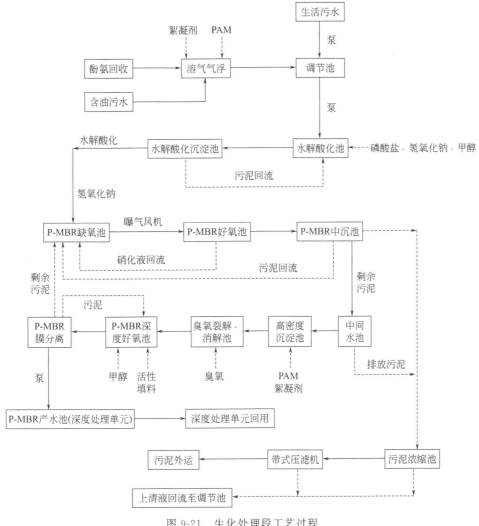

图 9-21　生化处理段工艺过程

（4）深度处理段（见图 9-22）

污水处理深度段的主要任务是把生化处理段产水、生产废水及化学水浓盐水进行深度处理，投加活性填料，利用专有细菌，通过活性污泥的生物代谢及活性填料的吸附作用进一步去除水中残留的难降解有机物及氨氮，使产水指标达到公司生产用水标准，输送生产车间回用。该处理段分两个系列，一系列为处理生化段 P-MBR 膜池产水，二系列为处理生产废水及化学水浓盐水。

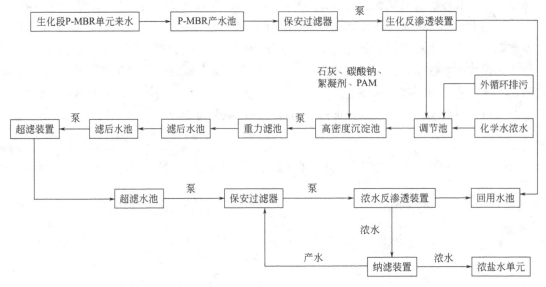

图 9-22　深度处理段工艺过程

（5）浓盐水处理段（见图 9-23）

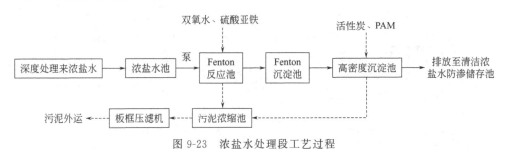

图 9-23　浓盐水处理段工艺过程

深度处理来浓盐水进入浓盐水池，通过提升泵提升进入 Fenton 反应池，重力自流依次进入 Fenton 沉淀池、高密池、活性炭高密池，高密池污泥进入污泥浓缩池，浓缩污泥通过泵提升进入板框压滤机压滤，污泥外运。处理后的浓盐水排入清洁浓盐水防渗储存池。

周秋成在现场取样的检测结果见表 9-31。

表 9-31　兰炭废水取样检测结果　　　　　　　　　　单位：mg/L

序号	项目	兰炭废水原水	生化进水	生化出水
1	化学需氧量	3.60×10^4	5780	863
2	氨氮	3763	270	385
3	石油类	2.46	1.53	1.38
4	挥发酚	5181	395	929

从表 9-31 数据可以看出，该兰炭废水 COD 低于神木兰炭废水 COD，且油含量较少，究其原因与煤质有关；氨氮含量比神木兰炭废水较高；挥发酚含量与神木基本相同。

参考文献

[1] 马宝岐，周秋成.我国兰炭产业发展现状 [R].2021-09-10.

[2] 张相严，马宝岐，周秋成，等.榆林兰炭产业升级版的研究 [M].西安：西北大学出版社，2017.

[3] 姚珏.催化湿式过氧化氢氧化法处理兰炭废水的研究 [D].西安：西北大学，2013.

[4] 张智芳，高雯雯，陈碧.气相色谱-质谱法测定兰炭废水中有机污染物 [J].理化检验（化学分册），2014，50（1）：122-125.

[5] 尚建选.低阶煤分质利用 [M].北京：化学工业出版社，2021.

[6] 赵玉良，吕江，谢凡，等.煤热解废水的气浮除油技术 [J].煤炭加工与综合利用，2019（3）：68-72.

[7] 吕永涛，王磊，陈祯，等.Fenton 氧化-吹脱法预处理兰炭废水的研究 [J].工业水处理，2010，30（11）：56-58.

[8] 崔崇，马庆元，张薇，等.吹脱法对半焦废水预处理研究 [J].绿色科技，2012，3（3）：161-163.

[9] 何斌，王亚娥.蒸氨-脱酚-SBR 处理兰炭废水的研究 [J].广东化工，2009，36（12）：140-141.

[10] 郝亚龙，吕永涛，王磊，等.半焦生产高浓度难降解有机废水处理技术工艺试验研究 [J].广东化工，2012，44（4）：558-562.

[11] 童三明，刘永军，杨义普，等.兰炭废水中氨氮去除效果现场试验研究 [J].工业水处理，2014，34（11）：48-50.

[12] 安路阳，刘睿，王钟欧，等.含酚废水离心萃取脱酚技术研究 [J].环境工程，2016，34（S1）：62-65.

[13] 张瑾，戴猷元.络合萃取技术及其应用 [J].现代化工，2000，20（2）：19-22.

[14] 段婧琦，刘永军，周璐，等.一种污泥活性炭的制备及其在兰炭废水处理中的应用 [J].环境工程学报，2016，10（11）：6337-6342.

[15] 张立涛，王磊，安路阳，等.树脂吸附预处理兰炭废水 [J].煤炭加工与综合利用，2016（8）：42-48.

[16] 刘羽，刘永军，侯思宇，等.兰炭废水深度处理效果及污染物去除特性研究 [J].工业用水及废水，2017，48（4）：23-27.

[17] 苏志强.兰炭高浓度污水处理中水回用工艺流程实验研究 [J].神华科技，2017，15（2）：87-90.

[18] 毕可军，张庆，王瑞，等.兰炭生产废水资源化利用技术探析 [J].中氮肥，2016（5）：72-74.

[19] 周秋成.我国兰炭废水处理技术工艺的调研报告 [R].2021-06-10.

[20] 李若征，张旭辉.北京国电富通兰炭废水处理技术工艺 [R].2021-09-15.

[21] 安路阳，李超，孟庆锐，等.半焦废水资源化回收及深度处理技术 [J].煤炭加工与综合利用，2014（10）：42-46.

[22] 陕西正盛环境检测有限公司.陕西恒源投资集团焦化有限公司兰炭升级改造示范项目竣工环境保护验收监测报告 [R].2019-12.

[23] 新疆化工设计研究院有限责任公司.新疆广汇煤炭清洁炼化有限责任公司污水装置扩容减排项目环境影响报告书 [R].2021-08-10.

10

煤制二甲醚废水处理技术

10.1
概述

二甲醚，又称甲醚，简称 DME，是一种无色可燃气体，可压缩液化。虽然用量非常有限，但是，它的用途非常广泛，它可以作为气雾剂的推进剂，也可广泛用于精细化学品的合成、制药、燃料、农药化学工业等。据有关资料统计，目前国内二甲醚约 93％被用于替代液化气，约 5％用于车用燃料，仅有 2％用于生产制冷剂等其他工业用途产品。二甲醚一直都没有被大规模地工业化生产，更没有形成比较有影响的煤制二甲醚产业。

随着石油价格的攀升，以及大规模低成本二甲醚生产工艺的日趋成熟，二甲醚作为新型能源的替代优势日趋明显，其在民用燃料和替代柴油方面的优势巨大。另外二甲醚作为城市燃气的应用，近些年来逐步被人们所关注。《城镇燃气二甲醚》国家标准于 2011 年 7 月 1 日起正式实施，使得常年"身份"缺失的二甲醚终于拥有了城镇燃气市场的"准入证"，迎来历史性发展机遇。《车用燃料用二甲醚》国家标准已于 2011 年 6 月获得批准，自 2011 年 11 月 1 日起实施，二甲醚有望替代柴油进军车用燃料市场。为了推动二甲醚的应用，多年来广东、山东等制定和发布了《液化石油气二甲醚混合燃气》和《液化石油气二甲醚混合燃气钢瓶》的地方标准。

截至 2020 年 12 月底，全国共有二甲醚生产厂家 50 多家，总产能约 1500 万吨/年，各地生产企业开工率均衡不一。其中，西北地区占比 16.60％，西南地区占比 14.50％，华北地区占比 16.50％，华中地区占比 29.30％，华东地区占比 23.10％。主要原因是国内液化气市场持续低迷，各地液化气价格接连走低，气醚之间的价差也逐渐缩小至几百元甚至在个别地区一度出现倒挂现象。大量三级站考虑到经营成本，纷纷开始弃用二甲醚，二甲醚需求量大幅缩减。虽然二甲醚被贴上了"21世纪最具发展前景的替代清洁能源"的标签，但由于煤制二甲醚成本价格相差甚多，早在2013年国务院下发《关于深入开展餐饮场所燃气安全专项治理的通知》，明确规定严禁在液化石油气瓶中掺混二甲醚，给二甲醚产业的发展造成了巨大冲击，市场销路也逐渐缩减，供需严重不平衡。目前我国的煤制二甲醚生产企业生产负荷较低、销售量大幅下滑，企业生存难以为继，二甲醚生产企业常年来要盯着液化气价格的变化，部分企业已无力承受成本压力，纷纷选择减产、停产或者转行。虽然煤制二甲醚装置产能缩减程度较大，但二甲醚的用途持续单一，已成为二甲醚发展道路上的绊脚石。煤制二甲醚的发展前景不容乐观，压力巨大。

10.1.1 煤制二甲醚工艺简介

二甲醚的合成方法主要包括：二步法、一步法和 CO_2 制备法。二步法是由合成气合成甲醇，然后再脱水制取二甲醚。一步法是指由原料气一次合成二甲醚。此外 CO_2 加氢直接合成二甲醚法已得到开发研究，目前还处于探索研究阶段。

（1）二步法

二步法是先由合成气合成甲醇，然后甲醇在固体酸催化剂下发生非均相反应脱水生成二甲醚。该技术多采用含 $\gamma\text{-}Al_2O_3/SiO_2$ 制成分子筛作为脱水催化剂，反应温度在 $280\sim340℃$，压力控制在 $0.5\sim0.8MPa$。该技术甲醇的单程转化率在 $70\%\sim80\%$ 之间，二甲醚的选择性大于 98%。二步法二甲醚生产的工艺流程简单、规模大、易操控、装置适应性广和后处理简单，工业生产应用广泛。但该法的流程较长，设备投资较大，需要经过甲醇合成、甲醇精馏、甲醇脱水和二甲醚精馏等多个工艺。国内外二甲醚生产的二步法合成工艺能耗均太高，生产企业比较少。鲁奇、卡萨利、日本东洋、国内的西南化工研究院等都有比较成熟的二步法二甲醚合成工业化技术，国内甲醇脱水制二甲醚装置，多采用西南化工研究院的工艺技术。甲醇脱水生成二甲醚的反应式为：

$$2CH_3OH \longrightarrow CH_3OCH_3 + H_2O, \quad -23.4kJ/mol \qquad (10\text{-}1)$$

（2）一步法

一步法由合成气直接制取二甲醚，包括合成气进入反应器内同时完成甲醇合成与甲醇脱水两个反应和水-煤气变换反应，产物为甲醇与二甲醚的混合物，混合物经蒸馏分离得二甲醚，未反应的甲醇返回反应器。

一步法多采用双功能催化剂，该催化剂一般由两类催化剂物理混合而成，其中一类为合成甲醇催化剂，如 Cu-Zn-Al(O) 基催化剂、BASFS3-85 和 ICI-512 等；另一类为甲醇脱水催化剂，如氧化铝、多孔 $SiO_2\text{-}Al_2O_3$、Y 型分子筛、ZSM-5 分子筛和丝光沸石等。国外开发的有代表性的一步法工艺有：丹麦 Topsφe 工艺、美国 Air Products 工艺和日本 NKK 工艺。

合成气一步法制二甲醚可分为气相一步法和液相一步法两类。气相一步法是一种固定床生产方式，合成气在固体催化剂表面上进行反应生成二甲醚。液相一步法工艺采用的是浆态床将复合催化剂磨细悬浮于惰性介质溶液中，合成气首先溶解于惰性介质溶液，然后通过扩散作用与催化剂颗粒接触，发生甲醇合成与脱水的反应生产二甲醚，因此反应是在气、液、固三相中进行。由于惰性介质的存在，反应器具有良好的传热性能，反应可以在恒温下进行。

与二步法相比，一步法合成二甲醚没有甲醇合成的中间过程，其工艺流程简单、设备少、投资小、操作费用低，从而使二甲醚生产成本得到降低，经济效益得到提高。因此，一步法合成二甲醚是国内外开发的热点。但目前，一步法生产工艺还不太成熟，存在传热性能差、温度难控制、时空产率低等问题，所以目前国内还没有产业化的一步法二甲醚生产企业。合成气直接合成二甲醚的主要反应为：

$$3CO + 3H_2 \longrightarrow CH_3OCH_3 + CO_2 , 245.1kJ/mol \tag{10-2}$$

（3）CO_2 制备法

我国煤炭资源丰富，由 CO_2 制二甲醚已成为人们关注的热点。CO_2 为原料合成二甲醚的新路径在原理上是可行的。CO_2 是地球上最丰富的碳资源，占到空气组分的 $0.03\% \sim 0.04\%$，它还是一种温室气体。由于 CO_2 加氢制甲醇受到热力学平衡限制，人们开始关注 CO_2 加氢直接制二甲醚。这样就可打破了 CO_2 加氢制甲醇的热力学平衡，提了了 CO_2 的转化率。目前国内外有学者已取得一定进展。

10.1.2　废水主要来源及特征

由于一步法生产工艺还不太成熟，目前国内还没有产业化的一步法二甲醚生产企业。故在此主要阐述二步法合成甲醚生产企业的废水来源及其特征。二甲醚生产的主要废水来源如下：

① 甲醇合成装置的废水主要为汽包排污水，主要污染物为盐类，一般送至循环水系统处理回用。

② 甲醇精馏装置的废水主要为精馏废水，主要污染物为甲醇、COD、BOD 等，一般送至污水处理站处理。其污染物甲醇含量 0.2mg/L，COD 为 3000～4500mg/L，BOD 为 900～1800mg/L，氯离子为 100～280mg/L。

③ 低温甲醇洗及制冷装置的废水，主要污染物为甲醇、COD 等，排放方式为连续排放。

④ 甲醇水塔塔底水，排放方式为间歇排放，甲醇含量为 0.03mg/L，COD 为 2000～3500mg/L，BOD 为 600～1300mg/L。

⑤ 二甲醚生产装置的废水主要为精馏废水，主要污染物为甲醇、COD、BOD 等。甲醇与二甲醚含量为 0.02mg/L，COD 为 1000～2800mg/L，BOD 为 900～1800mg/L，氯离子为 100～280mg/L，其排放方式为连续排放。

⑥ 储罐、装卸区冲洗废水，COD 为 200～400mg/L，氨氮为 20～40mg/L，石油类为 10～50mg/L，排放方式为间歇排放。

⑦ 废热锅炉排污水，主要污染物为盐类，排放方式为间歇排放。

10.2
煤制二甲醚废水处理过程

10.2.1 低浓度二甲醚废水处理

低浓度废水主要来源于备煤系统栈桥等冲洗废水，汇集到煤水沉淀池内沉淀后，其清水回用于备煤系统。低浓度废水还来源于气化冷却装置废水、低温甲醇洗及制冷装置废热锅炉排污水、硫回收装置废热锅炉排污水、甲醇合成装置汽包排污水、动力站锅炉排污水等。该种水质污染物浓度较低，主要污染物为 COD、氨氮、悬浮物等。其主要污染物浓度分别为：COD 200～400mg/L，氨氮 20～40mg/L，石油类 10～50mg/L。pH 值为 7～8.5，排放方式为间歇排放。常用的处理方式主要有两种。

一种为直接采用生化和物理的方法处理，处理后达到《工业循环冷却水处理设计规范》（GB 50050—2017）再生水水质指标（见表 10-1），可以用于循环冷却水补水。该水质的主要污染指标为 COD 和浊度。处理工艺上一般多用好氧生化法与物理、化学方法相结合的方式来处理，处理后比较容易达到再生水水质要求。该方式常用的处理工艺为混凝气浮＋生化处理＋过滤或者其他相似处理工艺。例如采用水解酸化-内循环流化床-接触氧化池-斜板沉淀-生物膜反应器-多介质过滤-二氧化氯杀菌消毒的集成工艺，其工艺处理效果见表 10-2。

表 10-1 再生水用作循环冷却水水质主要参数

序号	项目	数值
1	pH 值	6.0～9.0
2	SS/(mg/L)	≤20
3	COD_{Cr}/(mg/L)	≤80
4	BOD_5/(mg/L)	≤80
5	浊度/NTU	≤10
6	油含量/(mg/L)	≤0.5

表 10-2 水质处理效果

项目	进水	出水
pH 值	6.5	6.5～6.8
SS/(mg/L)	10～30	1.2～1.8
COD/(mg/L)	850～1200	23～25

另一种处理方式为将低浓水作为高浓度水的稀释水，然后同高浓度水一起进行处理。

10.2.2 高浓度二甲醚废水处理

高浓度二甲醚废水主要包括气化酚氨回收煤气废水、净化低温甲醇洗废水、甲醇精馏废水、原水和中水排泥水、全厂事故排水及车间中水系统浓盐水和化水系统浓盐水，主要采用三级处理工艺。该工艺包括一级预处理、二级生化处理、三级深度处理。处理后的产水可回用作循环水、新鲜水和脱硫系统用水。该处理工艺可以降低水污染，提高水资源的回收利用效率。

（1）一级预处理工艺

预处理工艺主要为破乳和沉淀。高浓度煤气废水，需要加入除油剂、破乳剂进入破乳。沉淀破乳后的上清液一般进入调节池，然后再进行厌氧生物处理，进一步降低水中的 COD、油、SS 等指标。其余废水（低温甲醇洗废水、甲醇精馏废水、生活废水、事故水）一般无须进行预处理工序。

（2）二级生化处理

预处理废水和其余废水（低温甲醇洗废水、甲醇精馏废水、生活废水、事故水）混合后至水解酸化池、接触氧化池、二级氧化池、二沉池，可以有效降低废水中的有机污染物、BOD，二沉池出水经混凝沉淀净化后，再进入高密度沉淀池，通过投加铁盐、纯碱、PAM 等药剂去除水中大部分硬度、碱度及盐。

（3）三级深度处理

高密度沉淀池出水采用臭氧进行脱色和提高污水可生化性。一般通过投加活性填料及污泥吸附、曝气等方法，进一步降低水中的 COD、氨氮等，然后进入超滤水池。超滤产水进入一级反渗透单元进行除盐处理，所产除盐水进入除盐水池，所产浓盐水进入一级浓水池，其中一部分外排，另一部分经一级提升泵进入钠床，通过钠床去除水中硬度后，流入除碳器及软化水箱，再由提升泵提升至浓水反渗透及纳滤系统，所产除盐水进入除盐水箱。浓盐水部分一般臭氧脱色后外排至蒸发池，或者采用蒸发设备进行零排放处理。

10.3
二甲醚生产废水处理工程实例

10.3.1 微氧+好氧+混凝沉淀+富氧生物活性炭+UV 消毒

江苏某能源公司一期工程的二甲醚产量为 30 万吨/年，生产废水为甲醇合成装置的废水，主要为汽包排污、生活污水、地面冲洗水。其汽包废水量为 $17.6m^3/h$，生活污水量为 24m³/h。设计进出水水质见表 10-3。

表 10-3 江苏某能源公司二甲醚废水处理进出水水质

项目	设计进水	设计出水		
		绿化用水	洗车用水	景观用水
pH 值	6～8	7～9	7～9	7～9
色度/度	40～110	30	15	15
SS/(mg/L)	100～300	10	10	10
浊度/NTU	40～90	10	5	5
COD/(mg/L)	1200～1600	50	15	15
BOD_5/(mg/L)	307～370	10	5	5
NH_3-N/(mg/L)	3.5～12.8	20	1	1

（1）处理工艺

废水 COD 浓度不高，但含有微生物难以降解的表面活性剂，因此首先进行微氧生物处理，提高其可生化性。微氧生物处理采用不易堵塞、比表面积大、易挂膜的弹性立体填料，可保持较高的污泥浓度，增强分解能力。采用以微氧、好氧与富氧生物处理的创新工艺，系统除污效率高且稳定。鉴于出水水质对氨氮和 COD 的要求，采用生物法与活性炭为主体的优化组合工艺，其工艺过程见图 10-1。

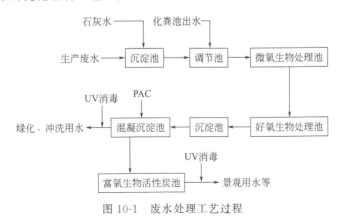

图 10-1 废水处理工艺过程

（2）主要构筑物与设备参数

① 沉淀池（60m³）。

② 调节池（160m³），进水 pH 值为 7～8，DO（溶解氧）为 0.3～0.5mg/L，停留时间为 8h。

③ 微氧生物池（300m³），为生物膜反应器。池上部悬挂弹性立体生物膜填料，池底安装微孔曝气器，在池顶采用三角堰配水。运行参数：进水 pH 值为 7～8，DO 为 0.5～1.0mg/L，停留时间为 15h。

④ 好氧生物池（250m³），采用微孔曝气器和弹性立体填料。运行参数：进水 pH 值为 7～8，DO 为 2～4mg/L，停留时间 12.5h。

⑤ 富氧生物活性炭池（80m³），采用微孔曝气器和一层颗粒活性炭。运行参数：进水 pH 值为 7～9，DO 为 4～7mg/L，停留时间为 4h。反洗周期为 24h，反洗时间为 7min，反洗水量为 2m³，反洗气量为 2m³，滤速为 18m/h。

⑥ 沉淀池及混凝沉淀池，各 1 座，停留时间为 1h。采用自动加药在管道内混合，处理量为 20m³/h，停留时间为 2h，PAC 投量为 10～15mg/L。另设 UV 管道消毒反应器 2 台。

（3）运行效果

该工程项目的实际进水 COD 为 1000～1600mg/L，pH 值为 5.0～7.0，NH_3-N 为 2.1～6.7mg/L，TP 为 1.7～5.4mg/L，SS 为 100～300mg/L，色度为 40～110 度，LAS 为 0.31～1.92mg/L，各工艺单元的处理效果见表 10-4。

表 10-4 江苏某能源公司二甲醚废水各工艺单元的处理效果

项　目	进水	沉淀池	调节池	微氧生物处理池	好氧生物处理池	混凝沉淀池	富氧生物活性炭池	UV 出水
COD/(mg/L)	10681	1621	279	281	41	37	15	15
BOD_5/(mg/L)	392	383	340	68	12	9	5	4
SS/(mg/L)	185	126	81	59	67	8	5	4
浊度/NTU	55	40	120	65	32	5	3	2
色度/度	50	70	120	60	70	15	10	5

由表 10-4 可知，该水质经过沉淀后可以除去较大部分 COD，经过微氧/好氧混凝沉淀/富氧牛物活性炭/UV 消毒组合工艺处理二甲醚生产废水，处理出水各水质指标均达到回用水质要求。

该项目实施后，出水主要用作绿化用水、洗车用水、景观用水，部分用作循环冷却水补充水。该组合工艺具有有机负荷高、剩余污泥量少、能耗低的特点，且耐冲击能力强。该组合工艺同时消除了厌氧工艺启动时间长、产生臭味的问题。

10.3.2　串级自循环活性污泥法+混凝沉淀+过滤+ClO_2

张家港某二甲醚生产企业年产二甲醚 20 万吨，日排放生产废水约 300m³，主要含有低浓度的甲醇、二甲醚等有机污染物，COD 较低，仅为 300mg/L。设计了串级自循环活性污泥法＋混凝沉淀＋过滤＋ClO_2 消毒的污水处理及回用工艺，经过 2 年多的运行，废水经处理后完全回用到循环冷却水补水中。

（1）处理工艺

因废水为低浓度有机废水、水量较小，可采用自循环活性污泥法，依靠曝气的动力让污泥自身循环，省去了污泥回流泵。两个好氧池串联运行，污泥负荷低，可保证出水水质。因泥污负荷低、沉降性能好，沉淀单元采用斜管填料，提高表面负荷，减少基建投资。事故情况下，可切换独立运行，不影响生产。预处理设置了隔油池，可以降低废水中石油类物质的含量，保证生化处理的顺利进行。为了防止细菌和藻类物质的滋生繁殖，循环冷却水对 BOD_5 要求较高，设计两级串联低污泥负荷好氧生化工艺，微生物处于内源呼吸阶段，保障有机物完全降解。根据废水水质和回用目标，设计工艺过程如图 10-2 所示。

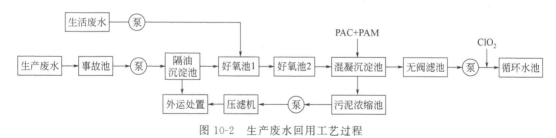

图 10-2　生产废水回用工艺过程

经过好氧生化处理后，出水 COD 低于 20mg/L，但浊度和细菌总数尚不能达到回用要求，故需要物化深度处理。深度处理采用混凝沉淀＋过滤＋ClO_2 消毒常规工艺，投资低，运行效果稳定。深度处理出水经化验合格进入循环水池，用于循环冷却水补水。

（2）主要构筑物及设备参数

① 地下事故池（3000m³）。用于调节生产废水的水质、水量。

② 隔油沉淀池（35m³）。用于预处理。

③ 自循环活性污泥池（252m³×2）。有效水深 4.2m，停留时间 10h，沉淀区表面负荷 1.5m³/(m²·h)。

④ 混凝沉淀池（62.8m³）。斜管填料孔径 50mm，混凝停留时间 0.5h，斜管沉淀区表面负荷 1.2 m³/(m²·h)。

⑤ 石英砂滤池（30.8m³）。石英砂粒径 1～2mm。

⑥ 污泥浓缩池（34.3m³）。

⑦ 板框压滤机，为自动拉板。

⑧ 复合 ClO_2 发生器，100g/h。

（3）运行效果

该项目稳定运行两年，各项排水指标达到设计目标，好氧生化出水 COD<15mg/L，系统出水 COD<10mg/L，可完全回用作循环冷却水补水。2011 年 1～10 月平均出水水质见表 10-5。

表 10-5　张家港某公司二甲醚回用水标准及平均出水水质

指标	pH 值	COD /(mg/L)	SS/(mg/L)	浊度/NTU	Cl^-/(mg/L)	NH_3-N /(mg/L)	TP/(mg/L)
回用水标准	7.0～8.5	≤30	≤10	≤5	≤250	≤5	≤1
平均出水	7.1～8.3	2.79～10.0	1.7～5.1	1～3	80～170	0.5	0.1～0.3

注：除 pH 值外，其他指标单位均为 mg/L。

工艺上采用了串联自循环活性污泥法为核心的生化工艺辅以混凝沉淀＋过滤＋

ClO_2 消毒工艺处理低浓度二甲醚生产废水,运行稳定,操作维护简单,达到了再生水水质要求。

10.3.3 改良 SBR 生化工艺

江西省某化肥煤化工企业的年产 60 万吨合成氨、52 万吨尿素、40t 二甲醚项目为改建项目,将原合成氨尿素装置进行退城入园改造,搬迁到产业集聚区,同时对原有氨醇产能进行改造合并(共 36t 氨醇合成气规模),项目建成后生产规模为 20t/a 乙二醇和 20t/a 二甲醚。该项目采用洁净煤气化技术,工艺路线采用二步法生产甲醚。

该项目污水来源:第一类为低浓度污染废水,如低温甲醇洗分离器废水等;第二类为高浓度污染废水,如气化废水、生活污水等;第三类为清净下水,如循环水站排水、脱盐水站含盐水等。项目污水处理工程包括:处理第一类污水的净水站、处理第二类污水的污水处理站、处理第三类污水脱盐水站。在此主要论述处理第二类污水的污水处理站。

(1)处理工艺

该污水处理站,处理规模为 400m³/h。实际处理量为 260m³/h。污水处理站采用改良 SBR 生化工艺。变换工序冷凝液和低温甲醇洗废水回用磨煤工段煤浆制备,气化废水、二甲醚和乙二醇生产工艺废水、设备和地面冲洗废水以及生活污水等经管网排入厂区内污水处理站处理,处理后的废水进入中水回用系统处理后回用。中水回用系统排水满足《合成氨工业水污染物排放标准》(GB 13458—2013)的新建企业间接排放标准,然后进入园区污水处理系统处理后达标排放。污水处理工艺采用的是:预处理工艺+生物高效脱氮 IMC+多介质过滤。

该污水处理站包括预处理、生化处理、污泥处理、过滤等组成。生产废水经过管架进入均质池,再经过预沉池,在预沉池中投加 PAC 和 PAM,去除气化废水的煤渣和无机灰分。沉淀池上清液进入中间水池,中间水池出水进入 IMC 进行生化处理,IMC 出水进入过滤器,过滤后的废水进入中水回用系统。

(2)主要构筑物及设备参数

① 生化污水池(288m³)。收集全厂生化污水,集水池设置机械格栅,格栅宽度 1m,间隙 3mm。

② 调节池(12m×15.85m×6.5m)。2 座,有效水深 6m。

③ 混凝澄清沉淀池。设置三级反应,有效水深 3.9m,尺寸为 11.95m×15.9m×4.5m。

④ 中间水池。中间水池主要是保证 IMC 进水的稳定,结构尺寸为 11.85m×5m×4.5m,有效水深 3.6m。

⑤ IMC 池。IMC 池分成四格,并联运行,有效容积 9000m³,单格尺寸 50m×30m×7m,运行周期 8h,反应时间 6h,沉淀 1h,滗水 1h。COD 负荷 0.2133kg COD/(kg MLSS·d),氨氮负荷 0.0342kg COD/(kg MLSS·d),污泥浓度 3500mg/L,泥龄 30d。

设置 4 台滗水器，滗水器能力为 $600m^3/h$，滗水高度为 0～1m。

⑥ 中间水池。结构尺寸 10m×5m×3.5m，有效水深 3m。

⑦ 砂滤器。处理水量为 $300m^3/h$，进水 SS 为 30mg/L，出水 SS 为 5mg/L。

⑧ 污泥间。二层，一层尺寸为 36m×13m×7m，二层尺寸为 24m×3m×7m。板框压滤机 2 台，单台过滤面积 $200m^2$。

⑨ 事故池。33m×34.85m×5.3m，2 座，一座两格，有效水深 5m。

（3）运行效果

采用 IMC 工艺，对氨氮和 COD 的处理效率高，运行效果好。COD 的处理效率达到 90％以上，氨氮的处理效率达到 95％以上，其运行处理效果见表 10-6。

表 10-6　江西某合成氨-尿素-二甲醚废水处理运行效果　　　单位：mg/L

项目	COD	氨氮	SS
进水	650～850	600	100～500
出水	40～50	1～5	5～15

参考文献

［1］　陈佩文.二甲醚生产技术及产业前景分析［J］.燃料与化工，2014，45（1）：4-5.

［2］　乔明书，徐磊，耿嘉阳.二甲醚的生产、应用及检测［J］.化学与黏合，2014，36（3）：215-217.

［3］　肖羽堂，苏雅玲，邓一荣，等.二甲醚生产废水的深度处理及回用［J］.中国给水排水，2009，25（24）：76-78.

［4］　薛耿，金辉.好氧＋物化组合工艺处理甲醇废水的工程应用研究［J］.污染防治技术，2010，23（1）：30-32.

［5］　李超伟，于振生，张宝库.低浓度二甲醚生产废水的处理与回用［J］.工业水处理，2012，32（10）：85-86，89.

［6］　李鹏.二甲醚生产中产生蜡的原因及废水处理［J］.河南化工，2009，26（7）：44-46.

［7］　李尔炀，郑晓林，史乐文.工程菌处理高纯二甲醚生产废水的研究［J］.环境科学与技术，2003，26（2）：47-48.

［8］　唐宏青.煤制二甲醚浅说［J］.化工设计通讯，2003，29（2）：47-53.

［9］　王磊，沈致龙，闫均青.某二甲醚生产废水处理改造工程实例［J］.能源科学技术，2016，3（12）：79-80.

［10］　李丽萍.探究煤制二甲醚的生产与应用［J］.科技风，2013（2）：96.

［11］　孙承林，于永辉，于波，等.一种二甲醚生产废水与回用的专用装置［P］.CN 102807299B.2014-05-07.

［12］　邱首鹏，李伟，秦志伟，等.半焦污水处理技术［J］.中国化工贸易，2021（5）：47-48.

11

煤制乙二醇废水处理技术

11.1
概述

乙二醇作为重要的化工基础原料，我国目前年产量达 1159 万吨，其中乙烯路线法产能 668 万吨，煤制路线和甲醇路线 491 万吨，占 42.4%。高质量的乙二醇需求稳步增长，产量仍不能满足市场需求。煤制乙二醇装置陆续投产，我国对煤制乙二醇生产废水处理进行了达标治理研究并工程化，实现了煤制乙二醇绿色发展。

11.1.1 煤制乙二醇工艺简介

煤制乙二醇生产技术主要分为直接合成技术、甲醇甲醛技术和草酸酯加氢合成法。

（1）直接合成技术

煤制乙二醇直接合成工艺以煤为原料制合成气，合成气在高温高压条件下，经催化剂的催化作用制取乙二醇。直接合成技术选用的催化剂，是乙二醇产率高低的关键，早期采用的钴催化剂，反应条件苛刻，产率低。目前生产用的铑和钌两类催化剂，活性优于钴催化剂，乙二醇产率明显提高。UCC 采用铑催化活性组分，以烷基膦、胺为配体，在四甘醇二甲醚溶剂中，反应压力可降至 50MPa，反应温度为 230℃，不过合成气的转化率和选择性仍偏低。

（2）甲醇甲醛技术

甲醇甲醛技术也是以煤作为主要生产原料，通过气化、变换以及净化等流程先制甲醇，进而得到乙烯，乙烯氧化产生环氧乙烷，以此促进乙二醇的合成。

甲醇甲醛技术合成乙二醇由美国 Electrosynthesis 公司开发，乙二醇的选择性和收率约为 90%，最优条件下可达到 99%。该方法反应温和，三废容易处理。生产成本比环氧乙烷水合法至少降低 20%，此法的缺点是耗电量大，合成产物乙二醇的浓度低。

（3）草酸酯加氢合成法

草酸酯加氢合成法是以煤作为主要生产原料，经过气化、变换及净化流程后，不直接生成甲醇/甲醛，分别得到一氧化碳和氢气，经过催化反应，促进草酸酯的生产，通过草酸酯与氢的反应，生成乙二醇。该工艺流程短、反应条件温和、反应选择性和转化率高、成本低。该方法是目前我国煤制乙二醇生产工艺选用最多的一种工艺，对煤制乙二醇工业化起到了至关重要的作用。

草酸酯加氢合成法，起源于美国联合石油公司。经过多年研究，1978 年日本宇部兴产公司投产一套 6000t/a 的草酸二丁酯装置，选用 Pd/C 催化剂，引入亚硝酸酯进行反应，提高了草酸酯的收率，同时减缓了设备腐蚀，实现了草酸酯加氢合成制乙二醇的工业化。之后，宇部兴产和美国 UCC 公司联合开发了常压气相合成草酸酯研究，并完成了模试。从 20 世纪 80 年代国内也开始研究 CO 催化合成草酸酯及其衍生物产品如草酸、乙二醇的研究。

11.1.2　废水主要来源及特征

草酸酯合成工艺生产乙二醇，废水的来源主要为煤的气化、变换、酯化与乙二醇精馏等环节。各生产工艺中均存在许多污染物，不同环节的废水处理方式不同。其中甲醛、甲醇、硫化物及酯化废水中的硝酸盐类均为有毒物质。

张卫帅等以某 20 万吨/年煤制乙二醇项目为例，给出了煤制乙二醇主要废水量及污染物（表 11-1）。

表 11-1　煤制乙二醇主要废水量及污染物

工段名称	废水量 /(m^3/h)	污染物组分
汽提	67	COD：1320mg/L；BOD：90mg/L；总酚：50.1mg/L；固酚：21.4mg/L；挥发酚：28.7mg/L；总氮：281mg/L；氨氮：263.2mg/L；硝酸根：0.84mg/L；硫化物：0.007mg/L；油：86.7mg/L；SO_4^{2-}：35.8mg/L；PO_4^{3-}：1.94mg/L；Cl^-：208mg/L；HCO_3^-：371mg/L；CN^-：0.017mg/L；K^+：1.18mg/L；Na^+：245mg/L；Ca^{2+}：4.7mg/L；Mg^{2+}：0.22mg/L；铁：0.94mg/L；Al^{3+}：1.48mg/L；可溶性硅：20mg/L；胶体硅：13mg/L；总盐：1020mg/L；溶解性总固体：1080mg/L
低温甲醇洗	4	COD：750mg/L；BOD：397.5mg/L；甲醇：500mg/L；CN^-：0.5mg/L；Na^+：575mg/L；OH^-：425mg/L
酯化	9	COD：38951mg/L；BOD：20644mg/L；总氮：6981mg/L；氨氮：1647mg/L；硝酸根：5333mg/L；甲醇：21700mg/L；乙醇：2000mg/L；甲酯甲酸：200mg/L；乙二醇：300mg/L；碳酸二甲酯：1300mg/L；丁二醇：50mg/L

工段名称	废水量/(m³/h)	污染物组分
加氢	0.45	COD：85.7mg/L；BOD：4.14mg/L；氨氮：2.53mg/L；硝酸根：1.88mg/L；SO_4^{2-}：1516mg/L；总盐：4230mg/L；溶解性总固体3549mg/L；碱度：1232
地面冲洗	8	COD：500mg/L；BOD：80.6mg/L；挥发酚：0.79mg/L；总氮：8.9mg/L；硫化物：2mg/L；SS：440mg/L；油：20mg/L
生活化验及其他	3.7	COD：400mg/L；BOD：200mg/L；总氮：35mg/L；SS：150mg/L；油：20mg/L

（1）气化废水及特征

煤气化废水是煤制乙二醇废水的主要来源，气化工艺的主要污染成分为：COD、BOD、氰化物、挥发酚、硫化物、氨氮、总氮。气化工艺废水因气化工艺及煤质的不同差异很大，废水的特征及处理方式亦有差别。例如：以无烟煤和焦炭为主要原料气化产生的污染明显低于以褐煤和烟煤为原料的污染；流化床和气流床的废水的污染明显小于固定床废水的污染；德士古气化对环境的污染小于鲁奇气化。因此，需根据废水的具体情况选择适合的废水处理工艺。

固定床气化废水因气化温度低，废水成分复杂，有机污染物含量高，污染程度大，具有高氨氮、高COD、高酚和高油等特点。废水含苯衍生物及酚等难降解有机物，氨氮含量高达3500～10000mg/L，COD为13500～70000mg/L。该类工艺废水处理过程复杂，处理难度大。固定床气化废水处理先利用酚氨回收装置进行酚氨回收预处理，再利用生化处理工艺去除COD、BOD及氨氮等污染物。

流化床气化废水一般含焦油10～20mg/L，COD含量为200～300mg/L，酚含量小于20mg/L，氰化物浓度小于5mg/L。流化床气化废水主要为高浓度的煤气洗涤废水，含有大量的酚氰化合物、油类及氨氮等有毒有害物质。废水中氨氮含量高，有机污染物主要为酚类和多环芳香族化合物。针对流化床废水特点，废水处理需经渣水分离系统后，再采取煤气水分离及酚氨回收等处理。

气流床气化废水中不含焦油，但氨氮含量可以达到400～2700mg/L，具有硬度大、悬浮物高等特点。由于气流床工艺温度高，碳转化率高，水质相对洁净，针对高悬浮物和高氨氮的特点，采用混凝沉淀或者闪蒸预处理措施，分别进行悬浮物、油渍的去除和脱氮处理。

煤气化工艺不同，产生的废水水质也不同，但它们的共同特征是：氨氮含量高，且含有氰化物。煤气化产生的废水水质复杂，具有一定的毒性，其中难降解的化学物质需重点去除。此外，煤质的不同也会使气化产生的废水水质不同。

（2）变换工艺废水及特征

变换工艺的废水主要来源于变换过程中的冷凝液，主要成分为氨氮，废水污染成分比较单一，处理措施也相对简单，一般利用汽提除氨后，进行后续的生化处理即可。

（3）酯化工艺废水及特征

酯化工艺废水主要污染物为 BOD、醇类、硝酸盐等。乙二醇酯化废水含盐量较高，能达到 2%～4%，成分复杂，pH 值低，COD 和 BOD 都很高，色度较深，单纯地利用一种工艺很难达到处理要求。若采用蒸发结晶进行处理，蒸汽耗能太高，经济不合理，且分盐存在困难；单独使用膜分离，因含盐量高、成分复杂，易造成膜的污堵。

酯化工艺废水的处理方式主要是膜分离和热蒸发技术组合工艺，在实际废水处理时首先进行预处理，即混凝沉淀、机械过滤、活性炭吸附进行脱盐处理，之后经过膜分离后进一步浓缩，废水经过减量、浓缩后进行热蒸发，达到废水的处理目标。

11.2
煤制乙二醇废水处理过程

煤制乙二醇废水含有多种抑制微生物生长的有毒有害物质，单一的水处理工艺不能满足达标排放要求，需将预处理、生化处理、深度处理三种工艺组合才能达到现阶段的处理目标。在实际工程中，根据不同的煤制乙二醇工艺产生的废水特点，灵活选用具体水处理工艺路线，发挥组合工艺优势。王政远对煤制乙二醇废水处理过程作了讨论。

11.2.1 预处理

煤制乙二醇工艺含煤气化、低温甲醇洗、吸附、酯化、羰化、加氢及辅助工程等工艺，各工段产生的废水量及污染物各不相同。废水具有高氨氮、高 COD 的特点，还含有 SCN⁻、CN⁻、挥发酚、醇类等难降解有机物，直接进入生化系统，高浓度的氨氮、酚类和醇类严重抑制微生物的生长，导致水处理系统崩溃，活性污泥解体死亡。所以，根据废水中污染物的物理化学特性，选用针对性的预处理工艺尤为重要，一般包含脱酚、蒸氨、除油、除杂等。

（1）脱酚工艺

脱酚工艺是利用酚在有机溶剂和水中不同的分配系数，选用异丙基醚、二异丙基醚、甲基异丁基酮等有机物作为萃取剂，对废水中的酚进行回收。经过萃取脱酚后，煤制乙二醇废水中酚类物质由 4200～7500mg/L 降至 400～600mg/L，大大降低了废水中的酚含量，达到后期生化处理的进水要求。

（2）蒸氨工艺

煤制乙二醇废水的氨氮浓度约为 2000～11000mg/L，传统活性污泥微生物的耐受浓度为 100mg/L。废水如果直接进入生化处理工艺，会严重影响微生物的活性，甚至导致微生物解体死亡。煤制乙二醇高氨氮废水，一般采用蒸汽汽提蒸氨技术，蒸汽汽提法去除挥发性氨氮化合物等易挥发物质（尤其是氨）是非常有效的。

（3）除油工艺

煤制乙二醇废水油类物质漂浮在水面上移动并隔绝空气，导致好氧微生物缺氧死亡，同时油性物质分解产生的副产物导致微生物中毒死亡；另含油过多的废水，进入曝气池后，产生的大量泡沫，影响了微生物的繁殖生长。乙二醇废水经过除油处理后，油含量降至 20～50 mg/L，保证了生化处理阶段的正常运行。

煤制乙二醇废水中除油，常用方法包括隔油法/沉淀法、气浮法和混凝沉淀法。隔油法具有工艺简单、运行费用低的特点，除油效果因油类密度相差较大。气浮法除油效果好、排渣方便，能起到预曝气的效果，但比较耗能，存在曝气口堵塞等问题。气浮系统通过气浮、投加破乳剂和混凝剂可以更有效地去除胶状油和乳化油。

（4）除杂工艺

煤制乙二醇废水中还含有煤渣、悬浮物等杂质，这些物质进入生化段后影响污泥的活性指数，以及微生物正常的代谢活动，因这类以悬浮状态存在于水中的杂质，可以通过投加氯化铝、聚合硫酸铁等混凝剂，同时运用搅拌、离心等加快反应速率，进行混凝沉淀排出系统，其能同时达到除油、除杂的目的，且消除杂质的效率高，清除彻底。

11.2.2 生化处理

煤制乙二醇废水经过脱酚、蒸氨、除油及除杂四道预处理工艺后，COD、酚类物质、氨氮等各类污染物浓度仍较高，BOD_5/COD 的比值在 0.2～0.4，生化性很差，其中难生物降解的酚类物质高达 200～1000mg/L。水中杂环类物质、氰化物、硫氰化物等有毒有害物质含量较高，降低了污泥中微生物的活性，抑制微生物生长，增加了生化处理难度。

利用微生物将废水中有毒有害的大分子降解为无毒害小分子或者易降解物质，是生化处理的核心作用。废水中的酚、氨氮、联苯等难降解有毒有害有机物大部分在生化处理阶段得到有效降解。在实际工程中，一般将好氧处理和厌氧处理两种传统生化工艺与改进后的新型生化工艺进行联合使用，高效去除 COD、酚、氨氮等有机物，最终达标排放或回用。

11.2.2.1 传统生化工艺

（1）厌氧生物处理工艺

20 世纪 60 年代以来，世界能源短缺，促使人们对厌氧生物处理进行了大量研究，结束了厌氧消化落后于好氧生物处理的历史，并广泛应用。厌氧生物处理技术是在厌氧的条件下，兼性厌氧微生物和厌氧微生物群体将有机物转化为甲烷和二氧化碳的过程。一般认为厌氧生化通过水解、酸化、产乙酸、产甲烷四个阶段，将高浓度的复杂有机物降解，厌氧微生物对毒性物质适应性好，反应速率高，经厌氧消化后，提高废水后端工艺可生化性。

上流式厌氧污泥床（UASB）处理技术，煤制乙二醇废水被均匀引入 UASB 厌氧反应器底部，污水自反应器由下而上通过含颗粒污泥或絮状污泥的污泥床，接触过程中发生厌氧反应，将废水中含有的有机物通过微生物的代谢作用直接转化为甲烷、CO_2 等排入反应器上部，碰击到三相分离器，引起附着气泡的污泥絮体脱气。气泡释放后污泥颗粒沉淀到污泥床表面，气体被收集到反应器顶部三相分离器集气室，实现气、液、固的三相分离。

（2）好氧生物处理工艺

好氧生物处理工艺在实际工程中的运用非常广泛，包括 A/O 工艺、A/A/O 工艺、SBR 工艺、MBBR 工艺以及 PACT 技术。

A/O 工艺，即厌氧＋好氧工艺，厌氧阶段将污水进一步混合，充分利用池内高效生物载体，将污水中的难降解有机物转化为可降解有机物，将大分子有机物水解为小分子有机物，提高废水的可生化性，并且通过内循环的回流作用，将好氧阶段回流过来的 NO_3^--N 和 NO_2^--N 在反硝化菌的作用下转化成 N_2，同时反硝化过程以 COD 为碳源，达到降解 COD 的目的；好氧阶段通过硝化细菌在氧充足的条件下，降解污水中的氨氮，同时也使污水中的 COD 降低至更低的水平。硝化细菌将废水中的氨氮、游离氨氧化成 NO_3^--N 和 NO_2^--N，并且将废水中的有机物氧化分解，使污水净化。A/O 工艺操作简单，应用广泛，技术成熟，但是脱氮效果差，无法对煤制乙二醇废水进行有效处理，后续的深度处理难度大。

A/A/O 工艺是在传统 A/O 工艺增加脱氮处理的厌氧池，工艺流程主要分为厌氧区、缺氧区、好氧区。出水水质稳定，近几年建设的污水处理厂中，大多选用 A/A/O 及其组合工艺。

序批式活性污泥法（SBR）工艺，是一种间歇曝气的好氧污泥法，按照序列分为进水、曝气、沉淀、排水和闲置五个阶段。废水在一个反应器内完成均化、生物降解、初沉、二沉等工序，节约建设空间。反应器内厌氧和好氧交替发生，泥龄短、活性高，脱氮除磷效果好。

煤制乙二醇废水含有高浓度酚、氨氮、氰、硫氰、杂环类等有机物，可生化性差，有毒有害物质抑制活性污泥微生物生长，生物处理效果不理想，出水水质达不到国家排放标准。为了维持高生物量浓度，在煤制乙二醇废水中运用生物膜处理技术和粉末活性炭＋生物处理技术。

MBBR 法结合了流化床和生物接触氧化法两者的处理方法，在 20 世纪 90 年代中期得到开发和应用。该方法是在曝气池中投加密度接近水的悬浮填料作为微生物的活性载体，载体依靠曝气池内的曝气和水流的提升作用处于流化状态，微生物附着在载体上，载体随混合液在反应器内回旋、移动，达到污水处理的目的。具有有机负荷高、耐冲击负荷能力强、出水稳定、运行简单等优点，同时适用于改造工程。

粉末活性炭＋生物处理技术（PACT 技术）是一种通过向曝气池内投加活性炭粉末（PAC），将活性炭吸附和生物氧化结合起来的活性污泥工艺，粉末活性炭净化曝气池活性污泥，提高有机物的去除效果。粉末活性炭的巨大表面积将不能降解的有机物吸附在表面，增加了微生物接触时间，其吸附时间相当于系统污泥的水力停留时间，接触时间长，处理效果好。

11.2.2.2 新型生化工艺

煤制乙二醇废水中含有的复杂有机物，经过简单生化处理工艺的出水，不能达到越来越严格的排放要求。随着研究的深入，如同步硝化反硝化、短程硝化反硝化工艺、厌氧氨氧化为主体的各种衍生工艺相继被开发、利用。

（1）同步硝化反硝化工艺（SND）

同步硝化反硝化工艺同传统的生物脱氮工艺相比，具有节省碳源，减少曝气量，减少设备运行费用等优点。

传统的生物脱氮理论认为：脱氮通过硝化和反硝化两个过程，将氨氮转化为氮气。硝化过程是亚硝酸菌将废水中的氨氮转化为亚硝态氮，硝酸盐菌将亚硝态氮转化为硝态氮。反硝化过程是在厌氧或缺氧的条件下，细菌将硝态氮转化为氮气。硝化和反硝化在不同的反应器内完成，或通过时间控制，在反应器内交替出现缺氧和好氧环境，分别进行硝化、反硝化，达到脱氮。近些年研究表明，硝化反应和反硝化反应可在同一反应器内同时发生，这一发现被称为同步硝化反硝化（SND）。硝化反应的产物可直接成为反硝化反应的营养源，因此，反应过程加快，水力停留时间缩短，相应的反应器容积减小。在脱氮工艺中，有机物氧化、硝化和反硝化在同一反应器内完成，既提高了脱氮的效果，又节约了曝气和混合液回流所需要的能源。另在 SND 工艺中，反硝化反应释放出的碱度可以补偿硝化反应所需的碱，使系统的 pH 值相对稳定。在反应过程中，有机物对反硝化反应提供碳源，对硝化反应也有促进作用，系统减少外加碳源。

（2）短程硝化反硝化工艺（SHARON）

荷兰 Hellinga 等在 1998 年提出了高温氨氮废水处理短程硝化反硝化工艺（SHARON）技术。该技术是将高氨氮废水在一个完全混合式反应器中处理，运行温度 35℃左右，污泥停留时间 SRT 等于水力停留时间 HRT。将亚硝酸盐氧化菌（NOB）从反应器中淘洗掉，使反应器内氨氧化菌（AOB）增长速率大于 NOB 的增长速率，通过确定合适的污泥停留时间、排出剩余污泥的方式将反应器内的 NOB 逐渐淘汰出去。

基本原理是在有氧的条件下将氨氮氧化成亚硝态氮，然后在缺氧的条件下由亚硝态氮直接转化为氮气，反应见式（11-1）和式（11-2）：

$$0.5NH_4^+ + 0.75O_2 \longrightarrow 0.5NO_2^- + H^+ + 0.5H_2O \tag{11-1}$$

$$NO_2^- + 4H^+ \longrightarrow 0.5N_2 + 2H_2O \tag{11-2}$$

SHARON 工艺与传统的脱氮工艺相比，有如下优点：

a. 硝化和反硝化在一个反应器内完成，工艺流程简化，污泥不停留，反应器体积减小，污泥处理费用减少。

b. 硝化产生的 H^+ 在反硝化过程中和，减少了中和剂的投加。

c. 硝化阶段曝气量减少了 25%，反硝化过程减少 40%碳源。

d. 反硝化率提高，反应时间短，反应器容积减少 30%～40%。

e. 污泥量减少，其中硝化过程少产泥 35%左右，反硝化过程少产泥 55%左右。

（3）厌氧氨氧化工艺（ANAMMOX）

1990 年，荷兰 Delft 大学提出的厌氧氨氧化工艺（ANAMMOX），厌氧氨氧化反应是在厌氧或缺氧的条件下，利用亚硝酸氮作为电子受体，将氨氮氧化为氮气的生物反应过程。目前，公认的是 Strous 的计量化学方程式（11-3）：

$$NH_4^+ + 1.32NO_2^- + 0.066HCO_3^- + 0.116H^+ \longrightarrow 1.025N_2 +$$

$$0.26NO_3^- + 0.066CH_2O_{0.5}N_{0.15} + 2.025H_2O \qquad (11-3)$$

厌氧氨氧化反应消耗的 NH_4^+、NO_2^- 和生成的 NO_3^- 比值为 $1:1.32:0.26$，这视为发生厌氧氨氧化反应的重要特征。与传统的硝化反硝化相比，厌氧氨氧化工艺优点如下：a. 氨可以直接作为反硝化反应的供体，不需要外加有机物作电子供体。b. 硝化法耗氧量减少 60% 左右，产酸量大幅度下降，产碱量降低为零。研究表明，厌氧氨氧化菌（AnAOB）在缺氧或厌氧环境下，以 HCO_3^- 为碳源，稳定运行最合适的碳源质量浓度为 $1.0\sim2.0g/L$。有机物含量、溶解氧浓度、温度及 pH 值均能影响 ANAMMOX 的启动及稳定运行。

（4）短程硝化＋厌氧氨氧化联用工艺（SHARON-ANAMMOX）

该工艺共有两个反应器，废水首先进入一个反应器，在有氧条件下，利用氨氧化细菌将氨氮进行部分硝化，再进入另一个反应器，利用厌氧氨氧化细菌，在缺氧的条件下，以 NH_4^+-N 为供体，将 NO_2^--N 反硝化为 N_2。通常情况下，第一步 SHARON 工艺控制部分硝化，使出水的 NH_4^+-N 与 NO_2^--N 比例为 $1:1$，作为第二步 ANAMMOX 工艺的进水。其反应见式（11-4）、式（11-5）：

$$0.5NH_4^+ + 0.75O_2 \longrightarrow 0.5NO_2^- + 0.5H_2O + H^+ \qquad (11-4)$$

$$0.5NH_4^+ + 0.5NO_2^- \longrightarrow 0.5N_2 + H_2O \qquad (11-5)$$

总的反应方程式见式（11-6）：

$$NH_4^+ + 0.75O_2 \longrightarrow 0.5N_2 + 1.5H_2O + H^+ \qquad (11-6)$$

短程硝化＋厌氧氨氧化工艺是一种完全自养的脱氮过程，与传统生物硝化反硝化工艺相比，去除 1g 氮耗氧量下降 2.7g，减少 10% 外加碳源。短程硝化和厌氧氨氧化在两个反应器内完成，为硝化细菌和反硝化细菌分别提供了更适宜的生长环境，反应器内生物浓度高，脱氮效果稳定，不易产生污泥膨胀。

（5）CANON 工艺

20 世纪末，在某些氧浓度有限（$<0.5\%$ 饱和空气）的污水处理系统中发现氨氮会以氮气的形式去除，2002 年荷兰 Delft 工业大学提出并研发了 CANON 工艺。该工艺依赖于好氧菌和厌氧氨氧化菌两种自养微生物菌群，在缺氧条件下稳定地相互作用，将 NO_2^- 作为中间产物，将 NH_4^+ 直接转化为 N_2。且产生少量的 NO_3^-，CANON 工艺的反应方程式见式（11-7）：

$$NH_3 + 0.88O_2 \longrightarrow 0.11NO_3^- + 0.445N_2 + 0.14H^+ + 1.43H_2O \qquad (11-7)$$

CANON 工艺与 SHARON 和 ANAMMOX 联合工艺相比，减少一个反应器，在同一个反应器内完成反应。CANON 工艺是亚硝酸盐的全自养生物脱氮过程，不需要加碳源。在 CANON 工艺的反应器内，氨氧化细菌和厌氧氨氧化细菌分别在生物膜的外层与内层，构成稳定的生态系统。反应器内进行微量曝气，低溶解氧的条件下，反应器内氨氧化菌、亚硝酸盐菌、厌氧氨氧化菌对溶解氧、亚硝酸氮、氨氮形成竞争，在合适的溶解氧和氨氮负荷下，才能保证 CANON 工艺成功实施。CANON 工艺有多种形式，以微生物载体分为生物膜法和活性污泥法。CANON 工艺基建和运行费用均大大减少，具有良好的发展前景。

（6）IFAS＋CANON 工艺

IFAS 工艺即活性污泥＋生物膜混合泥膜工艺，结合了活性污泥和生物膜的优势，使污水处理效果提升。在活性污泥曝气池中投加一定数量的载体填料作为微生物附着生长的载体。附着在填料上的生物膜为生长缓慢的硝化菌提供了生存环境，达到较好的硝化效果。悬浮生长的活性污泥，起到去除有机物的作用，泥龄较短，避免活性污泥因硝化时间长出现的污泥膨胀。

IFAS＋CANON 工艺是结合活性污泥＋生物膜共生和厌氧氨氧化污水处理技术，在适宜碱度条件下，NH_4^+-N 和总氮的去除率分别达到 100％和 88％，脱氮负荷在 0.25kg/($m^3 \cdot d$)，去除效果好。该法处理量大、处理效率高、出水效果稳定，且占地面积小，适应复杂的水质条件，应用范围广。

11.2.3 深度处理

废水经过预处理、生化处理后，为了达到排放标准，需将水中含有的少量有机物、氨氮、色度等不能使其达标排放的物质进一步深度处理。常用的方法有絮凝沉淀法、高级氧化法、吸附法等。

（1）絮凝沉淀法

絮凝法是指在水中加入 PAC、PAM 等絮凝剂，使难以沉淀的胶体或悬浮状污染物聚合形成较大的絮凝体，絮凝体通过吸附，体积增大而下沉，以此达到降低废水浊度、色度，除去胶体或悬浮物的目的。这种方法已有几百年应用史，具有出水稳定、工艺运行可靠、经济实用、操作简便等优点，但是对废水 pH 值要求高。

（2）高级氧化法

高级氧化技术主要是通过在废水中释放羟基自由基，来降解有机污染物。主要包含芬顿氧化、臭氧氧化、电催化氧化等。高级氧化处理成本高，部分高级氧化还易产生二次污染。

芬顿氧化起源于 19 世纪 90 年代中期，一般在 pH＜3.5 条件下，利用 Fe^{2+} 离子催化 H_2O_2，氧化成为电性且活性很高的羟基自由基，羟基自由基在水溶液中与难降解的有机物反应生成有机自由基，破坏有机物结构，达到氧化分解的目的。在化学氧化法中，芬顿氧化法在处理一些难降解有机物苯酚类、苯胺类方面显示出优越性，近年来又把紫外光、草酸盐引入芬顿氧化法，使芬顿氧化法的氧化能力提高。

臭氧催化氧化是将臭氧的强氧化性和催化剂吸附特性结合起来，将有机物降解。一般认为有机物被吸附在催化剂表面，形成具有亲核性的表面螯合物，利用臭氧或羟基自由基将有机物催化分解。臭氧催化氧化作为生化后端的深度处理，彻底降解 COD 和色度，提高出水水质，使水质达到排放或回用标准。在工程中，臭氧氧化多与其他技术联用，如臭氧＋超声波法、臭氧＋生物活性炭吸附等。

电化学催化氧化技术起源于 20 世纪 40 年代，应用范围广、降解效率高。通过阳极反应产生的羟基自由基或臭氧类的氧化剂直接降解有机物，有机物分解彻底，不产生有毒有害的中间产物，更符合环保要求。电化学催化氧化法可以作为酚类废水的深度处理技术，在优化后的 pH 值、温度和电流强度下，苯酚几乎可以达到完全分解。针对难降解、有毒有害的含酚、胺等废水，选择生成无毒害的水和二氧化碳的电催化氧化，但该技术也存在电流效率低、电耗高、电极选择性差、成本高及阳极损失等问题。

（3）吸附法

吸附法利用多孔的固体吸附剂将水样中一种或多种组分吸附于表面，达到去除水中有机物的目的。仅适用于处理量不大的低浓度废水系统。吸附法常用吸附剂有活性炭、炉渣、膨润土、大孔树脂、硅藻土、粉煤灰等。

11.3
煤制乙二醇废水处理中试研究

11.3.1 新型流化床 A/O 工艺

范景福等为了考察生物流化床缺氧/好氧（A/O）工艺处理煤制乙二醇废水的效果，利用工业污水处理装置侧线的煤气化废水和合成气制乙二醇废水的混合水在生物流化床 A/O 中试装置进行了生化处理试验。

通过试验确定了 COD 和 NH_3-N 的最佳处理条件为：pH 值为 7.0～7.5，温度为 30～35℃，好氧床停留时间（HRT）为 10～12h。此条件下，COD 由 760mg/L 降至 60mg/L，去除率为 90%；氨氮（NH_3-N）由 57mg/L 降至 8mg/L，去除率为 85%；总氮（TN）由 224mg/L 降至 50mg/L，去除率为 78%。说明该工艺对煤制乙二醇废水具有较好的处理效果。

（1）装置及流程

生物流化床 A/O 处理装置现场，侧线引出污水中试试验的工艺流程如图 11-1 所示。

工艺过程：来自侧线装置的煤气化废水和合成气制乙二醇混合废水经温控仪调整温度后，与配制好的已调整过 pH 值、营养源的药剂，同时进入一级缺氧床进行缺氧生化，去除总氮和部分有机物。反应结束后，出水由顶部进入一级好养床进行好氧反应，底部的污泥混合物回流，补充一级缺氧床活性污泥，继续进行硝化、反硝化反应。一级好氧床出水经顶部溢流进入沉降罐，进行泥水分离，底部泥水混合物回流到一级缺氧床，补充活性污泥。沉降罐顶部出水进入二级缺氧床，进行难降解有机物去除，二级缺氧床出水进入二级好氧床进行好氧生化。二级好氧床采用连续曝气，为好氧反应提供充足的溶解氧。二级好氧床出水进入二级沉降罐，经泥水分离后，上清液进入下一处理单元，底部活性污泥回流至二级缺氧床再次进行生化处理。

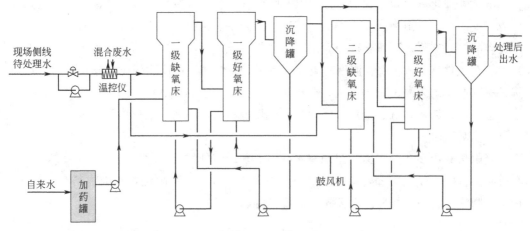

图 11-1　生物流化床 A/O 中试装置工艺流程

缺氧床内有推流器，原水和回流液在反应器内快速混合均匀，并进行生化反应。好氧床内填充 20％～40％聚乙烯拉西环填料，提高微生物浓度、活性，提高生化反应速率。

（2）废水水质

某煤化工的煤气化废水和合成气制乙二醇废水按照 10∶1 混合后，进入废水处理系统，实验过程可调节两股水混合比例。表 11-2 为各种废水水质分析数据。

表 11-2　废水水质分析数据

项目	乙二醇废水	煤气化废水	混合废水
COD/(mg/L)	8030	268	1030
pH 值	2.5	7.2	3.8
BOD/(mg/L)	4.5	83	78
温度/℃	45	28	32
氨氮/(mg/L)	7.25	62.1	58.4
NO_3^--N/(mg/L)	895	15.5	97
总氮/(mg/L)	994	84	220
1,4-二氧六环/(mg/L)	122	0.0972	12

由表 11-2 可见：乙二醇废水的 COD 较高，BOD 较低，可生化性差，其中难生化降解的 1,4-二氧六环的浓度较高，导致 COD 较高，氨氮较低，硝基氮和总氮较高，需通过反硝化过程去除总氮。煤气化废水的可生化性较好，氨氮和总氮相对较低，可直接进行生化处理。中试接种污泥来自该厂曝气生物滤池的剩余污泥。

（3）生物流化床 A/O 装置最佳参数

煤化污水经均质罐去除煤灰、悬浮物后，进入一级 A/O 实验装置进行生化处理。在缺氧床 DO＜0.5mg/L，好氧床 DO 控制在 2.0～4.5mg/L 条件下，确定温度最佳控制范围 28～40℃、pH 值最佳控制范围 7.0～7.5、水力停留时间最佳控制范围 10～12h。

（4）装置连续运行效果

A/O 装置经过连续运行十周，进水 COD 平均浓度 760mg/L，出水 COD 平均浓度为 60mg/L，平均去除率大于 90％。进水 NH_3-N 平均浓度为 57mg/L，出水平均 NH_3-N 小于 8mg/L，去除率大于 85％。进水总氮平均浓度为 250mg/L，出水总氮平均浓度低于 50mg/L，去除率达 75％。

运行期间 COD 最高达到 2000mg/L，出水不超过 100mg/L；NH_3-N 最高达到 130mg/L，出水氨氮稳定不超过 8mg/L。证明 A/O 实验装置抗 COD、NH_3-N 波动冲击能力较强。

该煤化工厂总排水水质指标执行标准《合成氨工业水污染物排放标准》（GB 13458—2013），该标准要求 COD 小于 80mg/L，TN 小于 35mg/L，可满足总排水水质达标排放要求。

11.3.2 物化+生化+高级氧化工艺

伊学农等针对煤制乙二醇生产废水成分复杂，高有机物、高氨氮、高含盐量、处理难度大等特点，采用微电解＋MABR＋A/O＋高级氧化＋混凝沉淀＋BAF 组合工艺对其进行中试处理，取得了较佳的处理效果。工艺运行稳定，COD 进水浓度为 5000～40000mg/L，出水浓度小于 35mg/L，去除率为 85％；NH_3-N 进水浓度为 450～1800mg/L，出水浓度小于 4mg/L，去除率为 83％，达到河南省《省辖海河流域水污染物排放标准》（DB 41/777—2013）的要求。

（1）废水水质

中试在河南某化工厂煤制乙二醇现场进行，处理水量为 60L/h。该乙二醇废水中试处理，进水 COD 波动范围 5000～40000mg/L，氨氮波动范围 450～1800mg/L，水质不稳定，盐类、氨氮浓度高，难降解物质含量高，可生化性差。

（2）处理工艺

该废水的处理工艺，为提高生化性，采用以生化处理为主，深度处理为辅，采用物化＋生化＋高级氧化联合工艺处理乙二醇废水，具体工艺流程见图 11-2。

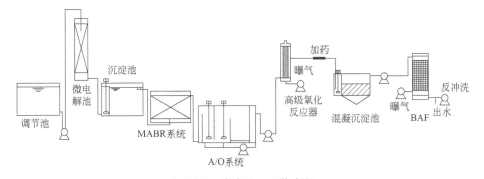

图 11-2 废水处理工艺流程

① 物化前处理工艺。针对该废水水质特点，采用微电解工艺进行前处理，处理条件为：pH 值控制在 3～4，HRT 控制在 1h。

② 生化处理工艺。该乙二醇废水难降解有机物含量较高，且水质波动较大，为了提高废水处理效果和耐冲击能力，反应器内增设填料，增加微生物的附着面积，减少污泥流失，提高污泥浓度。选择新型高效厌氧折流板反应器（MABR）作为厌氧生化处理系统，废水在该反应器内经过水解、酸化、产甲烷等过程，进行难降解有机物的去除。废水氨氮浓度较高，选择 A/O 工艺进行深度脱氮，有效去除 TN，增加的缺氧段，还可以进一步分解难降解有机物，减轻好氧系统载荷。

③ 深度处理工艺。生化处理后未去除的难降解有机物，选用高级氧化＋BAF 工艺，利用高级氧化将难降解有机物氧化成小分子有机物后，再经过 BAF 处理，达到排放标准。

（3）处理效果

① 微电解工艺的处理效果。通过连续 7 周的跟踪监测，微电解系统运行稳定后，COD 去除率稳定在 35％～45％ 之间，对有机物去除效果稳定。氨氮的去除率稳定在 30％～40％ 之间，受进水影响较小。

② MABR 的处理效果。MABR 内增加立体弹性填料，增加厌氧微生物的附着面积。微生物经过 3 周培养驯化后，进入正常运转阶段。COD 去除率稳定在 75％～85％ 之间，氨氮的去除率达到 85％，相比其他厌氧系统，MABR 系统具有抗冲击能力较强、处理效果较好的优点。

③ A/O 工艺的处理效果。A/O 池污泥经培养驯化后，缺氧池进水条件为：pH 值为 6.5～8.5，温度为 8～15℃，DO 控制在 0.5 mg/L 以下，HRT 控制在 8h；好氧池采用微孔曝气，DO 控制在 1.5～3.0mg/L 之间。A/O 工艺运行稳定后，COD、氨氮去除率均稳定在 80％ 左右，运行期间进水氨氮波动较大，但出水 COD、氨氮变化不大。装置的抗冲击能力较强，去除效果较稳定。

④ 深度处理工艺的运行效果。经过前处理＋生化处理后，出水 COD≤250mg/L、氨氮≤30mg/L，但仍不能达标排放，经高级氧化＋BAF 深度处理，出水 COD 降到 30～35mg/L、氨氮降到 3～4mg/L，达到了河南省《省辖海河流域水污染物排放标准》（DB 41/777—2013）的要求。

11.4
乙二醇生产废水处理工程实例

11.4.1 SBR 技术

11.4.1.1 SBR 工艺

"通辽金煤化工"拥有全球首创的煤制乙二醇技术及其完全自主知识产权，并实现了工业化应用。该工艺采用的是以褐煤为原料，经羰化加氢生产乙二醇的全新清洁环保的路线。首期 20 万吨/年煤制乙二醇项目污水处理装置运行正常，于 2010 年 9 月底通过验收，出水水质满足国家《污水综合排放标准》（GB 8978—1996）一级排放标准。吴翔等对该废水处理工艺作了论述。

（1）废水水质

在乙二醇的生产过程中，废水主要成分有乙二醇、甲醇、硝酸及其他物质，乙二醇废水来源见表 11-3。

表 11-3　乙二醇废水来源

项目名称	废水组成
再生塔冷凝器	水、少量乙二醇
脱氢反应器	水、少量草酸酯
水洗	水、甲醇
一、二次氧化酯化塔	水、甲醇
加氢反应器	少量草酸、甲醇
脱脂塔	水、少量甲醇、乙二醇
精馏塔	蒸汽冷凝液
冷凝液排污	水、钠盐、微量甲醇、乙二醇
锅炉给水排污	水、锅炉给水添加剂

以上煤制乙二醇装置产生的废水与厂区生活污水、锅炉排水混合，经集水井、调节池后送至 SBR 系统进行生化处理。废水进水 COD 在 500～3000mg/L，波动较大，调节池混合废水水量和水质见表 11-4。

表 11-4　调节池混合废水水量和水质

项目	COD/(mg/L)	NH₃/(mg/L)	pH 值	SS/(mg/L)	流量/(m³/h)
数值	1000	120	3～7	≤200	200

（2）工程特点

该煤制乙二醇废水水质波动大，水温温差大，虽可生物降解，对微生物无毒害与抑制作用，但考虑到用地、经济及可操作性等因素，选择 SBR 法进行生化处理。工艺过程如图 11-3 所示。

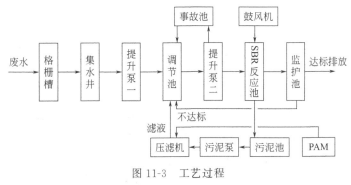

图 11-3　工艺过程

（3）工艺流程

废水经格栅槽去除悬浮、漂浮等物质后，进入集水井，调节 pH 值，通过泵送至调节池进行均质、均量，调节池设 COD 监测分析仪，污水 COD 超标，利用事故水泵将污水引入事故池，污水稳定后，逐步将事故池废水返回调节池，进行后续处理。正常运行时，废水经提升泵送至 SBR 反应池进行硝化、反硝化处理，经过进水、曝气、沉淀、排水、静置后，废水进入监护池，检测 COD 和 NH_3-N，不达标，返回调节池进行再处理，达标直接排放。

SBR 反应池产生的剩余污泥，排入污泥浓缩池，浓缩后污泥经带式压滤机脱水，泥饼外运，滤液返回调节池进行再处理。

（4）主要构筑物及设备

主要构筑物及设备见表 11-5。

表 11-5　主要构筑物及设备

名称	尺寸/m	主要设计参数及其设备	数量
格栅槽	6×1.5×7	有效容积 63m³，内设格栅机一台	1 座
集水井	8×3×8.5	有效容积 204m³，水力停留时间（HRT）15min，单级单吸离心泵 2 台，pH 计一台	1 座
调节均质池	24×15×5.5	有效容积 1200m³、HRT6h，水流流态为完全混合式，内设 4 台搅拌机，单级单吸离心泵 3 台，在线 COD 一台	1 座
SBR 反应池	20×10×5.3	有效容积为 960 m³，内设 2 台搅拌、曝气系统、滗水器。BOD_5 负荷 0.13kg（BOD_5）/kg MLSS·d，NH_3-N 负荷 0.06kg（NH_3-N）/kg MLSS·d	4 座
污泥池	6×6×5.5	有效容积 126m³，内设搅拌机 2 台	1 座
监护池	15×8×5.5	有效容积 400 m³，内设在线 COD、NH_3-N 分析仪各一台，2 台监护泵	1 座
事故池	24×15×5.5	有效容积 1200 m³	1 座
PLC 系统		PLC-300＋监视系统	1 套

（5）处理效果

将 SBR 池活性污泥培养驯化，直至出现生物絮状体，SBR 反应池污泥菌胶团量大，形成活性污泥沉降性能良好。出水 COD 小于 70mg/L，氨氮小于 10mg/L，SV 达到 30%～40%。SBR 池运行周期 12h，进水 1h，同时搅拌反硝化；接着曝气 2h，搅拌 0.5h，曝气 2h，搅拌 0.5h，再曝气 2h；沉降 2h；滗水 1h；闲置 1h 且同时搅拌，可以有效抑制好养为主的丝状菌过度繁殖，避免产生污泥膨胀，保证出水水质。

经过几个月的连续运行监测，处理效果稳定，出水水质稳定达标，抽取连续 6d 的监测数据和运行监测数据分析如表 11-6、表 11-7 所示。

表 11-6　运行监测数据

日期	装置入口				装置出口			
	pH 值	COD/(mg/L)	NH$_3$-N/(mg/L)	SS/(mg/L)	pH 值	COD/(mg/L)	NH$_3$-N/(mg/L)	SS/(mg/L)
11 月 12 日	8.24	831.40	248.37	260	7.78	41.90	1.87	23
11 月 13 日	8.24	713.20	219.27	120	7.50	44.40	7.74	27
11 月 14 日	7.86	997.30	269.8	426	7.69	52.20	2.24	20
11 月 15 日	8.40	494.9	170.56	124	7.81	50.60	1.08	25
11 月 16 日	8.06	550.8	299.02	112	7.52	56.30	4.80	38
11 月 17 日	7.79	689.6	213.15	265	7.71	47.70	4.96	15

表 11-7　运行监测数据分析

项目	装置入口		装置出口		平均去除率
	测量范围	平均值	测量范围	平均值	
pH 值	7.79~8.40	8.10	7.50~7.81	7.67	—
COD/(mg/L)	494.90~997.30	712.87	41.9~56.30	48.85	93.1%
NH$_3$-N/(mg/L)	170.56~299.02	236.7	1.08~7.74	3.78	98.4%
SS/(mg/L)	112~426	217.83	15~38	24.67	88.7%

从表 11-7 可知，处理效果满足国家《污水综合排放标准》（GB 9878—1996）一级排放标准。

11.4.1.2　A/SBR 工艺

崔凤桐等对金万泰公司利用原有 A^2/O 工艺设备升级为 A/SBR 工艺，氨氮含量由 25mg/L 降到 15mg/L。A/SBR 工艺将进水、曝气、污泥沉淀、排水、排泥等多工序集中于一池完成，进水进行较大倍数的稀释，工艺抗冲击能力提高，运行稳定。

（1）设计规模与设计水质

设计污水处理能力为 340m^3/h，污水处理站进出水水质设计值见表 11-8。

表 11-8　污水处理站进出水水质设计指标　　　　　　　　单位：mg/L

项目	COD$_{Cr}$	NH$_3$-N	SS	TP
进水	≤1000	≤250	≤300	≤10
出水	≤50	≤5	≤10	≤0.5

污水来源于煤气化洗涤合成气废水、变换工段废水、乙二醇合成废水、生活污水及其他混合废水。其中，煤气化洗涤合成气处理水量 100m^3/h，COD 约为 300mg/L，氨氮为 80~250mg/L；变换工段锅炉排废水含有少量磷酸盐，COD 不足 200mg/L，较易处理；脱酸工段的酸性气体脱除废水中 COD 为 1500mg/L；乙二醇合成、精馏塔喷射泵工段废水 20m^3/h，有机物含量高，生化处理难度较大，COD 为 5000~25000mg/L；

生活污水及其他混合废水 COD 为 200～900mg/L，氨氮波动较大，含量为 200～650mg/L。经过检测，废水可生化性高，大部分有机物可通过生化工艺去除；高含量氨氮可通过 A/SBR 生化处理进行脱除。

（2）污水处理工艺

A/SBR 工艺过程见图 11-4。

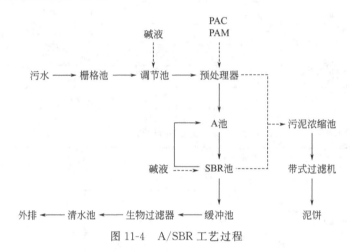

图 11-4　A/SBR 工艺过程

乙二醇废水进入格栅池，滤掉大块的悬浮、漂浮物后，进入调节池进行均质、均量调节，并在调节池进行 pH 值调整后，经提升泵进入预处理器，利用 PAC、PAM 进行絮凝除杂。预处理器出水进入 A/SBR 系统进行生化处理，清水进入缓冲池，经提升泵进入生物过滤器进一步去除有机物，达标后进入清水池，最后外排。预处理器和 SBR 池产生的剩余污泥经污泥泵进入污泥浓缩池，加入污泥调理剂后，利用带式过滤机脱水，泥饼外运。

（3）A/SBR 工艺运行效果

污水处理站稳定运行后，对进出水 COD、氨氮监测，A/SBR 池进水 COD 平均为 950mg/L，出水平均为 34.33mg/L，去除率 95.8%。进水 COD 在 300～2200mg/L 之间，波动较大，出水 COD 能保持低于 50mg/L，保持正常，运行稳定。A/SBR 工艺对煤制乙二醇污水处理 COD 能力较强，抗冲击能力强，平稳运行，达标排放。

A/SBR 池煤制乙二醇废水氨氮平均含量为 110mg/L，出水氨氮平均为 1.2mg/L，去除率达到 90%。A/SBR 工艺对煤制乙二醇废水氨氮处理能力强，硝化、反硝化处理彻底，出水氨氮值远低于 GB 18918—2002《城镇污水处理厂污染物排放标准》中的一级 A 标准。

11.4.2　A/O+MBBR 工艺

陈龙等针对某煤制乙二醇废水有机物和氨氮浓度高、可生化性好等特点，设计采用 A/O＋MBBR 组合工艺进行处理。工程实践表明，该系统运行稳定，出水达到 GB 8978—1996《污水综合排放标准》一级标准（其中 COD≤80mg/L）后排放。

（1）工程概况

西南某煤制乙二醇企业采用草酸酯法生产乙二醇。煤气化、变换、净化、DMO 酯化、乙二醇精馏工段产生的废水各不相同，废水成分复杂，有机物含量高，可生化性强。依据各工段产生废水的不同类型，选用相对应的处理方法，针对性地处理废水中的污染物。该案例采用 A/O＋MBBR 为主的组合工艺。

（2）设计进出水水质

将煤气化炉工段、变换工段、净化工段、DMO 生产酯化工段及乙二醇合成工段产生的生产废水（170m³/h）、生活污水（30m³/h）混合后，作为设计水量 200 m³/h 污水处理进水，处理后出水水质达到 GB 8978—1996 一级标准（其中 COD≤80mg/L）排放要求，设计进出水水质指标见表 11-9。

表 11-9　设计进出水水质

项目	COD/(mg/L)	BOD₅/(mg/L)	SS/(mg/L)	氨氮/(mg/L)	总氰化物/(mg/L)	挥发酚/(mg/L)	硫化物/(mg/L)
进水	≤1750	≤850	≤120	≤120	≤12	≤20	≤6
出水	≤80	≤20	≤70	≤15	≤0.5	≤0.5	≤0.5

（3）工艺流程

该煤制乙二醇废水生物处理方法选用 A/O 工艺进行生物处理，进水 COD 浓度较高，经一级 A/O 处理后不能达到排放标准。增加占地少且运行管理简单的二级 MBBR 生物处理工段，MBBR 将生物膜法和活性污泥法相结合，兼具生物接触氧化和生物流化床的优点。因各工段进水水质、水量均不同，进入生化处理前需进行均质、均量调节。具体废水处理工艺过程如图 11-5 所示。

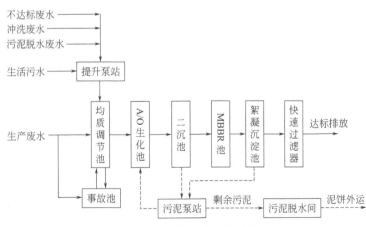

图 11-5　废水处理工艺过程

各工段生产废水、生活污水经提升泵进入均值调节池，水质突变，出现事故，将事故水切换至事故池暂存，水质恢复正常后，少量、均匀引入均值调节池。各工段污水在调节池混合均匀后，进入 A 池，将硝酸盐部分反硝化还原成 N₂，A 池出水进入 O 池，通过鼓风曝气，利用好氧反应去除大部分的有机物，并将大部分的氨氮转化为硝酸盐。

按照 200％回流比，混合液回流至 A 池。O 池出水进入二沉池，进行固液分离。二沉池出水进入设有填料和曝气的 MBBR 池，进行深度脱氮、除 COD。MBBR 出水在絮凝沉淀池内，在 PAC、PAM 作用下进行混凝反应，絮凝沉淀后，出水进入快速过滤器，达到排放要求后外排。二沉池污泥除部分回流至 A 池外，全部经污泥泵排至污泥池，与絮凝沉淀池排出的污泥全部经污泥泵进入污泥脱水间，经脱水装置后成泥饼，外运。

（4）运行效果

统计两年多稳定运行数据，废水处理量为 150～190m^3/h，COD 去除率在 95％左右，满足 GB 8978—1996 一级标准 COD≤80mg/L 达标排放要求，2020 年 5 月份的实际进出水平均水质情况如表 11-10 所示。

表 11-10　实际进出水平均水质

项目	COD	BOD$_5$	SS	氨氮	总氰化物	挥发酚	硫化物
进水/(mg/L)	1722	831	118	115	11	17	5
出水/(mg/L)	78	8	45	10	0.4	0.4	0.4
去除率/％	95.5	99	62	91	96.4	97.7	92

工程运行证明，均质调节＋A/O＋MBBR＋絮凝沉淀＋快速过滤工艺处理某煤制乙二醇废水，出水水质达到 COD≤80mg/L 一级排放标准。MBBR 采用穿孔管曝气，既保证曝气效果，又保证填料稳定处于流化状态，无流失现象，保证工艺出水达标排放。

11.4.3　废水零排放工艺

11.4.3.1　典型案例 A

焦蓬等对某企业 20 万吨/年煤制乙二醇生产废水处理零排放工艺作了简述。

（1）污水处理

污水处理范围包括：各装置产生的生产污水和全厂的生活污水、污染雨水、污染消防排水、事故排水等。其中污水经预处理、生化处理、深度处理后，与其他排水一起进行回用处理，回用工段净水进行回用，剩余的通称浓盐水，进入后续盐水分离工序，进而达到废水零排放。

生产污水各项水质数据，进水水质：COD_{Cr} 800mg/L，BOD$_5$ 350mg/L，NH$_3$-N 300mg/L，SS 200mg/L，pH 值 6～9。出水水质：COD_{Cr} 60mg/L，BOD$_5$ 10mg/L，NH$_3$-N 30mg/L，SS 10mg/L，pH 值 6～9。

污水的主要污染物是氨氮、COD，结合进出水水质，采用脱氮生化池＋接触氧化工艺，处理流程为：匀质调节池＋生化池＋二沉池＋接触氧化池＋絮凝沉淀池。

生产污水经过均质调节池进行水质、水量调节，经提升泵进入生化池，去除氨氮、COD。出水经二沉池后，进入设有填料和曝气的接触氧化池，通过好氧生化，进一步去除氨氮和 COD。接触氧化池出水进入絮凝沉淀池，在 PAC、PAM 作用下，经混凝反应，去除污水中的有机污染物、色度、悬浮物，絮凝沉淀池出水送污水回收站。

（2）回用水处理

回用水处理主要为工艺生产装置的洁净排水、循环冷却水站的排污水、消防水池排水、脱盐水站排水，以及经污水处理站处理后的废水。处理流程为：调节池＋絮凝沉淀池＋超滤＋反渗透系统。反渗透产水回用，浓水进入浓盐水处理单元。

（3）浓盐水处理

回用水工段产生的浓盐水，经多效蒸发处理后，将盐和水进行分离，水送回装置，分出的盐进行提纯后进行回收利用，全厂不向环境排放废水，实现零排放。

11.4.3.2 典型案例B

汪炎对某煤制乙二醇废水零排放案例作了分析讨论。

（1）废水处理

污水处理进出水水质指标见表11-11。

表11-11　进出水水质指标

项目		COD	BOD	NH$_3$-N	SS	NO$_2^-$	TN
进水/(mg/L)	气化废水	1000	300	300	150	—	—
	DMO废水	5000	1500	1800	—	1300	—
出水/(mg/L)		60	5	5	—	—	30

根据进水水质特点及出水水质要求，废水处理工艺过程见图11-6。

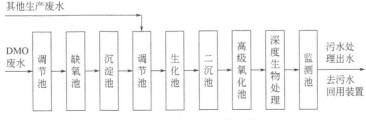

图11-6　废水处理工艺过程

（2）废水回用

废水处理装置出水、循环水排水、脱盐水站排水、锅炉排水进入废水回收工艺，进行回用处理。系统产水TDS≤200mg/L，可作为循环水系统补水和脱盐水站的原水。剩余浓盐水进入下一工序进行浓盐水处理。

废水回用工艺过程为：调节池＋澄清池＋过滤池＋超滤系统＋反渗透系统。反渗透产水进行回用，浓水进入浓盐水处理系统。

（3）浓盐水处理

废水回用工段排出的浓盐水TDS为16000mg/L，经浓盐水处理后，产品水TDS≤200mg/L，回用于循环水系统和脱盐水站，浓盐水处理工艺过程为：调节池＋澄清池＋过滤池＋离子交换＋膜浓缩。产水进行回用，高浓盐水送蒸发结晶装置。

（4）蒸发结晶

浓盐水膜浓缩单元排出的浓盐水，利用多效蒸发进行处理，TDS 由 60000mg/L 降至 200mg/L，产品水回用于循环水系统和脱盐水站，结晶盐回收利用。蒸发结晶工艺过程为：多效蒸发＋高温脱硝＋冷冻脱硝＋冷冻脱盐。高温脱硝装置产出工业硫酸钠，冷冻脱盐产出工业氯化钠。

该项目将煤制乙二醇过程中产生的所有废水，经上述处理后，其产品水回用于循环水补充水、脱盐水站原水，结晶盐达到工业级纯度，不向自然环境排放任何废水。

参考文献

[1] 陈冠荣.化工百科全书.[M].北京：化学工业出版社，1998.

[2] 李静海，欧阳平凯，费维扬，等.化学工程手册第 1 篇化工基础数据 [M].北京：化学工业出版社，2019.

[3] 王钰.我国煤制乙二醇发展的问题思考 [J].化学工业，2019，27（6）：17-20.

[4] 姚硕，刘杰，孔祥西，等.煤化工废水处理工艺技术的研究及应用进展 [J].工业水处理，2016，36（3）：16-20.

[5] 周巍.浅析乙二醇生产技术及其市场前景 [J].石油化工设计，2020，37（1）：64-66.

[6] 白华.煤制乙二醇废水处理技术及发展趋势 [J].科学管理，2019（10）：310-315.

[7] 赵晓博.煤制乙二醇行业现状 [J].化学工程与装备，2020（6）：229-230.

[8] 王艳丽.我国煤制乙二醇现状及面临的问题 [J].江西化工，2020（10）：147-148.

[9] 黄平.我国煤制乙二醇竞争力分析 [J].当代石油石化，2020，28（4）：18-23.

[10] 姚珏.煤制乙二醇生产技术现状及技术经济分析 [J].山东化工，2020，49（16）：112-113.

[11] 郑卫，孔会娜.煤制乙二醇废水处理技术及发展趋势 [J].河南化工，2019，36（2）：9-11.

[12] 宋玲玲.煤制乙二醇项目废水特点及处理思路 [J].山西化工，2021（3）：206-207.

[13] 张卫帅，李月明，安培林.煤制乙二醇废水预处理技术 [J].清洗世界，2020，36（1）：7-8.

[14] 王政远.一体式厌氧氧化处理煤制乙二醇废水的研究 [D].北京：北京交通大学.2019.

[15] 范景福，何庆生，刘金龙.新型生物流化床 A/O 工艺处理煤制乙二醇废水的中试研究 [J].炼油技术与工程，2019，49（1）：17-21.

[16] 伊学农，付彩霞，暴鹏.物化/生化/高级氧化工艺对乙二醇废水的强化处理 [J].中国给水排水，2017，33（3）：69-72.

[17] 吴翔，李岚.SBR 工艺处理乙二醇生产废水的工程应用 [J].贵州化工，2012，37（2）：33-35.

[18] 崔凤桐，赵立宇，尹洪肖，等.A/SBR 工艺处理煤制乙二醇污水的研究 [J].化肥设计，2017，55（2）：42-45.

[19] 陈龙，陈孝亭.A/O-MBBR 工艺处理煤制乙二醇废水工程实例 [J].工业用水与废水，2021，52（3）：58-72.

[20] 焦蓬，白晓宇.废水零排放在煤制乙二醇中的应用实例 [J].资源节约与环保，2019（8）：93-100.

[21] 汪炎.煤制乙二醇废水零排放案例分析 [J].煤炭加工与综合利用，2018（6）：40-41.

12

煤化工废水"零排放"技术

12.1
概述

　　"零排放"概念首先是从工业废水减排的实践中提出的。随着废水排放标准的日益严格，企业开始设法减少用水，并且尽可能使废水循环再利用。1973 年，美国佛罗里达州发电厂，实现了世界上首例发电厂的废水零排放，即从该厂排出的废水量是零。随后，在冶金、造纸、化工、电镀、食品等多个行业，都有废水零排放的成功实例。1994 年，日本也把循环工业制定为未来工业的基础和方向。为了更加有力地促进零排放的发展，日本联合国大学于 1999 年创立了"联合国大学/零排放论坛"。日本联合国大学提出的零排放定义为：所谓零排放，是指无限地减少污染物和能源排放直至到零的活动，即应用清洁生产、物质循环和生态产业等各种技术，实现对资源的完全循环利用，而不给大气、水和土壤遗留任何废弃物。其内容是，首先要控制生产过程中不得已产生的液态、气态和固态的排放物，将其减少到零；其次是将那些排放物中可再利用的能源、资源进行回收，最终实现对环境的零污染。

　　对废水零排放的定义，曾有如下三种描述：

　　① 排出的废水中不含有毒物质。该定义有利于减少生产过程中有毒副产品的产生，但是并不强调减少废水量，不能促进水的循环利用和节约水资源。

　　② 排出的废水量可能并不小，但废水是相对安全的，其中可能含有一定浓度的可溶物质，但对于受纳水体无害。该定义可以促进对废水的深度处理，以达到废水排放指标的要求。

　　③ 没有废水从工厂排出，所有废水经二级或三级处理后转化成了固体废物，再进

行相应处理。这实际上是污染物在不同介质间的转移，仅就废水而言实现了零排放，并没有消除污染源。该定义可以促进水的循环利用。

上述三种定义侧重点各有不同，但对于环境保护都有一定的积极意义。在实际应用中，通常所说的废水零排放是指通过提高水的循环利用率，实现从工厂排出的废水量为零，即零液体排放（ZLD）。2008 年，我国质量监督检验检疫总局颁布的 GB/T 21534—2008《工业用水节水 术语》中对零排放解释为"企业或主体单元的生产用水系统达到无工业废水外排"。

废水零排放是个系统工程，其内涵包括节水和治水两个方面，节水即采用节水工艺等措施提高用水效率，降低生产水耗，同时尽可能提高废水回用率，从而最大限度利用水资源；治水即采用高效的水处理技术，处理高浓度有机废水及含盐废水，将无法利用的高盐废水浓缩为固体或浓缩液，不再以废水的形式外排到自然水体。

煤化工废水的"零排放"，其确切含义是"零液体排放"，即将煤化工生产过程中所产生的废水、污水、清净下水等经过处理后全部回用，对外界不排放废水。

煤化工产业耗水量巨大，产生的废水量也很大，并且水质复杂，污染物浓度很高。而煤炭资源丰富的地域，往往既缺水又无环境容量，废水虽然经过处理能够满足国家的相关排放标准，但由于无排放河流或无环境容量，仍无处可排。水资源和水环境问题已成为制约煤化工产业发展的瓶颈，寻求处理效果更好、工艺稳定性更强、运行费用更低的废水处理技术，实现废水"零排放"，已经成为煤化工产业发展的自身需求和对环境保护的要求。

12.1.1 煤化工废水零排放的意义

（1）节水减排

探讨煤化工废水的零排放，首先需要从煤化工的产业布局、产业特点、禀赋条件、环境容限等客观条件进行分析。我国水资源和煤炭资源分布均以昆仑山—秦岭—大别山一线为界，煤炭资源，以北地区占全国的 90.13%，以南地区只占 9.87%；水资源，以南水资源丰富，占比达 78.6%，以北水资源短缺，只占 21.4%。由煤炭资源勘测可知，晋陕蒙宁四省、自治区查明的煤炭资源量占已查明资源储量的 67%，甘青新川渝黔占 20%，其他地区仅占 13%。我国目前已建成或正在建设的一批大型煤化工基地就位于晋陕蒙宁交界处，这里属于严重缺水地区，晋陕蒙宁四省、自治区的水资源仅占全国水资源的 3.85%。在这里大规模发展煤化工产业，必然会挤占农业、生态用水，恶化生态环境，危及环境安全。

大型煤化工项目，吨产品耗水在 10t 以上，年用水量通常高达几千万立方米，而主要煤炭产地人均水资源占有量和单位国土面积水资源保有量仅为全国水平的 1/10，水资源供需矛盾非常突出。

国家发改委和水利部于 2019 年 4 月 15 日发布了《国家节水行动方案》（发改环资规〔2019〕695 号），在该方案中对工业节水减排明确指出，应"大力推广高效冷却、洗涤、循环用水、废污水再生利用"，同时还要"促进高耗水企业加强废水深度处理和达标再利用"。

煤化工废水实现零排放对落实其生产过程节水减排具有根本的重要意义。

（2）环境保护

煤化工以煤炭为原料，工艺过程复杂，其生产过程具有污染物产生量大，对污染物处理要求高，环境保护设施复杂且投资大等特点。煤化工排放的废水主要来源于煤焦化、煤气化、煤液化、化工生产和产品回收精制等生产过程，该类废水水量大，水质复杂，含有大量有机污染物、酚、硫、氨等，还含有联苯、吡啶、吲哚和喹啉等有毒污染物。同时，煤化工废水含有大量的无机盐。这些有毒、有害物质，毒性大，排到水体危害大，如果将污水直接排入环境，将会给水资源造成污染，不利于之后的水质净化处理。因此，必须对高污染、有毒废水进行无害化处理，达标后才能排放。

《中华人民共和国环境保护法》2015 年 1 月 1 日修改增加规定，明确"环境保护坚持保护优先、预防为主、综合治理、公众参与、污染者担责的原则"。新法规定国家对重点污染物实行排放总量控制的制度，对超过国家重点污染物排放总量控制指标或者未完成国家确定的环境质量目标的地区，将暂停审批新增重点污染物排放总量的建设项目环境影响评价文件。

2015 年 4 月 2 日发布的《水污染防治行动计划》（国务院国发〔2015〕17 号文），要求"全面控制污染物排放，狠抓工业污染防治""着力节约保护水资源""提高用水效率"等。

煤化工废水实现零排放是落实国家法规的体现，对保护自然环境和人体健康具有重要的作用和意义。

（3）促进发展

近年来，国家环保政策日益趋紧，日益重视水环境的污染治理，环保政策对各类废水的排放标准和废水排放总量均提出了严格限制，同时鼓励企业采用各种节水新技术，对各类废水进行深度处理及回用。

国家市场监督管理总局于 2019 年 6 月 4 日发布了《节水型企业 现代煤化工行业》国家标准（GB/T 37759—2019），在该标准中，对现代煤化工企业单位产品的取水量提出了要求，如表 12-1 所示。

表 12-1 节水型企业技术指标及要求

技术指标		单位	考核值
煤制甲醇吨产品取水量		m^3	≤11.00
煤制乙二醇吨产品取水量	煤制乙二醇	m^3	≤20.00
	合成气制乙二醇		≤12.00
煤制油吨产品取水量	煤炭直接液化	m^3	≤6.50
	煤炭间接液化	m^3	≤10.75
煤制合成天然气单位产品取水量		$m^3/(10^3 m^3)$	≤8.00
煤制烯烃吨产品取水量		m^3	≤24.00

技术指标	单位	考核值
间接冷却水循环率	%	≥98
重复利用率	%	≥97
用水综合漏失率	%	≤2
废水排放达标率	%	100

2021年11月15日工业和信息化部公布的《"十四五"工业绿色发展规划》（工信部规〔2021〕178号）中，明确提出"煤化工浓盐废水深度处理和回用"的要求。煤化工废水零排放对落实上述标准和规划，促进煤化工产业的绿色发展具有重要的长远意义。

12.1.2　煤化工废水零排放的难点

煤化工废水零排放虽然在技术理论上基本可行，但在实际工程设计中存在诸多难点，主要体现在以下几个方面：

（1）非正常工况导致废水水质、水量波动大

通常，所有的水处理过程，都有明确的进水水质和水量指标，这样才能保证工艺过程的正常、稳定和高效。但是，下列因素，会导致水质、水量的异常波动。

① 目前的现代煤化工项目大多处于工程示范阶段，为实现高效低能耗生产，工艺参数需要不断调试，而物料平衡、反应温度、压力等的变化必然导致废水水量和水质的变化，并直接影响废水的末端治理和回用。

② 原材料煤的质量波动和产地变化等会在很大程度上影响生产产生废水的水质。

③ 废水零排放系统承载着处理其他水处理系统末端不能达标排放或回用的各种废水的"强大功能"，来水复杂，既有工艺水、事故水、难处理废水、各种浓水等，也有零排放系统自身的间隙冲洗废水、化学清洗废水、再生废水、事故废水的回流等，这些来水成分复杂，水质、水量波动大。

④ 化学反应工艺的滞后特性和生化反应平衡过程漫长的特性，给系统的调整带来困难。

所有这些，都会使零排放装置运行中工艺参数的控制十分困难。如果一个环节控制不好，后续各个环节都会难以控制，一旦工艺失控，又会产生新的故障水，形成恶性循环。所以零排放系统实现稳定运行是有很大难度的。例如，由于煤质波动和前端生产操作系统的不稳定，神华煤直接液化项目水处理系统的进水COD波动范围高达10倍以上，生化处理的菌种驯化十分困难。水质、水量波动大，给水处理系统工艺和设备带来严峻挑战，有时会超过系统的处理容限，导致水处理系统不能完全处理，处理不达标，甚至整个系统崩溃。

（2）中水难以全部回用，水平衡难度大

深度处理及回用是实现废水零排放的重要环节，目前大部分煤化工企业都开展了废水的综合利用，回用废水主要包括经生化处理后的生产废水和深度处理后的循环排污

水，回用点主要是循环水系统补充水。为进一步增加废水回用能力，一些企业已开始尝试将气化工艺废水处理后，作为循环补充水回用于"浊循环"系统。部分水经过多级处理后，还可以作为对"洁净度"要求较高的其他用水的补充。

但在实际运行中，由于主体生产装置运行稳定性差，循环水需求变化很大，导致中水平衡调度十分困难，难以全部回用。另外，由于生产和水处理系统运行不稳定和原料煤煤质变化引起的水质、水量不稳定，往往会导致产水不达标，从而使产水不能回用。这些波动，也导致生产过程中往往不能实现用水的平衡。此外，一些地处西北省份的煤化工企业，冬季室外温度低，循环水场补水量出现大幅下降，导致中水无法全部消纳。例如，某煤制油项目运行中，冬、夏两季循环水系统的补水量变化达到 20%～30%，冬季大量难以回用的中水出路面临困境。

（3）零排放系统技术复杂，专业面广，控制链长

煤化工废水零排放是以解决我国煤化工工业水资源及废水处理难题为目标的，目前，该领域基本确立了"预处理—生化处理—深度处理—高盐水处理"四大分系统实现零排放的技术路线，技术面十分宽广，其每个分系统都是一门独特的专业技术，都有各自的应用条件和使用范围，都有各自若干专用的工艺设备，专门的工艺参数和控制要求，它们的每一项工艺技术和工艺设备都处在不断改进、提高和发展的状态中。这使得由多工艺、多专业组合而成的零排放工程，既要求有知识面十分宽广研究系统总体整合的工程师，还要求有各项工艺技术和设备资深的专业工程师组成综合团队。

目前，国内不少新兴煤化工项目提出了分质分盐的思路，且在分离出氯化钠、硫酸钠等结晶盐方面有一定成效。但是，煤化工浓盐水处理技术现处于工业示范阶段，由于采用不同的技术路线及处理装置，导致其投资费用与运行费用差异悬殊，因此保证工业盐分离的经济可行性是该技术研究和发展的关键。

（4）系统结构庞大，组织难度大，对设计、制造、调试、运行等都有很高要求

能源化工的零排放工程一般都是由二十几个工艺单元组合而成的系统工程，具有很高的技术含量和难度。成功的系统设计需要开展广泛的工艺调研和大量的研究工作，具体有系统工艺条件变动范围和目标的确认，系统工艺路线的分析研究和优化，系统中各分系统之间和分系统中各单元之间的协调和匹配，各工艺分系统中的多层次组织的优化，各工艺单元之间以及工艺和电仪自动化等多专业之间的融合和搭接，采用新工艺的必要性和经济性论证，新工艺的理论研究、工程调研、试验证实的组织，系统工程中的工艺研发、工程设计、设备制造、安装调试、投产运行、运行管理等各个环节的组织、协调、沟通、合作的形成，以及 RECO（研发、工程、建设、运行）循环发展模式的形成等，需要有大量分析、研究、处理、解决和克服的困难，所以零排放的工程组织难度很大，而这些问题的解决质量，决定了零排放运行的成败、效果和成本。

对零排放系统可靠性研究的工作量和技术难度都非常大，同时，要求从事零排放设计和运行的技术人员要有较高的素质。

（5）经济合理性不高，投资成本和运行费用过高

现阶段实现煤化工废水零排放的最大阻碍就是成本问题。由于要处理高盐、高

COD 废水，而且成分复杂，导致零排放系统需要比较复杂的多种水处理系统的组合工艺，而且，为了提高可靠性，部分设备还需要有备用系统，并且，很多设备对材质的要求较高，需要使用高强度耐腐蚀材料，因此，零排放系统较一般的水处理系统投资额高很多。现代煤化工项目投资额基本都在 100 亿元以上，其废水处理工段的投资额会高达 6 亿～8 亿元，水处理投资额平均占项目环保投资的 50% 以上，一般高盐水处理到回用 90% 左右，其处理成本为 40 元/t。若要处理到结晶盐，吨产品需要增加 60 元。

企业不单单要承受高额的前期投入，同时还要承担处理过程的大量能源消耗和药剂消耗。这就意味着企业不但会增加设备购置成本，还会增加运营费用，最终导致产品的生产成本增加，竞争力下降，利润总额降低。高额的成本费用对于实现煤化工的废水零排放非常不利，这会严重影响企业进行废水零排放的意愿，甚至是大多数企业所不能接受的。

结晶盐的处理也是一个问题。煤化工高盐水盐离子成分复杂，里面还含有高浓度的有机物，因此，最终产生的杂盐被暂定为危险废物。虽然阶段性的试验研究通过"膜分离＋蒸发结晶"分质分盐可实现氯化钠、硫酸钠等结晶盐的分离，但结晶盐中仍含有《国家危险废物名录》中列出的有机物成分，如长链烃类、杂环类物质、酯类和多环芳烃等，结晶盐性质尚无法界定。另外，分离出来的工业盐在企业所在区域缺乏销路，必须外运销售，以实现资源化利用，而绝大部分煤化工企业的地理位置导致了高额运输成本的现实情况，这也是对分盐工艺进行推广的制约因素。

12.2
煤化工废水的零排放工艺

多年来，我们对煤化工废水的零排放技术和工艺进行了研究和设计，通过现场施工和生产运行，使我们积累了一些经验，并获得许多启示，在此作以下论述。

12.2.1 工艺设计的分析

12.2.1.1 工艺方案和过程

首先，按照治污先治源的原则，以抓源头治理为前提，对造成污水排污量大、污染物超标、对后续污水处理造成不利影响（处理难度大、设备投资高、运行费用高）的生产工艺和设备先行进行改造、治理、提高，力争内部消化，把污染物消灭在生产过程中。

其次，在末端治理上，把握好工厂的水量平衡是关键，基本的思路是"清污分流、污污分治、梯级利用、分质回用"，也就是把有机废水经过处理变成初级再生水，再循环利用，把含盐废水经过处理变成优质再生水，再循环利用，实现废水零排放目标。

研究认为，典型煤化工废水"零排放"方案一般应由四个部分组成，即有机废水处理、含盐水处理、浓盐水处理和高浓盐水处理，如图 12-1 所示。

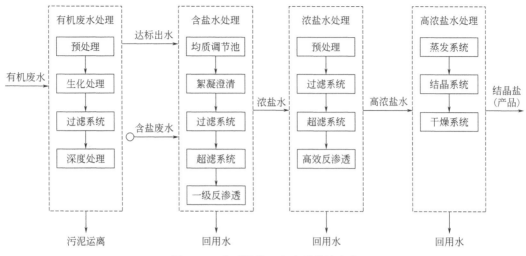

图 12-1　典型煤化工废水零排放方案

（1）有机废水处理

依据有机废水的组成和特征，采用不同的方法对废水进行预处理，其作用是对废水除油蒸氨脱酚，然后再经生化处理，使不稳定的有机物和无机物转化为无害物质。

有机废水经处理后，出水中还会存在少量难降解的污染物，导致色度和 COD_{Cr} 浓度不能达到相关排放标准或者回用标准的要求，需要针对废水中难降解的有机物和其他污染物，对其进行深度处理。处理方法较多，常用的方法有絮凝沉淀法、各种过滤法、活性炭吸附法、高级氧化法、膜分离法、离子交换法、电化学处理等物理化学方法与生物脱氮、脱磷法等。高级氧化法是目前煤化工废水深度处理技术中应用较为广泛的一种技术。

（2）含盐水处理

含盐废水的处理方法主要是脱盐，常用反渗透或纳滤方法脱除盐分。为了保证反渗透膜或纳滤膜的正常工作和使用寿命，通常还需要在前端配备除硬除硅系统、絮凝沉淀系统、超滤系统。反渗透的清水回收率一般可达 75% 左右。

（3）浓盐水处理

对于反渗透浓水，通常会采用膜浓缩方式做进一步提浓处理。膜浓缩技术具有成本低、规模大、技术成熟的特点，常用高压反渗透、DTRO、离子膜电渗析等工艺及其组合，它们的差别主要是过滤精度和提浓效率不同，也与进水条件相关。不同工艺和条件，水回收率不同。

（4）高浓盐水处理

通常采用热法浓缩技术，主要有多效蒸发、机械压缩蒸发、强制循环蒸发、膜蒸馏等，其中多效蒸发技术最成熟，清水回收率一般可达 90% 左右。

典型煤化工废水零排放的工艺过程如图 12-2 所示。

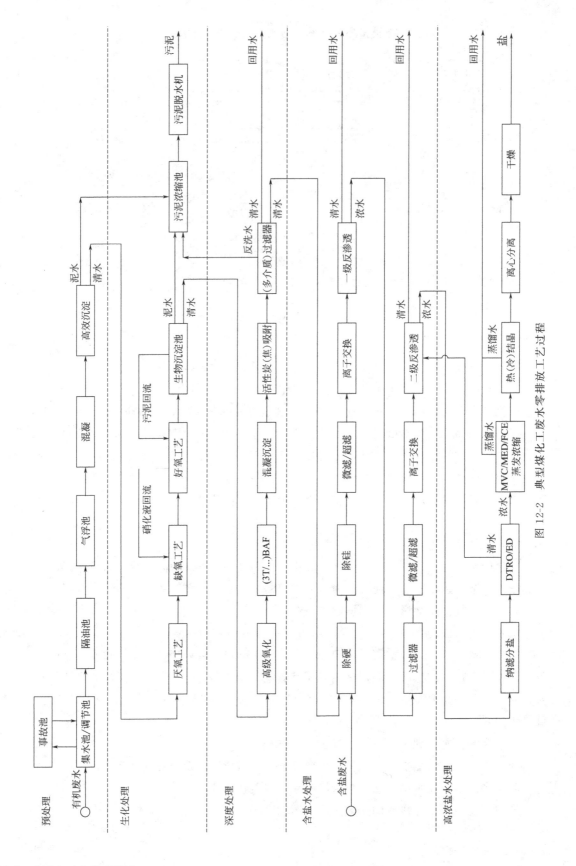

图 12-2 典型煤化工废水零排放工艺过程

12.2.1.2　高盐废水的处理

在煤化工废水处理零排放技术和工艺中，目前需要优化和解决的关键技术是高盐废水的处理。在此对其研究现状作如下论述。

（1）高效蒸发

高效蒸发技术是高盐废水处理中常用的技术，特别是针对盐含量在 40g/L 以上的高浓度高盐废水，高效蒸发技术具有很高的处理效率，不过一般得到的是混盐。对于盐含量在 1~4g/L 的低浓度高盐废水，通常会做进一步的提浓处理，以节约投资和能源消耗。高效蒸发技术又可以分为几种，如多效蒸发技术、机械式蒸汽再压缩技术、强制循环蒸发技术等。

机械式蒸汽再压缩技术是循环利用蒸发时其自身产生的二次蒸汽的能量，从而减少对外界能源需求量的一项节能技术。需要注意的是，当高盐废水中有机污染物含量较高时，蒸发过程易产生大量泡沫，还可能影响结晶盐的品质，因此，在运用该技术前，必须对盐水中的有机物进行彻底消除。

目前国内多个煤化工项目的高盐废水处理中，采用了以上一种或两种工艺的组合。处理高盐废水后得到的混盐没有市场销售价值，目前主要做填埋处理。由于混盐处理没有做到进一步的资源化，填埋处理仍有隐患，2016 年及以后获得环评批复的煤化工项目开始重视分盐工艺，因此，分步结晶的高盐废水处理技术开始得到广泛研究和应用。

（2）生物法脱盐

此工艺主要利用微生物氧化分解有机物。微生物能处理、吸附有害的有机污染物，高盐废水通过它的降解后，能够转化大量的有机物为无机物，使废水得以净化而可以回用。此工艺方法具有其他物理化学处理方法的优势，同时环保且安全性更强。微生物的种类多种多样，而且能够通过变异逐步适应水质的变化，具有很强的适应能力，可以产生专一性的降解酶，处理各种高盐废水，且新陈代谢能力好，因此，潜力较大。应用案例如生物接触氧化工艺，其有抗毒、耐冲击、微生物较为稳定、容积负荷高、水力停留时间短、能够保持污泥龄的优势，作为生物脱盐技术来说十分常用。

现国内某公司发明公开了一种高盐废水生物学脱盐装置及生物学脱盐方法，该高盐废水生物学脱盐装置包括多个脱盐单元，所述的脱盐单元，包括废水输入管道、废水输出管道、充氧泵、中转池、检测池和多行多列脱盐池，脱盐池中均设置有浮板，浮板上设置有用于定植西洋海笋等植物的装置。

（3）膜处理技术

反渗透技术是常用的高盐废水处理技术，现在的高压反渗透膜，可以将 TDS 处理到 80g/L，甚至更高。

浓盐水的膜浓缩工艺常用的还有 HERO（高效反渗透）膜浓缩工艺、DTRO（碟管式反渗透）工艺、ED（电渗析）工艺以及震动膜浓缩工艺等。

膜蒸馏是一种新型的水处理技术，它利用疏水的微孔膜对含非挥发溶质的水溶液进行分离。由于水的表面张力作用，常压下液态水不能透过膜的微孔，而水蒸气则可以。

当膜两侧存在一定的温差时，由于蒸气压的不同，水蒸气分子透过微孔则在另一侧冷凝下来，使溶液逐步浓缩。膜蒸馏过程几乎是在常压下进行，设备简单、操作方便，在该过程中无须把溶液加热到沸点，只要膜两侧维持适当的温差，该过程就可以进行。

在以膜法为核心的处理技术中，应当最大限度地回收优质水回用到系统水循环中，以减少后期蒸发或结晶的系统规模，使投资项目的经济效益得到提高。因此，为了降低投资和运行成本，可以最大限度地进行膜法预浓缩，一般也称为废水减量化处理。目前常用的膜分离技术有微滤、超滤、纳滤、反渗透、电渗析等。其中的微滤、超滤用于高盐废水的处理时，不能有效去除废水中的盐分，但可以有效截留悬浮固体及胶体有机物，通常作为纳滤、反渗透等的预处理技术使用。膜技术已经成为实现用得起的高盐废水零排放的核心和关键所在之一。

（4）冷冻法

冷冻法利用水在结晶过程中会自动排除杂质的原理，可实现盐分离，但是不能将盐分步结晶，混合盐无太大经济价值，而且耗能较高。

此外，近年来，以下技术也得到研究和应用。结合了蒸发结晶和冷冻结晶技术的分质结晶技术在处理由硫酸钠和氯化钠为溶质的浓盐溶液时，效果明显，但是浓盐溶液成分较多、较复杂时，效果较差。热法分质结晶技术根据溶解度的不同，将浓盐水的盐分分步析出、结晶，得到较纯净的结晶盐。电化学法主要是电解盐溶液，但是无论是离子膜法还是隔膜法，都因为盐浓度不稳定、盐的种类复杂和有机物污染问题而很难满足电解要求。焚烧法对水质没有什么特别要求，但易产生氮氧化物、二噁英等有毒物质，且不能回收利用水和盐。

高盐废水处理是现阶段煤化工产业发展面临的重大环保问题，综合利用是解决高含盐废水出路的重要路径。高含盐废水综合利用需要从技术选择、设计优化、工艺应用、现场运行管理等方面综合考虑、系统筹划、稳步实施。

12.2.2 需要关注的问题

① 水资源和水环境容量的承载能力是现代煤化工发展的制约因素。废水零排放作为一种废水污染控制模式，作为资源集约、环境友好的产业发展目标，成为破解煤化工产业发展与水资源及环境矛盾的重要途径。因此，企业需要从行业长远健康发展的高度，重视废水零排放。解决水污染治理问题时，应根据项目所在地水资源、水环境容量、能源、自然条件等客观条件和经济社会发展的实际情况，综合考量，确定适合的废水处理和水资源利用方案，而非一刀切地盲目要求全部做到完全零排放。

② 含盐废水零排放处理是实现煤化工项目零排放的瓶颈，目前大部分处理工艺技术尚处于试验示范阶段，投资成本高、能耗高、运营费用高是此工艺的重要制约因素。因此，对含盐废水的处理，应建立稳定的产学研平台联合攻关，加大技术研发，结合应用实际，降低处理工艺技术的投资成本、能耗以及运行费用，为此才能取得突破性进展。

③ 煤化工项目废水零排放不是独立系统，在新建项目设计、改造项目方案制定过

程中，要统筹与主体工艺过程、投资效益、能耗和水耗标准、回用水调度、全厂水系统平衡等之间的关系，确保主体生产稳定、系统效益最优、环保风险可控。因此，企业应该从规划开始，就需要对废水零排放问题在整个生产链的范畴进行全局性、系统性、前瞻性谋划，这样才能"多快好省"地解决问题。

④ 成本费用高、直接效益低、政策配套跟不上，影响了企业废水深度处理的积极性。在持续加强技术研发和工艺优化的同时，需要争取国家相关主管部门的政策支持，加强科学管理，健全精细化奖惩制度，以实现企业经济效益与社会环保效果的协调发展。在实施层面，要明确目标和要求，发挥好激励和约束两个手段的合力。

⑤ 废水零排放技术是综合应用各种水处理过程和工艺的集成技术，是包括改进生产工艺、节约用水、清洁生产、废水梯级利用、废水处理、中水回用、污染物资源化技术等在内的多专业、多约束、协调化的过程，是最大限度地节约和高效利用水资源，减少直至不排放废水的整体解决方案。煤化工废水零排放的实践与探索经验表明，废水零排放应是一个渐进的过程，不可能一蹴而就，需要在现代煤化工生产工艺逐渐成熟的基础上，通过不断改进优化污水处理工艺技术，不断积累经验，解决新发现问题，螺旋发展，才能最终实现"零排放"的目标。

⑥ 对于水资源短缺和污水排放受限的地区发展煤化工时，应以当地资源和环境承载力为基础进行统筹管理，立体防治，从企业—园区—区域三个层面构建多级屏障体系，做好污水处理和水资源的梯级利用，在节水、治水、排水、个体管理、区域统筹等方面都下足功夫。

12.3
煤化工废水零排放工程实例

12.3.1　煤化工废水零排放及资源化案例

杨凯对煤化工废水零排放及资源化利用工艺进行了技术总结。

某煤化工企业的主要产品包括合成氨、甲醛、甲醇、甲醛衍生物、脲醛树脂等，生产废水由原废水处理装置处理后排入受纳水体。

（1）设计水量、水质

该工程设计进水包括：原有废水站排放水、循环水站排放水、脱盐水站排放水。设计水量按实际最大水量的120%计算，其中废水站排放水设计水量为102m³/h，清净废水设计水量为162m³/h，共计264m³/h。项目出水水质要求达到并优于 HG/T 3923—2007《循环冷却水用再生水水质标准》，项目原水、设计出水的主要水质参数如表12-2所示。硫酸钠结晶盐品级达到 GB/T 6009—2014《工业无水硫酸钠》Ⅱ类合格品的标准，其他 TOC 等指标参考《煤化工副产硫酸钠（草案）》确定，重金属不得检出，主要参数如表12-3所示。

表 12-2　原水与设计出水水质

项目	pH 值	TDS /(mg/L)	COD /(mg/L)	总硬度 /(mg/L)①	二氧化硅 /(mg/L)	氯化物 /(mg/L)	硫酸根 /(mg/L)
废水站排水	6～9	1800～2058	40～54	50～100	11-20	80～120	450～510
清净废水	6～9	3800～4407	50～81	600～852	44～60	260～360	2200～2441
设计出水	6～9	≤250	≤30	≤50	≤5	≤50	≤50

① 以碳酸钙计。

表 12-3　硫酸钠结晶盐产品主要设计参数

项目	硫酸钠/%	水分/%	水不溶物/%	钙和镁①/%	氯化物②/%	TOC/(mg/kg)
数值	≥97.0	≤1.0	≤0.2	≤0.4	≤0.9	≤50

① 以镁计。

② 以 Cl⁻计。

（2）工艺过程

该项目废水处理工艺过程由两大部分组成。

第一部分是常规回用段，混合废水由泵提升至软化澄清池，通过投加软化药剂，化学软化并澄清后，由泵送入多介质过滤器，去除 SS 及其他杂质，而后进入超滤，过滤除去胶体、细小颗粒物，最后由 RO 给水泵、RO 高压泵送入 RO 膜，将盐类物质、COD 截留后，产水符合回用水要求，收集在回用水池内。RO 浓水进入第二部分零排放段。

第二部分是零排放段，前一段的 RO 浓水由泵提升至浓水软化澄清池，通过投加软化药剂，化学软化并澄清后，进入臭氧催化氧化单元，去除水体中有机污染物，再由泵送入多介质过滤器，去除 SS 及其他杂质。而后依次进入浓水超滤池、离子交换树脂塔及脱碳塔，去除胶体、细小颗粒物、钙镁离子、碱度后，由浓水 RO 给水泵、浓水 RO 高压泵送入浓水 RO 膜，将盐类物质、COD 截留后，产水符合回用水要求，收集在回用水池内。电渗析装置将 RO 浓水再一次浓缩，最终的浓盐水进入蒸发结晶装置，蒸发结晶装置由双效硝结晶器、冷冻结晶器、单效混盐结晶器组成，最终的产品盐经干燥、包装后送出界区。具体的工艺过程如图 12-3 所示。

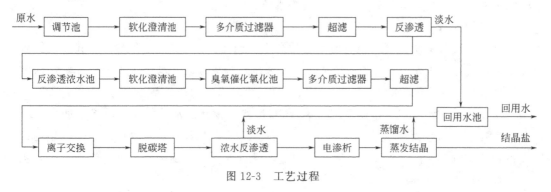

图 12-3　工艺过程

（3）运行效果

该项目 2019 年 9 月开工，2020 年 3 月完工，且顺利开车通过了试运行及性能考核。运行情况如下：

① 软化澄清出水总硬度小于 150mg/L（以碳酸钙计），二氧化硅质量浓度小于 30mg/L。

② 超滤出水浊度小于 0.2NTU，SDI 小于 3。

③ 常规回用段反渗透回收率大于或等于 65％，脱盐率大于或等于 97％。

④ 臭氧催化氧化出水 COD 质量浓度小于 50mg/L。

⑤ 零排放段反渗透回收率大于或等于 73％，脱盐率大于或等于 97％。

⑥ 电渗析浓水中 TDS 的质量浓度大于或等于 180000mg/L。

⑦ 项目的产水、产盐指标均优于设计要求。

12.3.2 煤气化废水零排放案例

内蒙古大唐国际克什克腾煤制天然气公司常旭对采用劣质褐煤为原料经碎煤加压气化技术生产煤制合成天然气的优点及缺点进行了分析，指出碎煤加压气化技术废水零排放工艺工程的集成化技术应用特点。经过近十年的持续研究和技术攻关，认为：

① 在固定床碎煤加压气化生产过程中，为了防止炉结疤，需要通入过多的水蒸气，一般每立方米氧气要配 6～7kg 的蒸汽，降低了炉温和气化炉的生产能力，又使大量未分解的蒸汽随粗煤气冷却转入煤气化废水，使得其废水量远高于其他气化技术，1000m³ 天然气产生的废水量为 4m³ 左右，由于废水量大，受煤质影响水质波动幅度大，由此带来处理效果差、回用水水质差及装置运行周期短等一系列问题。

② 煤气化废水中的总酚含量高达 6000～8400mg/L，COD 含量高达 27000～37000mg/L，总氨含量高达 5000～10000mg/L，同时还含有大量的单环芳烃、长链烷烃、多环芳烃类、喹啉类杂环化合物等有毒、有害物质，酚、氨等有价物质回收及难降解有机物处理难度极大。

③ 煤气化废水中的尘含量高达 1400mg/L，且难以彻底沉降分离，容易造成管线及设备堵塞。同时，废水中的油含量高达 25000mg/L 以上，且油的成分复杂，油、水密度差小（轻油 970kg/m³、焦油 1040kg/m³），重力沉降分离困难。

针对上述煤气化废水特点及处理难点，采用如图 12-4 所示的废水零排放工艺。生产实践表明，该工艺过程运行效果良好。

12.3.3 煤制合成氨废水零排放案例

韩雪冬等对中煤鄂尔多斯能源化工有限公司图克化肥项目进行了分析总结。该项目位于内蒙古自治区鄂尔多斯地区图克工业项目园区。项目规模为年产 200 万吨合成氨、350 万吨尿素，一期工程建设规模为年产 100 万吨合成氨、175 万吨尿素。该工程煤气化装置采用英国泽玛克碎煤熔渣加压气化（BGL）工艺，酚氨回收装置采用华南理工 MIBK 萃取分离技术。

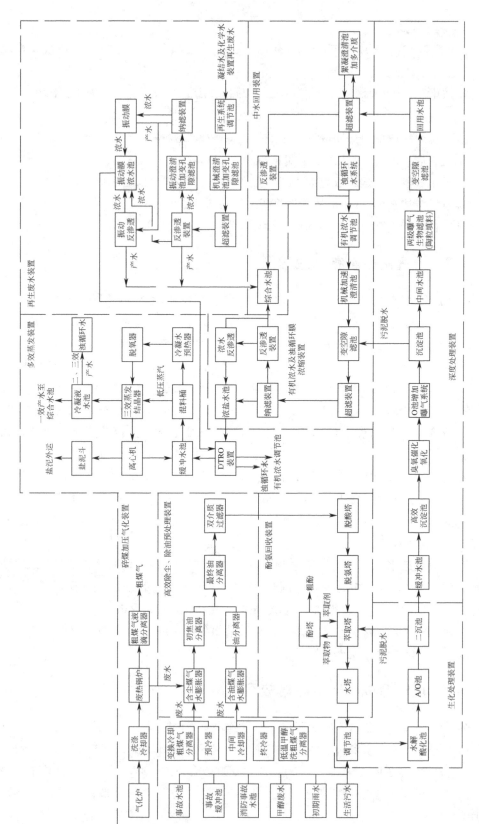

图 12-4 煤气化水零排放处理工艺过程

水处理系统包括有机废水处理、含盐水处理和高盐水蒸发结晶处理三个部分。生产系统和生活系统产生的有机废水经过酚氨回收预处理、污水生化处理达标后，与循环水站、脱盐水站的排污水一道进入中水回用系统、浓盐水提浓系统处理，回收95%的净水，产生的高浓盐水经过蒸发结晶干燥后成干盐。

有机废水经过多级生化组合工艺处理后的排污水含盐量较高，与循环水站排污水、脱盐水站排污水等含盐水一同收集到中水回用装置，经过预处理、多介质过滤器、超滤、反渗透、浓水反渗透等工艺处理，净水达到脱盐水指标，平均回收率76.6%，浓水溶解性总固体（TDS）达到20000 mg/L。含盐废水处理工艺过程如图12-5所示。

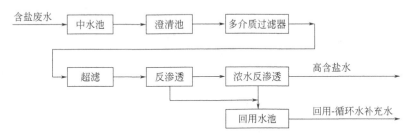

图 12-5　中煤图克项目含盐废水处理过程

浓盐水处理装置，设计规模为200m³/h，处理工艺过程如图12-6所示。

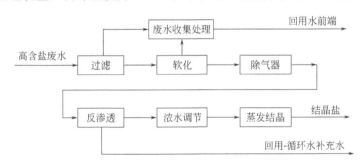

图 12-6　中煤图克项目浓盐水处理过程

前级处理流程产生的高盐水送至浓盐水提浓系统，经过高效反渗透、MVR降膜式蒸发处理，净水平均回收率90%，浓水溶解性总固体（TDS）达到200000mg/L以上。

图克化肥采用双效顺流蒸发结晶技术，浓盐水经过闪蒸器→缓冲罐→上料泵→一效蒸发→二效蒸发→出料泵→稠厚器→离心机形成结晶盐。废水不再以液体的形式外排到自然水体，完全满足零排放的设计要求。

12.3.4　煤制油废水零排放案例

魏江波对神华煤直接液化示范工程项目进行了分析总结。该项目依据水平衡和盐平衡的模型，对全厂的废水排放和水资源利用进行了统一规划，废水零排放的整体解决方案如图12-7所示。

根据项目污水的来源与水质特性，将废水分为含硫污水、含酚污水、高浓度有机污水、低浓度含油污水、含盐污水、催化剂污水。按照污污分治、梯级利用、分质回用的原则,设计废水的处理和回用工艺流程。各类污水经相应处理后回用。含盐废水采用气浮预处理-微滤-反渗透组合工艺处理。高含盐污水采用附带晶种循环装置的降膜循环蒸发成套设备进行蒸发回收,投加晶种解决蒸发器换热管的结垢问题。蒸发结晶工艺过程如图 12-8 所示。

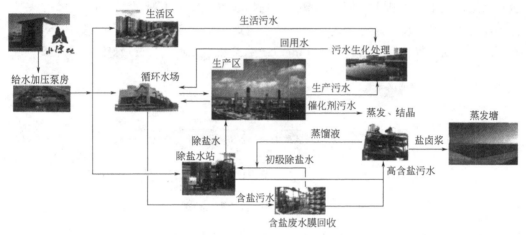

图 12-7 废水零排放的整体解决方案

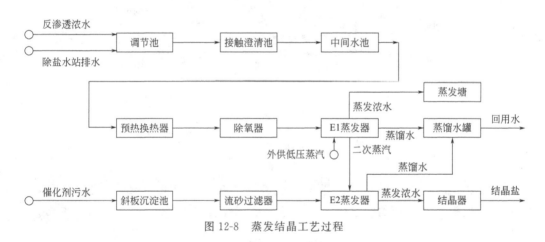

图 12-8 蒸发结晶工艺过程

高浓度含盐污水来自反渗透浓水和除盐水站的排水,两股水混合后,经混凝澄清处理后进入含盐污水蒸发器(以下简称"E1 蒸发器")处理。蒸发器进水首先通过加酸调节 pH 值至 5.5～6.0,使水中碳酸盐转换成二氧化碳,然后将调节后的浓盐水泵入热交换器。加热后的盐水送入除氧器,该除氧器是一个汽提塔,主要用于去除二氧化碳、氧气和不溶性气体。经调节、加热和除氧后的盐水进入蒸发器底部,并和在蒸发器内部循环着的盐水进行混合,利用盐种循环系统保持盐水中适当浓度的盐种,使盐水不断浓缩在盐种上结晶,而传热面水不会结垢。进入 E1 蒸发器的浓盐水经外部提供的低压蒸汽(一次蒸汽)加热而在管壳内部蒸发。一次蒸汽冷凝液送凝结水站回收利用,浓盐水蒸发产生的二次蒸汽接着进入催化剂污水蒸发器(以下简称"E2 蒸发器")完成对催化剂污水的加热。

经蒸发器浓缩处理后，出水 TDS 的质量浓度小于 6mg/L，浓水 TDS 的质量浓度可高达 300000mg/L 左右。

催化剂污水经斜板沉降、流砂过滤器、E2 蒸发器、结晶器处理后，生成结晶盐。E2 蒸发器与 E1 蒸发器的工作原理相同。E1 蒸发器和 E2 蒸发器串联在一起，组成一个二效的蒸发系统。E1 蒸发器的二次蒸汽作为 E2 蒸发器的热源完成对催化剂污水的蒸发，E2 蒸发器排出的二次蒸汽送至空冷器冷凝，冷凝液与催化剂污水进水换热后送入 E2 蒸发系统的蒸馏液罐，作为产品水回收利用。由 E2 蒸发器下部排出的 E1 二次蒸汽冷凝液与 E1 进料水换热后送入 E1 蒸发系统的蒸馏液罐作为产品水回收利用。

来自蒸发工序的浓缩液（约 90℃）与结晶系统的循环液并在一起，进入闪蒸罐，在闪蒸罐的上部发生闪蒸。闪蒸罐内料液温度控制在 60～65℃，经循环泵输送至热室加热，加热后的循环液再一次与浓缩液合并进入闪蒸罐。随着闪蒸过程的进行，无机盐出现过饱和而产生结晶体。含有较多结晶体的浆料通过送料泵泵入离心机进行脱水，脱水后的固形物即为结晶盐（主要为硫酸铵，可销售）。

12.3.5 焦化废水零排放案例

李宁对迁安中化公司煤焦化项目进行了分析总结。该项目于 2014 年实施了焦化废水深度处理及回用改造，焦化废水深度处理采用高级氧化＋脱盐＋超滤＋反渗透工艺，深度处理后的水质优于工业水。

（1）焦化废水生化处理

迁安中化公司焦炭生产能力 330 万吨/年，分为 220 万吨/年和 110 万吨/年两套生产系统，并分别配套一段和二段焦化废水处理系统，一段废水处理系统采用 A/O/O 工艺，处理能力为 150m³/h，工艺过程如图 12-9 所示；二段废水处理系统采用 O/A/O 工艺，处理能力为 100m³/h，处理工艺过程如图 12-10 所示。

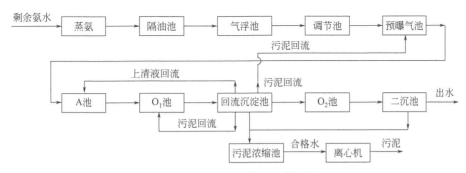

图 12-9　一段废水处理工艺过程

焦化废水经过蒸氨预处理后氨氮浓度控制在 100mg/L 左右，COD 浓度在 5000mg/L 左右。生化处理出水水质见表 12-4，COD 浓度仍处于较高水平。

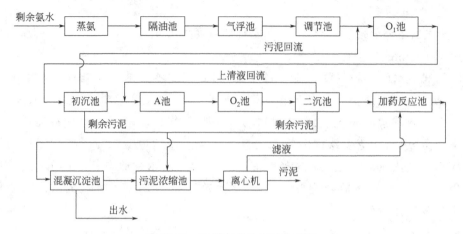

图 12-10 二段废水处理工艺过程

表 12-4 生化处理出水水质

项目	一段	二段
pH 值	7～8	7～8
COD/(mg/L)	260～300	240～300
氨氮/(mg/L)	0.6	0.6
酚/(mg/L)	0.06	0.05
氰/(mg/L)	0.04	0.02

（2）废水深度处理

废水深度处理回用工程由生活污水处理单元、生产排污水处理单元、综合废水处理单元、污泥处理单元及配套的公用工程等组成。生化处理后的焦化废水和生产排污水处理单元的浓水混合在一起称为综合废水，综合废水深度处理采用"高级氧化＋脱盐＋超滤＋反渗透"工艺。生活污水、生产排污水及综合废水经深度处理后的出水水质达到当时使用标准 GB 50050—2007《工业循环冷却水处理设计规范》的再生水指标，回用于循环冷却水系统和生化系统。生活污水处理工艺过程见图 12-11，生产排污水处理工艺过程见图 12-12，综合废水处理工艺过程见图 12-13。

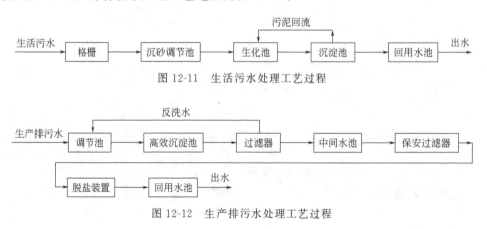

图 12-11 生活污水处理工艺过程

图 12-12 生产排污水处理工艺过程

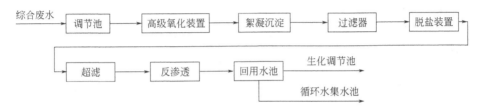

图 12-13　综合废水处理工艺过程

生活污水、生产排污水与综合废水经过独立的深度处理系统后在回用水池混合，回用于循环水系统及生化系统。回用水和工业水的水质比较见表 12-5。

表 12-5　回用水和工业水的水质比较

水质项目	再生水标准	工业水	深度处理回用水
pH 值	7.0～8.5	7～7.5	7～7.5
浊度/NTU	≤5	≤2.4	<0.4
COD/(mg/L)	≤30	≤5	<20
氨氮/(mg/L)	≤5	0	0
硬度/(mg/L)	≤150	≤350	<130
氯离子/(mg/L)	≤100	≤150	<70

对比表 12-5 中数据可以看出，深度处理后的回用水指标优于工业水指标。

废水深度处理后回用于循环冷却水系统和生化系统，深度处理过程产生的浓水中 COD<100mg/L、氨氮<10mg/L、电导率在 6000～8500μS/cm，可用于低水质要求的用户。

除上述外，郭军总结了国内有代表性的焦化废水回用工程，他们的设计规模、处理工艺、回用水和浓水用途如表 12-6 所示。

表 12-6　几家有代表性的焦化废水回用工程情况

公司名称	焦化废水规模/(m³/h)	主要工艺	回用水用途	浓水用途
长治麟源煤业	120	调节池＋隔油＋气浮＋AV＋混凝沉淀＋臭氧催化氧化＋超滤＋反渗透	循环水补充水	熄焦、煤场抑尘
山东潍坊焦化公司	100	调节池＋隔油＋气浮＋AB 混凝沉淀＋SMART 吸附＋超滤＋反渗透	循环水补充水	熄焦、煤场抑尘
山西潞宝集团	560	调节池＋隔油＋气浮＋AS 混凝沉淀＋臭氧催化氧化＋超滤＋纳滤＋反渗透	循环水补充水	熄焦、煤场抑尘
济南钢铁公司焦化厂	140	调节池＋隔油＋气浮＋AB 混凝沉淀＋芬顿池	高炉冲渣	无
山东铁雄能源集团焦化厂	300	调节池＋隔油＋气浮＋固定化高效微生物＋MBR＋RO 工艺	锅炉补充水	高炉冲渣

（3）废水零排放处理

对于无法回用的含盐废水、高含盐废水，可以采用如图 12-14 所示的处理工艺，将高盐废水蒸发固化生成结晶盐，从而实现废水零排放。

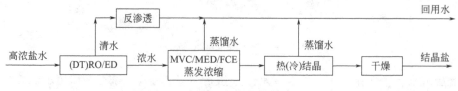

图 12-14　高浓盐水蒸发结晶工艺过程

参考文献

［1］　贺永德.现代煤化工技术手册［M］.北京：化学工业出版社，2020.

［2］　常旭.碎煤加压气化技术废水零排放总结［J］.氮肥技术，2021，42（5）：34-38.

［3］　杨凯.煤化工废水零排放及资源化工程实例［J］.工业用水与废水，2020，51（5）：53-57.

［4］　韩雪冬，江成广.BGL 气化废水处理"零排放"工艺系统开发与应用［J］.煤炭加工与综合利用，2017（10）：54-58.

［5］　魏江波.煤制油废水零排放实践与探索［J］.工业用水与废水，2011，42（5）：70-75.

［6］　李宁.焦化废水零排放的工程应用［J］.燃料与化工，2018，49（5）：53，54，57.

［7］　郭军.焦化废水资源化利用和零排放工艺应用进展［J］.山西冶金，2016，39（6）：3.

［8］　向新月.煤化工高盐废水零排放工艺进展［J］.化学工程与装备，2021（7）：200-203.